クロスセクショナル統計シリーズ

9

こころを科学する
心理学と統計学のコラボレーション

大渕憲一
［編著］

照井伸彦・小谷元子・赤間陽二・花輪公雄
［編］

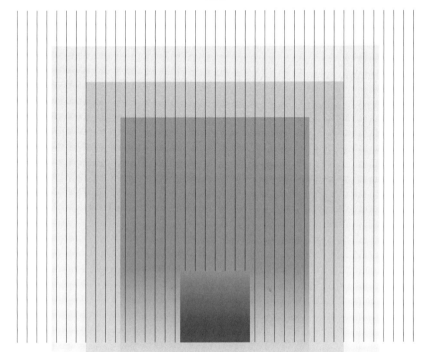

共立出版

本シリーズの刊行にあたって

 現代社会では，各種センサーによるデータがネットワークを経由して収集・アーカイブされることにより，データの量と種類とが爆発的と表現できるほど急激に増加している．このデータを取り巻く環境の劇変を背景として，学問領域では既存理論の検証や新理論の構築のための分析手法が格段に進展し，実務（応用）領域においては政策評価や行動予測のための分析が従来にも増して重要になってきている．その共通の方法が統計学である．

 さらに，コンピュータの発達とともに計算環境がより一層身近なものとなり，高度な統計分析手法が机の上で手軽に実行できるようになったことも現代社会の特徴である．これら多様な分析手法を適切に使いこなすためには，統計的方法の性質を理解したうえで，分析目的に応じた手法を選択・適用し，なおかつその結果を正しく解釈しなければならない．

 本シリーズでは，統計学の考え方や各種分析方法の基礎理論からはじめ，さまざまな分野で行われている最新の統計分析を領域横断的―クロスセクショナル―に鳥瞰する．各々の学問分野で取り上げられている「統計学」を論ずることは，統計分析の理解や経験を深めるばかりでなく，対象に関する異なる視点の獲得や理論・分析法の新しい組合せの発見など，学際的研究の広がりも期待できるものとなろう．

 本シリーズの執筆陣には，東北大学において教育研究に携わる研究者を中心として配置した．すなわち，読者層を共通に想定しながら総合大学の利点を生かしたクロスセクショナルなチーム編成をとっている点が本シリーズを特徴づけている．

 また，本シリーズでは，統計学の基礎から最先端の理論や適用例まで，幅広

く扱っていることも特徴的である．さまざまな経験と興味を持つ読者の方々に，本シリーズをお届けしたい．そして「クロスセクショナル統計」を楽しんでいただけることを，編集委員一同願っている．

編集委員会　　照井 伸彦
小谷 元子
赤間 陽二
花輪 公雄

はじめに
「こころ」の言説，その真実性を科学する

　人が若くして亡くなるとき，「佳人薄命」という言い方がされる．これは，良い人ほど短命であるという意味の成句表現である．逆の文脈で使われる諺に，「憎まれっ子世に憚る」というものもある．これは嫌われる人ほど世渡り上手で，社会的に成功するという意味であるが，これらはいずれも，悪人ほど長生きして豊かな人生を謳歌するということを意味する言説である．しかし，これらはどこまで真実なのだろうか．

1. 本書の概要と特徴

　人の心のありようと社会生活に関してはこの他にも，「類は友を呼ぶ」，「笑う門には福来る」など，人口に膾炙する言説は数多く存在する．さらに，故事成句ではないが，人々の間で広く信じられ，時にはマスコミ人も口にするような真実性の曖昧な認識も数多くある．たとえば，「性犯罪は治らない」，「人間には自由意志がある」などもそうした例であろう．

　近年，心理学者たちは，こうした素朴な言説の真実性を探るべく，実証研究を積み重ねている．本書では，それらの中から現代人にとって特に興味深いと思われる7つのテーマを取り上げ，その真実性を検証した実証研究の成果を紹介する．ここでは目次に沿って，テーマと主旨を簡単に説明しよう．

　歯磨き・手洗いなどの保健行動，適度な運動，暴飲暴食を控えるなどの生活習慣が健康リスクを下げることはよく知られている．しかし，近年の心理学的研究では，個人の性格や人間関係もまた健康にかかわりがあることが見出されている．冒頭の成句「佳人薄命」で謳われていることは，実証研究においても確認される真実であろうか．第1章では「心の持ち方は健康と寿命に影響するのか」とのテーマを掲げ，研究知見を紹介しながら，これらの問題について議

論する．

　第2章のテーマは「心の特性から社会的成功を予測できるか」である．良い仕事に就いたり高い給与を得たりするには学歴，資格，経験など人的資源要因が重要であるとされているが，その一方で，社員の採用や昇進を決めるにあたって，人事担当者が候補者の人柄や人間性を考慮に入れていることは疑いないし，一般の人々の間でもこれに関連した暗黙の認識が共有されている．「憎まれっ子世に憚る」もその1つだが，果たしてこれは事実だろうか．この章は，個人特性が職業領域における成功を規定するかどうかという課題に取り組んだ近年の実証研究を紹介し，このテーマに関する言説の真偽を問うものである．

　第3章は，人間関係の中でも特に親密度の高い男女関係に焦点を当てたものである．男女の心理の違いは，最も古い恋愛小説といわれる『源氏物語』以来，小説，映画，テレビ・ドラマなどで頻繁に取り上げられてきた．この章のテーマである「男と女の人間関係：男女の心はどう違うのか」は，最も人々の関心の高いものの1つといっても良い．人々の幸福も不幸も，喜劇も悲劇も，男女の心理から生じていることが少なくないからである．男女の違いは心理学では古くから取り上げられてきたテーマだが，より精緻な手法を使って近年も研究が続けられている．この章ではそうした研究例を取り上げ，男女の間の愛とセックスについて心理学の観点から考察する．

　第4章のテーマは「自由意志はどこまで自由か」である．市民社会における自由・平等という基本原理をはじめ，これに基づく法律や制度は「人間には自由意志(free will)がある」という前提に基づいている．哲学では，人間に自由意志はあるかという議論が繰り返しなされてきたが，近年，心理学においても自由意志の存否にかかわる研究が見られるようになった．この章の前半では，自由意志は幻想ではないのかという課題に挑戦した実験的研究を取り上げ，後半では，人間の自由意志を強く信じる人とそうでない人では，物の見方や行動がどう違うのか，すなわち，自由意志信念の影響を調べた研究の知見を見ながら，自由意志をめぐる心理学者の議論を紹介している．

　人の身体的特徴に遺伝の影響が大きいことは，我々の日常経験からも確かなことと思われるが，精神的特徴についてはどうだろうか．「この子ののんびりしたところは，おじいさんに似ている」などということもあるが，性格面での遺伝

はどれくらいあるのだろうか．双生児のデータに対して多変量解析を適用し個人特性に対する遺伝の影響を推定しようとする行動遺伝学が，近年目覚ましい発展を遂げている．「人の行動はどこまで遺伝の影響を受けているのか」をテーマとする第5章では，行動遺伝学の考え方と分析方法を概説し，これを応用した研究例を紹介する．それらは，利己的行動，他者への信頼，先延ばし，衝動性，喫煙行動，飲酒行動など，いずれも人々の健康と社会適応に関連した特性で，全体としては，これらに対する遺伝の影響力は50%程度と見られている．

性犯罪は，人々から最も厭わしいとされる犯罪の1つである．我が国では性犯罪者を対象に，再犯防止を目的として2006年から刑事施設（刑務所など）において性犯罪者処遇プログラムが開始された．これは欧米で開発されたプログラムをもとに，我が国の実情に合わせて再編成したものである．第6章「犯罪者の更生は可能か：性犯罪者処遇プログラムの効果をめぐって」は，このプログラムの効果を調べるために国が実施した検証プロジェクトを中心に，性犯罪者の再犯防止研究の成果を紹介したものである．果たして「性犯罪は治らない」のだろうか？

最後の第7章「民族紛争の解決は不可能なのか」は，世界が抱えている現代の最も深刻な問題である民族紛争について，心理学の立場からアプローチするものである．民族紛争の当事者間に広く見られるものの1つは偏見である．偏見は異民族を蔑視し，敵対的に見るなど偏向した態度だが，それは民族紛争を激化させ，解決困難なものにする心理的要因でもある．それゆえ，これを低減することが紛争解決に資するはずだが，それは容易ではない．この章では，偏見低減の条件を実証的に検討した実験研究と調査研究を紹介しているが，その成果は限定的とはいえ，民族紛争の解決に対して心理学が有益な視点を提供しうることを示唆している．

本書は，以上のように，人の「こころ」に関する興味深い7つのテーマを挙げ，心理学の実証研究の成果を紹介しながら，人々の間に流布している言説の真実性を探求したものである．本書は，『クロスセクショナル統計学シリーズ』の中の1巻なので，高度な統計解析法を駆使した研究を主に取り上げており，また各章において，その解析法についてもある程度の解説を試みている．ただし，本書は統計学については必ずしも詳しくない方々を読者として想定してい

るので，各章において数理的基盤や数学的表現は最小に留め，どのような研究課題，どのような研究方法に対してどのような統計解析法が適切か，また，分析結果をどのように見て，どのように解釈するのが適切かなどを軸に説明している．なお，本書に登場する統計解析法自体は，本シリーズの他の巻において詳述されているので，そちらもご覧いただきたい．

2．心理学の研究方法と課題：因果関係の探求

各章において紹介される実証研究の大半では，研究方法として実験か調査が用いられている．読者の理解を助けるために，それら方法論の原理をここで簡単に説明したい．実験と調査は心理学の実証研究において用いられる代表的な手法である．それらの考え方とともに，それらの方法によって得られたデータの分析方法（統計技法）についてもここで述べておく．

実証研究によって言説の真実性を追求するということは，実際には2つの目的（研究課題）を含んでいる．その1つは，実態を明らかにすることである．たとえば，「佳人薄命」が真実であるかどうか確かめる1つの方法は，良い人が悪い人よりも実際に寿命が短いかどうかを確かめることである．もちろんこの場合，「良い人」「悪い人」をどう定義し，何を指標とするかが問題である．たとえば，周囲からの評判の良し悪しを指標にとったとして，それが「佳人薄命」という成句を使用する一般の人々にとって納得のいくものであれば，その研究課題には合理性があるということになるであろう．寿命の指標についても異論はないわけではないが，こちらは比較的客観的なデータを得ることは容易であろう．

真実の追求に含まれるもう1つの目的は，因果関係の解明である．これにはいくつかのレベルがあり，低レベルの因果関係は実態に即したものである．たとえば，佳人薄命の実態が確認されたとなれば，「良い人」であることが原因で，短命がその結果ということになる．しかし，これらの因果関係を科学的に確認するには実態だけでは不十分である．日本人は一般に「死者を鞭打つのは良くない」という道徳観を持っているので，亡くなった人については良い点だけを指摘する傾向がある．早世したということを惜しむ気持ちがこの傾向を強めることもある．それゆえ，評判の良さと短命の間に実際に関連があったとしても，因果関係は逆で，早死にすることが人物評価を高めている可能性もある．因果

関係の方向を確認するには，この後述べるように，研究方法に様々な工夫を凝らす必要が出てくる．

因果関係が仮定されている事象関係がある場合，原因と仮定される事象を独立変数，結果と仮定される事象を従属変数という．両者の間の因果関係が確認されても，それが実態レベルのものでは学術的価値は低いといわざるを得ない．なぜ，評判の良い人が早死にするのか，それがどのようなメカニズムによるものか，その心理・社会的仕組みを解明しないでは，本当の意味で，佳人薄命の真実性を明らかにしたことにはならないからである．そこで因果メカニズムを探求するより高次の課題が立てられることになる．

高次の課題に取り組むには仮説が必要である．たとえば，「良い人」は人に気を遣ったり評判を気にするあまり，そのストレスから病気になりやすいといった仮説が立てられるなら，ストレスや病気への脆弱性などがその早世メカニズムとして仮定される．このように，原因と結果を橋渡しする事象を媒介変数と呼んでいる．心理学では，媒介過程を明らかにする研究が，より学術性の高いものとして推奨されている．

本書で紹介される研究の中にも媒介過程の解明を目指したものが数多く含まれているが，テーマによって研究の進展には順番があり，まずは実態確認が必要という段階にあるテーマではそれが当面の課題になるであろう．実態解明がある程度済んだテーマでは，メカニズム解明というより高次の研究課題が立てられることになるであろう．

3. 研究デザインと統計解析

(1) 実験法と統計解析法

因果関係を確認するための理想的研究方法は，参加者をいくつかの処理条件にランダムに振り分けてある経験をさせ，それに対する反応を観測する実験法である．たとえば，第4章に紹介されているシャリフら (Shariff *et al.*, 2014) の研究では，米国の大学生たちをランダムに2グループに分け，一方には自由意志を否定する脳科学の成果を示した本の一節を読ませ，他方には同じ本の中の自由意志とは無関係な一節を読ませた．その後，すべての大学生に傷害致死事件の裁判記録を読ませ，加害者に対する適切な罰を選択させたところ，前者の

グループはより軽い量刑判断を示した．この結果は，「人間には自由意志がある」という信念を弱めると行為の責任を追及する気持ちが弱まることを示している．この研究では自由意志信念が独立変数，量刑判断が従属変数である．これらの事象生起の時間的序列から見て，自由意志信念の変化が量刑判断に影響与えたと因果推論することは妥当と考えられる．

実験法によって得られたデータの解析に使用される最も一般的な統計手法は分散分析である．分散分析は基本的にはグループ平均値の差が有意かどうかを検定するものだが，複数の独立変数を組み合わせて多くのグループを作るなど，複雑な研究デザインでも，平均値間の差を体系的に検定することが可能である．分散分析の使い方や結果の見方については，第2章で詳しく解説している．

実験データの解析には，近年，回帰分析が使われることも多くなった．独立変数（の主効果）に加えて，それらの間の交互作用を追加投入する階層的重回帰分析と呼ばれる手法がよく使われる．この手法は，実験変数以外の変数を統制変数として分析に含めることが容易なところが利点である．たとえば，上記の実験において，人種，性別，事前の自由意志信念の強さなど，従属変数（量刑判断）に影響を与えると考えられる他の変数が存在する場合，それらを数値化して回帰分析に投入することによって，それらの影響を取り除いたうえで独立変数の影響の有無を確認できる．分散分析で同じことをしようと思うと，さらに複雑なグループ分けを行うか，共分散分析という手法に変える必要があるが，回帰分析なら変数を追加するだけでいいので簡単である．交互作用を含む回帰分析については，第1章において具体例を使って説明している．

(2) 調査法と統計解析法

実験とともに，心理学の実証研究でよく使われる研究デザインは調査法である．本書でもこのタイプの研究が数多く紹介されている．調査法では，インタビューや質問紙によって独立変数，従属変数，媒介変数などを一度に測定できるという利便性がある．データ解析には，種々のタイプの回帰分析が使われる．これは，変数間の相関関係を基本に，1つの従属変数に対する複数の独立変数の相対的な影響力を調べる手法である．従属変数が連続変数の場合には重回帰分析，離散変数の場合にはロジスティック回帰分析が使われることが多い．

調査研究には，研究デザインの観点から見ると縦断的研究と横断的研究の区別が重要である．縦断的研究とは，同じ対象者に対して異なる時期に，複数回，測定を反復するものである．第7章に紹介されているビンダーら (Binder et al., 2009) の研究は，ヨーロッパ3カ国の中学生を対象に，異民族に対する偏見と交友関係を，6カ月の間隔を置いて二度にわたって（第1波，第2波）調査したものである．第2波で測定された偏見を従属変数，第1波で測定された偏見と異民族友人との接触量を独立変数にして重回帰分析を行ったところ，どちらの効果も有意であった．この結果は，6カ月という短い期間では異民族への偏見は大きくは変化しないが，異民族の友人を持つことは半年後の異民族偏見を低減させる効果があったことを意味している．一時点だけの測定で偏見と接触量の間に関連が見られたからといって，接触が偏見低減の原因とは断定できない．偏見の少ない人ほど異民族との交友に積極的であるという逆の因果関係も考えられるからである．時間差を置いて測定された変数間の関係からは，無条件ではないが，より確からしい因果関係の推定が可能である．このように，縦断的研究は因果関係の推定に対してより信頼性の高いデータを提供しうるものである．

　ただし，縦断的研究は研究者側の手間と費用などコストがかかり，大量のデータがとれないという制約がある．何年にもわたって同一対象者を追跡する長期的研究は有意義だが，後になるほど種々の理由で対象者が減っていくという欠点もある．また，縦断的であれ横断的であれ，独立変数と従属変数の関連性が見かけ上のもので真の因果関係を反映したものではないという可能性は残る．それは，両者に影響を与える第3の変数が存在し，そのために見かけ上相関があるように見えることがあるからである．この疑似相関を低減するには，第3の変数に該当すると思われるものをできるだけ研究に取り込み，その影響を統計的に排除する手続きをとる必要がある．

　1回の測定で得られた変数間の関連性に基づいて議論を行う横断的研究では，いま述べたような理由で，因果関係を確定することは困難である．このような弱点はあるものの，大量のデータがとれるという利便性と実施上の制約などから，横断的研究データを用いて因果関係の推測を試みる研究は今日でも数多く存在する．その際，特に重要なのは，疑似相関を低減させたり，代替説明の可

能性を排除する研究デザインを組むことである．

　第1章で紹介されているウチノら (Uchino et al., 2014) の研究は，良い夫婦関係が疾患リスクを減少させるという仮説を立て，これを検証するために米国の高齢夫婦を対象として行われた横断的研究である．この仮説に対しては，夫婦の一方が病気になると夫婦関係が悪化するという逆の因果性に基づく代替仮説が可能である．この可能性を減らすために，ウチノらの研究では深刻な疾患にはかかっていない者だけが調査対象者とされた．また，第3の変数候補として，年齢，性別，体重の影響を統制する手立てもとられている．独立変数である夫婦関係の質は主観的なもので，配偶者をサポーティブと感じているかどうかなどが測定された．重回帰分析の結果は単純ではないが，概ね，夫婦の双方が相手をサポーティブと見なしているとき，疾患リスクが小さいという結果が得られ，条件付きではあるが仮説が検証された．

　このように，それぞれの研究デザインは長所と短所を持っている．弱点を減らすためにデザイン自体を工夫することも重要だが，統計的手段によってある程度これをカバーすることも可能である．本書で紹介される具体的な研究を読む際には，その点にもご留意いただきたい．

4. 測定の信頼性と妥当性

　統計分析を行うには数値が必要である．測定とは，事象を観測し，何らかの手段で数量化することであるが，人文・社会科学の場合，これは困難なことが多い．たとえば，これまで挙げた研究例を見ると，自由意志信念，責任追及，偏見，異民族との交友関係，夫婦関係の質，疾患リスクなどが測定されている．疾患リスクとして，ウチノらの研究では冠動脈石灰化 (coronary-artery calcification: CAC) 得点が用いられた．CAC 得点は心血管系リスクを反映するとされている．高齢者の疾患リスクとして，これでは不十分という批判がありうるが，これは測定の妥当性にかかわる疑問である．他の変数については，参加者に対する質問への回答によって測定が行われている．その質問内容が，測ろうとしている心理特性や行動特性を正しく捉えるものであれば問題ないが，ずれているとなると，やはり妥当性への疑問が浮上する．

　また，幼い子どもに対して大人と同じ質問をしても適切な回答が得られると

は思われない．子どもを対象にした場合には，別の方法を工夫する必要がある．この例のように，質問内容自体は妥当でも測定方法に疑義があるとき，これは信頼性の問題とされる．心理学においては，測定の妥当性・信頼性は長い間議論されてきた基本的問題であり，学術雑誌において投稿論文の審査をする場合には，この点は特に厳しく吟味されたうえで掲載の可否が決められている．本書において紹介された研究論文はそのすべてが，こうした吟味をクリアしたものではある．しかし，読者の方々にも，それらの研究で用いられた測定の信頼性・妥当性をご判断いただくために，各章では，研究の測定方法や内容もできるだけ具体的に記述するよう心掛けている．統計解析の技法に加えて，人文・社会科学における実証化のこうした手続きについても関心を持って，各章をお読みいただきたい．

本書では，測定の信頼性・妥当性の問題に深く立ち入った議論はしていないが，これを扱った専門書も少なくないので（たとえば，高橋順一ら『人間科学研究法ハンドブック』，木村邦博・大渕憲一『心理学・社会学の統計（クロスセクショナル統計シリーズ，刊行予定)』），関心を持たれた場合にはそうした文献をご参照いただきたい．

2019 年 2 月

大渕憲一

引用文献

[1] Binder, J., Zagefka, H., Brown, R. *et al.*: Does contact reduce prejudice or does prejudice reduce contact? A longitudinal test of the contact hypothesis among majority and minority groups in three European countries. *Journal of Personality and Social Psychology*, **96**, pp. 843–856 (2009).

[2] Shariff, A. F., Greene, J. D., Karremans, J. C. *et al.*: Free will and punishment: A mechanistic view of human nature reduces retribution. *Psychological Science*, **25**, pp. 1563–1570 (2014).

[3] Uchino, B. N., Smith T. W., Berg, C.: Spousal relationship quality and cardiovascular risk: Dyadic perceptions of relationship ambivalence are associated with coronary calcification. *Psychological Science*, **25**, pp. 1037–1042 (2014).

目　　次

第1章　心の持ち方は，健康と寿命に影響するのか　1
- 1.1　心と健康　1
- 1.2　夫婦関係と健康　2
  - 1.2.1　研究の背景と目的　3
  - 1.2.2　研究の手順　4
  - 1.2.3　分析，結果，および解釈　5
  - 1.2.4　ウチノらの研究のまとめ　11
- 1.3　性格と健康　11
  - 1.3.1　研究の背景と目的　11
  - 1.3.2　研究の手順　13
  - 1.3.3　分析，結果，および解釈　14
  - 1.3.4　カーンらの研究のまとめ　24
- 1.4　自己統制と健康　25
  - 1.4.1　研究の背景と目的　25
  - 1.4.2　研究の手順　26
  - 1.4.3　分析，結果，および解釈　28
  - 1.4.4　モフィットらの研究のまとめ　33
- 1.5　結語　33

第2章　心の特性から社会的成功を予測できるか　36
- 2.1　パーソナリティと労働市場における成功　36
- 2.2　パーソナリティの構造　37

2.3 パーソナリティと就職 39
 2.3.1 求職活動の経済学的モデルとパーソナリティ 39
 2.3.2 データと測定 41
 2.3.3 結果と考察 42
 2.3.4 結論 46
2.4 パーソナリティと仕事の成果 46
 2.4.1 パーソナリティ次元の組み合わせ効果 46
 2.4.2 データと測定 48
 2.4.3 結果 50
 2.4.4 考察と結論 51
2.5 パーソナリティと賃金 53
 2.5.1 賃金格差をパーソナリティで説明する 53
 2.5.2 データと測定 55
 2.5.3 結果 56
 2.5.4 考察と結論 57
2.6 結語 60

第3章 男と女の人間関係：男女の心はどう違うのか   63

3.1 男女関係の仕組み 64
 3.1.1 交換される価値物の種類 64
 3.1.2 男女付き合いのルール 66
 3.1.3 見返りを求めないもう1つのルール 67
3.2 愛し合う心理 69
 3.2.1 愛と適応 69
 3.2.2 愛を伝える 70
 3.2.3 愛が先か，セックスが先か 73
3.3 男女における人間観 76
 3.3.1 女は同性の顔に敵意を見る 77
 3.3.2 男は欲情，女は友情 80
3.4 良好な男女関係の形成と維持 82

    3.4.1 セックスの頻度と親密さ 82
    3.4.2 味覚的な甘さによる関係促進効果 86
    3.4.3 睡眠時間と関係維持：自己制御機能の回復 88
  3.5 結語 90

第4章　自由意志はどこまで自由か　　96
  4.1 自由意志は存在するか 96
  4.2 自由意志感覚は選択前か後か：選択におけるポストディクティブ効果 98
  4.3 自由意志は幻か：他人の手の動きに自分の意志を感じる . 102
  4.4 自由意志の存在を信じることの意義：自由意志信念は道徳的行動を促進する 106
  4.5 自由意志信念は他者に対する見方にも影響するか：自由意志信念が量刑判断に与える影響 110
  4.6 結語 112

第5章　人の行動はどこまで遺伝の影響を受けているのか　116
  5.1 行動遺伝学とは何か 116
  5.2 行動遺伝学モデルの基礎 117
    5.2.1 行動遺伝学の基本的な考え方：A・B・C・D・E . . 117
    5.2.2 4つの原則 120
  5.3 単変量遺伝分析 122
    5.3.1 ACEモデルとADEモデル 122
    5.3.2 経済行動の個人差の遺伝と環境 125
    5.3.3 信頼の個人差の遺伝と環境 128
  5.4 多変量遺伝分析 131
    5.4.1 2変量遺伝分析モデル 132
    5.4.2 先延ばし傾向の個人差の遺伝と環境 137
  5.5 遺伝・環境交互作用 140

5.5.1　素因ストレス・モデルと生物生態学的モデル 141
　　　5.5.2　喫煙行動の個人差の遺伝と環境 144
　　　5.5.3　飲酒行動の個人差の遺伝と環境 145
　5.6　結語 148

第6章　犯罪者の更生は可能か：性犯罪者処遇プログラムの効果をめぐって　152

　6.1　はじめに 152
　6.2　再犯防止プログラム 153
　6.3　性犯罪の態様と処遇プログラム 154
　6.4　効果検証の実際 155
　　　6.4.1　カナダにおける検証研究 156
　　　6.4.2　生存分析による効果検証 159
　　　6.4.3　保護的因子の再犯防止機能 165
　　　6.4.4　我が国における性犯罪者処遇プログラムの効果検証 . . . 169
　6.5　結語 173

第7章　民族紛争の解決は不可能なのか　177

　7.1　集団間紛争解決の心理学：理論的枠組み 177
　7.2　民族紛争理解の視点 178
　7.3　異民族集団成員への道徳性評価と脅威の知覚，接触回避（研究例1）180
　　　7.3.1　方法 181
　　　7.3.2　結果 183
　　　7.3.3　研究2と3の結果 184
　　　7.3.4　考察 185
　7.4　外集団との接触が偏見を減らすのか，偏見が接触を減らすのか
　　　（研究例2） 187
　　　7.4.1　方法 188
　　　7.4.2　結果 190
　　　7.4.3　考察 193

- 7.5 偏見低減に及ぼす直接的接触と間接的接触の効果（研究例3）.. 194
  - 7.5.1 方法 195
  - 7.5.2 結果 197
  - 7.5.3 考察 199
- 7.6 ダイバーシティ政策と社会規範，集団間関係（研究例4）.... 200
  - 7.6.1 集団間関係の普遍的要因と文化固有要因 201
  - 7.6.2 多様性政策の集団間関係への影響 201
  - 7.6.3 方法 204
  - 7.6.4 結果 205
  - 7.6.5 考察 208
- 7.7 結語 210

索　引　　217

1 心の持ち方は，健康と寿命に影響するのか

1.1 心と健康

　日本が高齢化社会と呼ばれるようになって久しい．この単語はしばしば少子化とセットになり，政治や経済，さらには私たちの日常生活に多大な影響を与える好ましくない現象として語られることが多い．しかし，そもそもほとんどの人は健やかに長生きをしたいと考えているはずである．その意味では，人々が以前よりも健康に暮らすことができ，その結果として長寿を全うできる社会は望ましい状態といえる．実際に，1947 年に男性 50.06 歳，女性 53.96 歳であった日本人の平均寿命は，2016 年には男性 80.98 歳，女性 87.14 歳と飛躍的に伸びている（厚生労働省，2017a）．これは世界的に見ても極めて高い水準であり，日本が健康大国といわれるゆえんである．

　平均寿命の飛躍的な上昇の背景に医療技術の向上や科学技術の発展があることは，疑いの余地がない．1947 年の日本人の死因は，1 位が結核，2 位が肺炎および気管支炎，3 位が胃腸炎と，感染症が主であったが，それらの数はのちに減少している（厚生労働省，2017b）．一方で増加したのが，悪性新生物（がん）や心疾患による死亡者数であり，これらは運動不足，喫煙，食生活の偏り，ストレスなど日々の生活習慣が要因となり発症することが知られている．それゆえ，近年は病気や障害を単に取り除くこと以外に，健康の維持・増進とこれらの疾患の予防対策にもより多くの研究関心が向けられるようになっている．

　では，そもそも健康とはどのような状態であると考えればよいのであろうか．

WHO（世界保健機関）はその憲章の前文の中で，「健康とは，病気でないとか，弱っていないということではなく，肉体的にも，精神的にも，そして社会的にも，すべてが満たされた状態（well-being: ウェルビーイング）にあること[1]」と定義している．つまり，その人が健康か否かは単なる病気の有無だけではなく，精神的および社会的な状態を含めて総合的に決まるものであるとされている．ウェルビーイングはこのような多様な側面を包括する概念であり，健康とはウェルビーイングを達成した状態を指すといえるであろう．

　健康を維持し長生きをするためには，多くの条件に気を配る必要がある．大竹 (2009) は，健康に関連する要因として，生物学的要因，認知的要因，情動的要因，行動的要因，社会的・環境的要因の5つを挙げている．生物学的要因とは個々人が生まれ持った性質であり，遺伝や生理的反応などを指す．認知的要因と情動的要因は，物事をどのように捉えるのか，またどのように感じるのかといった心理的な傾向である．行動的要因には喫煙や飲酒といった健康に悪影響を及ぼすものと，運動や予防行動といった肯定的なものが含まれる．最後の社会的・環境的要因とは，人間関係，所属集団，社会状況など，その人を取り巻く外的な条件である．

　このように，健康には心の持ち方や他者とのつながりといった心理学的な側面が密接に関連している．本章では，特に社会心理学的な観点から，人間関係や性格・行動傾向が健康や寿命に及ぼす影響を検証した3つの研究を紹介する．第1は夫婦関係に注目した研究で，夫婦が互いに対して抱く評価とその組み合わせが健康状態に及ぼす影響を検証したものである．第2の研究は性格に焦点を当てたもので，幼少期の行動傾向とその人の寿命との関連が明らかにされている．そして最後の研究は，近年多くの研究分野で注目されている自己統制 (self-control) に焦点を当て，これが健康（および経済的豊かさ，犯罪歴）を予測できるのかどうかを検証している．

1.2　夫婦関係と健康

　ここで紹介するのはアメリカ，ユタ大学のウチノら (Uchino et al., 2014) の研

---

[1] 日本 WHO 協会 HP (http://www.japan-who.or.jp/commodity/kenko.html) より引用（2018年1月26日確認）．（　）内は著者が追加．

究『夫婦関係の質と心血管系リスク：関係両価性に関する両者の知覚と冠動脈石灰化との関連性』である．

1.2.1　研究の背景と目的

　人間関係と心身の健康が密接に関連することは，多くの人が経験的に理解しているであろう．些細なことで親と口論となり，一日中イライラして過ごす．昨日まで元気いっぱいだった友人が，失恋をきっかけにふさぎこんでしまう．上司に叱責され，次の日から職場に行くのが辛くなる．これらの日常的な事例はいずれも，人間関係の悪化が我々の心に悪影響を及ぼすことを示している．このような気分の落ち込みやイライラは，短期間であればそれほど大きな問題にはならない．しかし，人間関係の問題は多くの場合，当事者の状況や境遇と強く結びついているため，簡単には解決できない．たとえば，上のような状況で家族と縁を切ったり，新しい就職先を探したりするのは，ほとんどの人にとって困難である．そのため，否定的な気持ちが長期にわたり持続し，そのストレスは身体にも悪影響を及ぼし始める．

　一方で，心身の健康に良好な影響をもたらす，人間関係の肯定的な側面も存在する．親と口論になったとき，きょうだいの励ましに救われた．失恋で落ち込む中，ずっとそばにいてくれる親友に心強さを感じた．職場でふさぎこんでいるのを見かねた同僚が，カラオケに連れ出してくれた．一般にソーシャル・サポートと呼ばれるこういった働きかけは，落ち込んだ気分を解消したり，ときには問題解決の具体的な手助けとなったりすることで，支援を受ける側の心と体の状態を改善させるのに役立つ．

　ウチノらの研究は，人間関係の中でも特に密接で長期にわたることの多い「夫婦関係」に焦点を当て，アメリカ人の高齢夫婦を対象として，その関係の質が疾患リスクに与える影響を検証したものである．日本では未婚化・晩婚化が進んでおり，50歳時の未婚割合は2015年時点で男性が23.4%，女性が14.1%に上る（内閣府，2017）．一方で，9割弱の若者がいずれ結婚するつもりと考えていることからも（国立社会保障・人口問題研究所，2017），配偶者との関係と健康リスクとの関連性は多くの日本人にとっての関心事であろう．

　この研究は，夫婦関係と健康の結びつきを考えるうえで2つの興味深い仮定

に基づいて進められる．第1に，夫婦の一方はそのパートナーに対して，否定的な側面と肯定的な側面の両方を兼ね備えたものとして存在しうると仮定する点である．ある人にとっては，パートナーは常に献身的であり，助けが必要なときに心強い存在であるかもしれない．一方で，別の人にとって，パートナーはいつも頼りなくイライラさせられる存在かもしれない．前者では，配偶者を純粋に肯定的な存在と見なしており，後者では純粋に否定的な存在と見なしている．しかし，現実の夫婦関係においては，パートナーはどちらか片方のみというよりはむしろ，両方の側面を兼ね備えていることが多いのではないだろうか．つまり，支援が必要なとき，パートナーの存在や具体的な働きかけに大いに心強さを感じる一方で，幾分か不満も抱くといったことである．パートナーに対するこのように両価的（アンビバレント）な知覚は，単純に肯定的・否定的な評価とは異なる影響を個人の健康に与える可能性がある．

第2の仮定は，夫婦がお互いをどのように見ているか，二者間の双方向的な特徴を考慮する必要があるとする点である．確かに，ある人が持つパートナーに対する両価的な知覚は，その人の健康に何らかの影響を及ぼしそうである．しかし，このような単方向のモデルでは，パートナーがその人に対して抱く評価が無視されている．夫婦関係が親密な二者関係である以上，ある人がパートナーに対して抱く感情だけでなく，パートナーがその人に対して抱く感情もまた，その人の健康状態に影響を与えるのではないだろうか．つまり，個人にとってパートナーが両価的な存在であるとき，パートナーにとってその個人が純粋に肯定的（もしくは否定的）な存在と見なされている場合と，パートナーにとっても両価的な存在と見なされている場合とでは，個人の心身の状態は異なる可能性がある．

1.2.2 研究の手順

(1) 研究参加者

参加者は，アメリカ，ユタ州，ユタ大学の健康と加齢研究 (The Utah Health and Aging Study) への協力者で，同州ソルトレークシティ在住の136組の高齢夫婦であった．夫婦の平均年齢は63歳であり，平均して36年間結婚生活を継続していた．

(2) 研究に用いられた変数

夫婦関係の相互知覚は，社会関係性指標 (Social Relationships Index) を用いて測定された．具体的には，夫婦はそれぞれ，自分が助言，理解，もしくは世話などの助けを必要としていたとき，パートナーに対してどの程度心強さ (helpful) およびいらだち (upsetting) を知覚したかが評定された．評定は，1（全く感じない），2（少し感じる），3（幾分感じる），4（ある程度感じる），5（とても感じる），6（非常に感じる），の6つの選択肢から，最も当てはまるものを選択してもらった．これに基づいて，夫婦それぞれが自分のパートナーを純粋に肯定的な存在と見なしているか，両価的な存在と見なしているかが判断された．パートナーを純粋に肯定的な存在と見なしている人は，パートナーを心強さについて2（少し感じる）以上であると評価すると同時に，いらだちにおいて1（全く感じない）と回答した者とされた．一方で，パートナーを両価的な存在と見なしている人は，パートナーを心強さといらだちの両方において2（少し感じる）以上と評定した者とされた．

このような分類の結果，30%がパートナーから純粋に肯定的な存在と見なされており，70%がパートナーから両価的な存在と見なされていることがわかった．なお，パートナーの心強さの平均値は5.31，いらだちは2.11であった．評定は6（非常に感じる）が最高であるから，多くの夫婦は基本的にお互いの存在を心強く感じていることが読み取れる．しかし，何の曇りもなくポジティブな感情だけを抱くかというとそういうわけではなく，同時に幾分かのいらだちを感じる夫婦が多く存在することがわかる．

一方，健康リスクの測度としては冠動脈石灰化 (coronary-artery calcification: CAC) 得点が用いられた．これは心血管系リスクと関連することが知られている．つまり，個人の CAC 得点が高ければ健康リスクも高いと解釈することができる．また，行動的リスク因子（喫煙，飲酒，活動水準）も測定された．

1.2.3 分析，結果，および解釈

(1) 分析方針

研究の主要な目的は，夫婦のお互いに対する知覚，およびその知覚の組み合わせが，個人の健康リスクにどのような影響を及ぼすかを検証することであっ

た．つまり，調査データに基づいて複数の変数間の因果関係を確認することを目指したものであった．実は，本章でこの後に紹介する2つの研究も因果関係を検証するものであるが，これらの研究手法および分析に関してはいくつか留意点がある．本項ではまず簡単にそれらに触れながら，具体的な研究結果について説明を進める．

調査研究は，縦断的研究と横断的研究に分類できる．縦断的研究とは，同じ対象者に対して時系列で複数回のデータを測定するものである．後に紹介する2研究は，縦断的研究から得られたデータを分析するものである．このような研究では同一個人が時間軸に沿ってどのように変化するかを読み取ることができ，一般的に因果関係を特定することに向いていると考えられている．一方，横断的研究とは，一時点で複数の異なる対象者からデータを取得するものである．今回の研究は横断的研究に分類できるが，このような調査データから因果関係を明らかにするためにはいくつかの問題がある．

たとえば，「Aが原因となってBという結果が生じる」という仮説を明らかにしたいとしよう．横断的研究を実施した結果，Aの値が高い人ほどBの値も高いという関係が明らかになったとする．これをもって，仮説は支持されたといえるのであろうか．実は，横断的研究で得られる変数間の関連は，それらが同一時点で測定されたものである以上，基本的には単なる相関関係に過ぎない．確かに，Aが原因となってBというが生じたという可能性はある．しかし同時に，Bが原因となってAという結果が生じた（逆の因果）のかもしれない．さらに，これは横断的研究に限った問題ではないが，AとBの両方に影響を与える第3の要因Cが存在することによる表面上の関係（疑似相関）かもしれない．

このような弱点はあるものの，横断的研究データを用いて因果関係の推測を試みる研究は数多く存在する．その際，上で挙げたような代替説明の可能性をできるだけ排除する努力が必要であり，それは，この研究においても例外ではない．たとえば，夫婦関係の相互知覚と健康リスクとの間に関連が見られたとしても，それは知覚が健康リスクに影響したのではなく，健康リスクが原因となって夫婦間の知覚が変化した（逆の因果）のかもしれない．実際，パートナーが病気になるとそれは夫婦関係に大きな変化を引き起こすことが予想されるから，結果としてパートナーに対する知覚が変化する可能性はありそうである．

しかし，もし対象者を「健康リスクは高いが，いまだ疾患に罹っていない者」に限定できるなら，少なくともここで仮定したような逆の因果の可能性は低減できる．このような理由から，この研究ではすでに心血管系疾患に罹っている患者を分析対象から除外している．

また，疑似相関の可能性をできるだけ低減するために，夫婦間の知覚や健康リスクに影響を与えそうな他の変数を複数挙げ，それらの影響を考慮したうえでも仮説が成り立つかどうかを検証している．このように，結果に影響を与えそうな他の変数の影響を考慮することは統制とかコントロールと呼ばれ，統計的に実行可能である．具体的には，年齢，性別，体重（さらに，補足的な分析として生物医学的要因，行動リスク因子，結婚満足度など）の影響がコントロールされ，それでもなお夫婦間知覚と健康リスクの間に関連が見られるかどうかを検証している．

変数間の因果関係を検討する代表的な分析手法が，回帰分析と呼ばれるものである．今回の調査では，CAC 得点という結果を，回答者本人がパートナーを両価的な存在と見なしているか否か（以下，本人の両価性知覚），パートナーがその人を両価的な存在と見なしているか否か（以下，パートナーの両価性知覚），およびその組み合わせ（以下，本人の両価性知覚 × パートナーの両価性知覚）によって予測できるかどうかが検証されている．なお，今回のデータはある 1 組の夫婦の中に異なる個人（本人とそのパートナー）のデータが存在する構造であり，この点を考慮するために，一般的にマルチレベル・モデルと呼ばれる手法が用いられている（詳細は，Campbell and Kashy, 2002 を参照）．本稿ではその詳しい原理や計算方法には触れず，結果の解釈方法を中心に解説をする．

(2) 結果と解釈

実際の分析結果を表 1.1 に示した．表の左側の「変数」と書かれた列には，従属変数（CAC 得点）を予測するうえでコントロールされた変数（年齢，性別，体重），および独立変数（本人の両価性知覚，パートナーの両価性知覚，本人の両価性知覚 × パートナーの両価性知覚）が並んでいる．本人の両価値性知覚 × パートナーの両価値知覚は交互作用項と呼ばれるものである．交互作用とは 2 つ以上の変数の組み合わせによって生じる効果のことであり，交互作用項は関

表 1.1 夫婦関係の相互知覚が CAC に与える影響
ウチノら (Uchino et al., 2014) の Table 1 に基づいて，筆者が作成.

変数	b	p
年齢	0.11	.0001
性別	0.97	.0001
体重	0.02	.10
本人の両価性知覚	0.05	.71
パートナーの両価性知覚	0.24	.10
本人の両価性知覚 × パートナーの両価性知覚	0.40	.01

連する変数を掛け合わせることで作成される．

b と書かれた列に並んだ数字は，非標準偏回帰係数と呼ばれるもので，対応する変数が従属変数に及ぼす効果の大きさの程度を示している．具体的には，変数の単位が 1 つ変化したときに CAC 得点が変化する度合いを示しており，たとえば年齢の.11 は，年齢が 1 つ増えるごとに CAC 得点は.11 高まる（つまり，年齢が高まるほど健康リスクは高まる）ことを示している．なお，CAC 得点，年齢，体重などはもともと連続した数字で表されるため，そのまま分析に投入することができる．

一方で，カテゴリー変数についてはその分類ごとに任意の数字を割り当てたうえで分析に投入する場合が多い．たとえば，ある基準や特性に基づいて区別された A 群と B 群という違いが従属変数に与える影響を知りたいとき，A 群と B 群にそれぞれ 0 と 1，−1 と 1 など任意の数字を割り当てることで，回帰分析が可能となる．今回の分析では，本人の両価性知覚およびパートナーの両価性知覚は，相手に対する知覚の内容に基づいて「純粋に肯定的な存在と見なしている」群と「両価的な存在と見なしている」群に分割され，分析に投入されている．

ただし，偏回帰係数だけを見ていてもその数値が果たして意味のある値なのかどうかはわからない．そこで，それぞれの値に対して統計的検定が実施され，有意確率（p 値）という数値が算出される．有意確率とは，簡単にいうと測定された差（もしくは効果）が偶然によって生じる確率のことである．偶然によって生じたのであれば，それは意味のある数値とはいえない．しかし，もしそれ

が偶然とは考えにくいような，非常にまれにしか生じない値であるならば，その数字には意味があると考えることができる．偶然かどうか判断する境目（有意水準）は，一般的に5%と定められることが多い．つまり，100回同じことを繰り返したとき，5回未満しか起こらないようなことが目の前で起こったならば，それは偶然ではなく必然である（つまり，議論するに値する意味のある数値である）と考えようというわけである．

表1.1に戻ると，有意確率の列でその値が5%(.05)未満であるのは，上から順に年齢，性別，本人の両価性知覚×パートナーの両価性知覚である．一方で，体重，本人の両価性知覚，パートナーの両価性知覚の3変数は，有意確率がいずれも5%より大きい．これらの意味するところは，年齢，性別，本人の両価性知覚×パートナーの両価性知覚はCAC得点に意味のある影響を持っているが，体重，本人の両価性知覚，パートナーの両価性知覚はCAC得点に意味のある影響を持たない，ということである．

各変数の有意性がわかれば，次に見るべきは影響の方向性である．偏回帰係数がプラスの値を示している場合，独立変数（またはコントロール変数）の値が大きくなると従属変数の値も大きくなることを意味する．マイナスの場合は逆であり，独立変数が大きくなれば従属変数は小さくなることを意味する．

以上を踏まえて，本研究で最も重要な問いである本人とパートナーの両価性知覚，およびその組み合わせがCAC得点に及ぼす影響に注目しよう．本人の両価性知覚とパートナーの両価性知覚は，ともにプラスの偏回帰係数を示しているが，有意確率はともに5%以上なので，これらの値は意味のあるものとは見なさない．一方で，本人の両価性知覚×パートナーの両価性知覚の効果は有意である．このことは，夫婦がお互いをどのように見ているか，その組み合わせがCAC得点に意味のある影響を及ぼしていることを示している．

一般的に，回帰分析において2変数の交互作用が有意であった場合には，片方の変数の値を固定し，他方の変数の効果の有意性を検証する．いま，2つの変数 (X_1, X_2) およびその交互作用 ($X_1 X_2$) から従属変数 Y を予測すると仮定すると，その回帰式は以下のようになる．

$$Y = a + b_1 X_1 + b_2 X_2 + b_3 X_1 X_2 \tag{1.1}$$

(a は切片．$b_1 \sim b_3$ は順に X_1, X_2, $X_1 X_2$ の偏回帰係数)

この (1.1) 式を

$$Y = a + b_1 X_1 + (b_2 + b_3 X_1) X_2 \qquad (1.2)$$

と変形すると，X_1 の変化に応じて X_2 の係数である $b_2 + b_3 X_1$ も変化することがわかるであろう．このように，交互作用とは，X_2 が Y に与える効果の大きさや方向が X_1 の値によって異なるということである．なお，X_1 がカテゴリー変数（たとえば，性別）の場合，カテゴリーごと（男性の場合，および女性の場合）に X_2 の効果が検定される．X_1 が連続変量の場合は任意であるが，一般的には，X_1 が平均値 $+1SD$ および平均値 $-1SD$ の値をとる際の X_2 の効果がそれぞれ検定される．

さて，以上を踏まえて，再度表 1.1 の交互作用を解釈してみよう．なお，原著には数値の割り当てに関する明確な記載が見当たらないため，ここでは仮に，本人の両価性知覚が肯定的な場合に -1，両価的な場合に 1 を割り当てたとしよう．また，（実際の計算式とは異なるが）あえて単純化して，(1.2) 式において X_1 を本人の両価性知覚，X_2 をパートナーの両価性知覚と仮定する．

まず，本人がパートナーを純粋に肯定的な存在と見なしているとき，パートナーがその人を肯定的な存在と見なしていようが，両価的な存在と見なしていようが，CAC 得点に違いはないことが示された．これはつまり，(1.2) 式の X_1 に -1 を代入した際の X_2 の係数 $(b_2 - b_3)$ は有意ではなかったということである．

一方，本人がパートナーを両価的な存在と見なしている場合，パートナーがその人をどのように知覚しているかによって CAC 得点は異なることが示された．これを (1.2) 式で表現するならば，X_1 に 1 を代入した際の X_2 の係数 $(b_2 + b_3)$ が有意であったということになる．より具体的には，パートナーがその人を肯定的な資源と見なしている場合に比べ，パートナーもその人を両価的な資源と見なしている場合のほうが，CAC 得点は高かった．なお，この交互作用は，年齢，性別，体重だけでなく，生物医学的要因，行動リスク因子，結婚満足度などをコントロールしても見られることが確認された．

以上の結果をまとめると，次のようになる．ある人がパートナーを両価的な存在（心強さといらだちの両方の感情を抱く存在）と見なしていたとしても，そ

のこと自体が単独でその人の健康リスクとなることはない．ところが，その人とパートナーの両方がお互いを両価的な存在と見なし合っているときは，その人の健康リスクは高まるようである．

1.2.4　ウチノらの研究のまとめ

　私たちは夫婦関係の質を捉えるとき，パートナーが自分にとって良い存在か悪い存在かということに注目しがちである．しかし，ここで紹介した研究に基づくならば，この見方は将来の健康を予測するうえでは単純すぎる．まず，多くの夫婦にとってパートナーは助けになると同時に，いらだちの原因でもある．たとえば，仕事上のトラブルについて相談に乗ってくれるのはありがたいが，自分が経験した苦労や憤りを十分には理解してくれていないように感じられたり，アドバイスが期待したものとは異なったりというような経験をしたことはないだろうか．さらに，自分がどう感じているかだけではなく，相手がどう感じているかという双方向の視点も必要である．つまり，今度は逆に，自分がパートナーから相談を受ける側となったとき，パートナーもやはり自分の態度にどこか納得がいかない様子であるとすれば危険である．なぜならば，そのような関係はお互いの健康とって悪影響であり，ひいてはお互いの寿命を縮める可能性があるからである．

1.3　性格と健康

　次に紹介するのは，アメリカ，ペンシルベニア大学のカーンら (Kern *et al.*, 2014) の研究『長寿に向けた人生行路：性格，関係性，成功，そして健康』である．

1.3.1　研究の背景と目的

　長生きをする人とそうでない人の間には，どのような違いがあるのであろうか．1.2 節で紹介した研究では，夫婦関係が健康リスクに影響することが明らかとなった．しかし，健康に影響する要因は人間関係以外にも多数存在する．仕事上の成功を経験した人はそうでない人に比べて健康的な人生を送る可能性が

あるし，また，感情的に不安定な人や劣等感を抱いている人に比べ，楽観的で自分に自信がある人のほうが健康的な人生を歩むことができると思われる．

では，ここで挙げたような健康と長寿に影響する出来事や心の持ち方は，すべての人に等しい確率で訪れたり備わったりするものなのであろうか．たとえば，生まれながらにまじめで誠実な人ほど一生懸命働いて他者からの信頼を得やすいから昇進も多くなり，賞や栄誉を受ける機会も増える可能性がある．このように，大人になってから観察される長寿に関連する要因の多くは，子どものときの性格特性によって，ある程度規定される可能性がある．

カーンらの研究は，発達の経路に沿ってどのような性格の人が健康な人生を送るのかを理解するための生涯モデルを描くことを目的としている．この研究の重要な第1の特徴は，同一人物の人生経路（子どもから大人を経て，亡くなるまで）を継続的に追跡したターマン人生サイクル研究 (Terman Life Cycle Study) のデータに基づいて，複数の要因間の複雑な関連性を明らかにしている点である．つまり，児童期の性格，成人期の社会的関係性や心理的状態，そして長寿に関連する膨大なデータを統計的に丹念に分析することで，長生きをする人とそうでない人の人生経路の特徴を示そうと試みている．

縦断的研究と呼ばれるこのような手法によって得られたデータからは，同じ人物内での変化を特定することが可能となる．また，横断的研究において因果関係を特定する際の問題の1つである要因間の時間的関係についても，明確に仮定できることが多い．たとえば，児童期の性格（原因）と成人後の職業満足度（結果）の間に関連が見られた場合，性格が職業満足度に影響を与えることはあっても，職業満足度が性格に影響を与えることはない．なぜならば，児童期の性格はその人物が働く以前に存在するものであるという理論的前提に加え，原因となる変数は実際に結果変数よりも時間的に前に測定されていたものだからである．

カーンらの研究の第2の特徴は，児童期の性格特性の組み合わせが健康的な人生を歩むか否かに関連すると予測する点である．研究で測定される性格6特性のうち，特に誠実性と情緒安定性に焦点が当てられている．具体的には，誠実性が成人期の肯定的な出来事と長寿を，低い情緒安定性が成人期の否定的な出来事をそれぞれ個別に予測することに加え，情緒安定性は低いが誠実性の高

い人は成人期にストレスフルな経験をすることが少なく，長寿を全うするという仮説が検証されている．

1.3.2 研究の手順
(1) 研究参加者

分析データは，1921年にスタートし，その後1999年まで5〜10年おきに同一人物に対して継続的に調査が実施されたターマン人生サイクル研究からのものである．これに，2008年に収集された参加者の死亡率データが結合された．この研究参加者は1910年前後に誕生した者たちで，研究がスタートした時点において10歳前後で，米国カリフォルニア州の小学校に通っていた．彼らは日本でいうと小学校の中学年から高学年にかけての年齢であった．また重要な特徴として，研究対象は知能指数 (IQ) が135かそれ以上の子どもたちであったことが挙げられる．つまり，参加者はもともと人生で成功する可能性の高い知的特徴を持っていた．実際に分析の対象となったのは，以下で説明する変数の情報が存在する1,021名（男性570名，女性451名）であった．

(2) 研究に用いられた変数

分析に用いられた変数は，測定された時期に応じて児童期の性格，成人期の成功および苦難，長寿の3つに分類できる．児童期の性格変数は，研究スタート直後の1921〜1922年に測定された．そこでは，参加者の親，教師，子ども自身によって，様々な特性次元に関して評定が行われた．これらは，誠実性・社会的信頼性，動機づけ・自尊心，陽気さ・愉快さ，社交性，高活力・活動性，そして情緒安定性（感情の安定性・低い神経症傾向を表す）の6側面として変数化された．

成人期の成功は，精神的健康，生活満足度，成人期の適応特性の評定，社会的関係性，栄誉と賞，および教育の観点から，参加者が中年時代（平均して40歳時）に実施された査定において測定された．精神的健康の程度は，不安や抑うつ，性格上の問題等から査定された．生活満足度は，仕事，家庭，趣味，宗教など生活上の様々な対象に関する満足度によって査定された．成人期の適応特性の評定は，複数の側面から心理学的な適応の程度が測定された．社会的関

係性は，婚姻状況，存命の兄弟姉妹や子どもの数，所属しているクラブや奉仕活動の数などに基づいて変数化された．栄誉と賞は，それらの受賞歴について参加者に自由に報告してもらった．教育年数は，最終学歴に応じて10〜22年の間で数値化された．

　成人期の成功が人生の肯定的な側面であるのに対して，人生の否定的な側面として成人期の苦難に関する変数も測定された．これは，参加者の家族，両親，兄弟に訪れた不幸に基づいて変数化された．また，アルコール依存（使用量），および離婚歴も否定的な側面に加えられた．

　さらに，最終的な結果変数として参加者が何歳まで生きたかを確認した．長寿に関するこのデータは，参加者の死亡証明書を集めることに加え，参加者の家族から情報提供を受けることを通して追加された．

1.3.3　分析，結果，および解釈

(1)　分析方針

　分析では，まず成人期の成功変数に関して因子分析が実施された．そのうえで，児童期の性格が成人期の成功／苦難に及ぼす影響，児童期の性格および成人期の成功／苦難が死亡リスクに及ぼす影響が順に検証された．その際，児童期の性格のうち誠実性×情緒安定性（低い神経症傾向）の交互作用の効果も検討された．なお，すべての分析で年齢と性別がコントロールされた．

(2)　成人期の成功変数に関する因子分析

　先述の6領域に沿った合計30項目から測定された成人期の成功は，因子分析によって主観的ウェルビーイング，家族関係，主観的達成感，地域社会関係の4因子にまとめられた．因子分析とは，複数項目間の相関関係に基づいて，それらの背後に存在する概念的なまとまりを抽出する統計的手法である．たとえば，主観的ウェルビーイングという因子は，「怒りっぽさ（逆転項目）」，「自信」，「気質的な幸福感」，「劣等感（逆転項目）」といった下位項目から構成された．これは，怒りっぽさ得点の低い人は自信を持ちやすく，気質的な幸福感が高く，劣等感が低い傾向にあり，さらにこのような複数の具体的な特徴が主観的ウェルビーイングという単一の心理概念にまとめられることを意味する．

ただし，因子分析によって得られるのは統計的な項目のまとまり構造のみであり，それぞれのまとまりをどのように解釈するかは研究者に委ねられている．主観的ウェルビーイングという解釈は，その下位項目の多くが感情的な側面を捉えたものであることから選択されたものと思われる．同様に，家族関係因子は「子どもの数」，「子どもに関する満足感」，「結婚に関する満足感」などの下位項目から構成された．また，主観的達成感因子には「仕事の満足感」，「特定の目標に向かう動機」，「職業に対する好み」，「教育達成」，「栄誉の数」といった項目が含まれた．さらに地域社会関係因子には，「地域社会との結びつき」や「それに対する満足度」などの項目が含まれた．なお，因子分析の結果，4因子のいずれとも関連しない3項目はその後の分析から除外された．

各因子を構成する項目は，すべて標準化し平均値を算出することで，因子に関する合成変数が作成された．標準化とは，変数の平均値が0，標準偏差が1になるように値を再割り当てすることである．この手続きは，単位の異なる複数の項目を合成する際に用いられる．たとえば，同じ因子を構成する項目の中に，1〜2の値をとる変数Aと，1〜10の値をとる変数Bが存在したとする．この2項目を単純に平均してしまうと，最終的に出来上がった合成変数において，変数Aにおける高低よりも変数Bにおける高低のほうが相対的に強い影響力を持つことになる．このような項目間での影響力の差異をなくすために，各項目得点の平均値とばらつき（分散）を揃えるのが標準化である．

因子分析によって複数の項目に共通する心理概念を抽出することには，いくつかの利点がある．第1に，複数の項目をより少数の変数に集約できる．この研究では当初，成人期の成功に関連する項目として30項目が準備されていた．これらそれぞれと健康の関連を調べるやり方では，得られる結果は非常に複雑なものとなり，解釈は困難を極めるであろう．一方，因子分析によって4因子に集約できれば，分析結果の解釈は簡明なものとなることが期待される．第2の利点は，概念の多面的な構造を統計的に把握できることである．今回の30項目は，既存の研究を参考にして，成人期の成功を構成することが示唆されてきた6領域に基づいて選択されたものであった．因子分析によって，帰納的にそれらの構造化を図ることによって，成人期の成功の内容とその測定について新たな視点を獲得できた．それは，従来の見方や枠組みを打破し，理論的発展に

寄与する可能性を秘めたものでもあった.

ただし，使用した変数の理論的枠組みがすでに存在する場合，あるいは測定尺度が確立されている場合などには，因子分析は行わず，それらを踏襲して合成変数の作成を行うこともある．そのほうが先行研究との比較が可能になるというメリットがある．ただし，その場合でも，得られたデータに基づいて改めて尺度信頼性を確認することが望ましいし，信頼性を損なう項目が含まれていた場合には，その項目を除外するかどうかを慎重に検討する必要がある．

(3) 児童期の性格が成人期の成功／苦難に及ぼす影響

児童期の性格が成人期の成功に及ぼす影響を検証するために，成人期の成功4因子をそれぞれ従属変数，児童期の性格6側面を独立変数とする重回帰分析が実施された（表1.2）．表の β は標準偏回帰係数と呼ばれるもので，独立変数と従属変数の関連性の方向と強さを示している．プラスの値は独立変数の値が高まれば従属変数の値も高まることを意味し，マイナスの値は独立変数の値が高まれば従属変数の値は低まることを意味する．

表 1.2 児童期の性格が成人期の成功／苦難に及ぼす影響
有意 ($p < .05$) な数値のみ記載．カーンら (Kern et al., 2014) の Table 2 に基づいて，筆者が作成．

	従属変数						
	主観的ウェルビーイング	家族関係	主観的達成感	地域社会関係	人生における困難	アルコール依存(使用)	離婚
			β				OR
誠実性						−0.134	0.941
情緒安定性	0.073						
社交性	0.081	0.102		0.154		0.136	
活力		0.085					
陽気さ			−0.097				
動機づけ／自尊心	−0.076		0.100				1.059
性別	−0.106	−0.072	−0.291	0.183	0.132	−0.265	
年齢			0.062				

なお，独立変数間の影響の強さを比較できるのが標準偏回帰係数の特徴である．表 1.1 で用いられている非標準偏回帰係数は，独立変数の単位に基づいてその意味が異なる．たとえば，長さを独立変数として用いたとして，その単位を m（メートル）から cm（センチメートル）に変更すると非標準偏回帰係数は 100 分の 1 になるので，単位の異なる独立変数同士の値の比較には意味がない．一方で，標準偏回帰係数は独立変数を標準化した後の影響力の大きさを示しているので，独立変数間で影響力の比較が可能となる．たとえば表 1.2 において，社交性と活力はともに家族関係に対してプラスの効果を示しているが，係数は社交性のほうがより大きい．このことから，社交性は活力よりも家族関係に与えるポジティブな影響力が大きいことがわかる．

以上を踏まえて，改めて表 1.2 の結果を見てみよう．主観的ウェルビーイングに対しては，情緒安定性と社交性が有意な正の効果を示した．これは，児童期に情緒が安定しており，他者と積極的に交流を持つ人ほど，成人後に自分に自信を持ち，物事を肯定的に捉えていることを意味している．一方で，動機づけ／自尊心は有意な負の効果を示していることから，児童期の動機づけの高さは，そのような肯定的な感情状態に対して否定的な影響を及ぼすようである．家族関係に対しては，社交性と活力の効果が有意であった．係数はいずれもプラスであるため，子どものときに社交的で活動的な人ほど，大人になってから配偶者や子どもとの間により良い人間関係を築いていることを示している．また，主観的達成感に対しては，陽気さがマイナスの効果を，動機づけ／自尊心がプラスの効果を示した．子どもの頃あまり陽気でなく，また動機づけや自尊心が高いことが，大人になってから職業的な満足感を得たり，賞や栄誉を手に入れたりする確率を高めるようである．最後に，地域社会関係に対しては，社交性が正の有意な値を示した．小さな頃から社交的な子どもは，大人になってからも地域社会で自分の役割を持ち，そこでの人間関係にも満足する傾向が強いことがわかる．

なお，コントロール変数である性別は成人期の成功 4 因子すべてに対して有意な効果を示した．性別は男性が 0，女性が 1 として変数化されたため，性別の係数がプラスの場合は女性ほどその従属変数の値が高いことを意味し，マイナスの場合はその逆と解釈できる．たとえば，主観的ウェルビーイング，家族

関係，主観的達成感に対して性別はマイナスで有意であるから，これら3因子の得点は女性ほど低い（男性ほど高い）ということになる．一方，地域社会関係の係数がプラスであることは，女性ほどその得点が高いことを意味している．

　原著では性別の効果について詳しくは言及されていないが，成人期の成功変数が測定されたのは1950年で，参加者の平均年齢は40歳前後であった．当時のアメリカが男性優位の社会であったことを考えると，男性が女性に比べて職場や家庭で満足感を得やすく，同時にそのような経験が肯定的な感情状態を強めていた可能性がある．逆に，地域活動においてはむしろ女性が中心的役割を担うことが多かったため，男性よりも満足度が高かったのかもしれない．いずれにせよ，このような性別の効果をコントロールしてもなお，児童期の性格が成人期の成功に影響力を持っていたことは重要である．

　次に，児童期の性格が成人期の苦難に及ぼす影響を検証するために，成人期の苦難についての3側面をそれぞれ従属変数，児童期の性格6側面を独立変数とする分析が実施された（表1.2）．人生における困難およびアルコール依存に対しては，これまでと同様の重回帰分析がなされた．人生における困難に対してはいずれの性格因子も有意ではなかった．一方で，アルコール依存に対しては誠実性がマイナスの効果を，社交性がプラスの効果を示した．つまり，まじめで勤勉な人ほど中年期のアルコールの使用量は少ないが，他者との交流を好む人ほどアルコールに依存する可能性が高いということである．

　もう1つの成人期の苦難変数である離婚歴については，ロジスティック回帰分析が用いられた．ロジスティック回帰分析とは，従属変数が2値のカテゴリー変数である場合に用いられる統計的手法である．離婚は，その経験がない人を0，少なくとも1回は離婚もしくは別居の経験がある人を1として変数化された．ロジスティック回帰分析では，オッズ比（OR）という値が算出されているが，オッズ比を読み取る際は，それが1よりも大きいか小さいかが重要である．1より大きい場合，独立変数の値が高まると従属変数の値も高まる（つまり，離婚や別居を経験する確率が高まる）ことを意味する．一方で，1よりも小さい場合は，独立変数の値が高まると従属変数の値が低まることを意味する．

　表1.2を見ると，誠実性の効果は有意であり，そのオッズ比は1より小さかった．このことは，児童期に誠実性が高い人ほど従属変数は低まること，つまり

離婚を経験する可能性が低下することを意味している．逆に，動機づけ／自尊心のオッズ比は 1 よりも大きかった．つまり，子どもの頃に動機づけや自尊心の高い人ほど，将来離婚や別居を経験する確率が高いと解釈できる．

　さらに，すべての成人期の成功および苦難変数に対して，誠実性と情緒安定性の組み合わせの効果（交互作用）も検討された．その結果，主観的ウェルビーイングに対してのみ有意な交互作用効果が見られた．ここで，もう一度主観的ウェルビーイングに対する情緒安定性単独の効果（これを主効果という）を見てみると，情緒安定性はそれを高める効果を持っていた．しかし，交互作用が有意であった場合，この効果は誠実性との組み合わせによって理解する必要がある．具体的には，児童期に誠実性の高い子どもにおいては，情緒安定性は成人期の主観的ウェルビーイングに影響を与えなかった．一方で，児童期に誠実性が低いとき，情緒の安定した子どもは不安定な子どもに比べて，成人期の主観的ウェルビーイングが高かった．

　このように，児童期の性格が将来の成功や苦難を予測することが示されたが，特定の性格が良い影響もしくは悪い影響を一貫して持っているとはいえない場合があることは重要であり，この点は原著においても指摘されている．特に，児童期の社交性が成人期の成功（主観的ウェルビーイング，家族関係，および地域社会関係）と苦難（アルコール依存）の両方を促進する効果を持っていたことは興味深い．つまり，社交性の高さは健康と長寿に対して正反対の効果を持つといえる．このような関連性は成功と性格または苦難と性格という単一の関連性だけに焦点を当てる研究では解明できず，人生経路の複雑さを検討できるモデルの重要性を示している．

(4)　児童期の性格および成人期の成功／苦難が死亡リスクに及ぼす影響

　次に，児童期の性格および成人期の成功／苦難が死亡リスクに及ぼす影響が生存分析 (survival analysis) によって検討された（表 1.3）．これは，生存時間分析あるいはイベント・ヒストリー分析などとも呼ばれ，特定のイベント（たとえば，犯罪や死）が発生するまでの時間を従属変数として，その発生に影響を与える要因を解明することを目的とした統計分析である．本研究では，参加者の死亡というイベントに注目し，それが発生するまでの時間を死亡リスク (mortality

表 1.3 児童期の性格および成人期の成功／苦難が死亡リスクに及ぼす影響
成人期の成功／苦難はモデル 2 でのみ投入．有意な数値のみ記載．カーンら (Kern et al., 2014) の Table 3 に基づいて，筆者が作成．

		モデル 1	モデル 2
		RH	RH
コントロール変数			
	性別	0.81	0.82
	年齢	0.96	0.96
児童期の性格			
	誠実性	0.81	0.84
	情緒安定性		
	社交性		
	活力		
	陽気さ		
	動機づけ／自尊心	1.15	1.16
成人期の成功			
	主観的ウェルビーイング	—	
	家族関係	—	0.90
	主観的達成	—	0.91
	地域社会関係	—	
成人期の苦難			
	人生における困難	—	
	離婚	—	1.23
	アルコール依存	—	1.16

risk) と位置づけている．つまり，若くして亡くなった人ほど死亡リスクが高く，逆に長寿を全うした人は死亡リスクが低いと考えることができる．そして，児童期の性格と成人期の成功／苦難のうち，死亡リスクを高める要因の特定を試みている．

　生存分析では，ハザード比（hazard ratio; 表 1.3 では RH と表記されている）と呼ばれる数値が算出される．ハザード比の解釈はオッズ比と類似しており，1 よりも大きい場合にはイベントの発生確率を高める要因であり，1 よりも小さい場合にはそれを低下させる要因であると判断できる．

　生存分析の重要な特徴は，まだイベントが発生していないケースを打ち切りケース (censored case) として扱える点である．今回のデータでは，全体の 9% の

生死がわからなかったが，これらの人々を根拠なく「現在も生きている」と考えるのには問題がある．生存分析では，このような参加者のデータについて，最後にコンタクトがとれた年齢までは少なくとも生きていた（イベントが発生していない）ことを示すものとして分析に用いることが可能である．

ところで，今回の分析では独立変数が2回に分けて投入されている．具体的には，まず第1段階（モデル1）で児童期の性格を投入したうえで，第2段階（モデル2）ではこれに加え，成人期の成功／苦難変数が投入されている．先述のとおり，この分析の目的は，児童期の性格変数と成人期の変数（成功／苦難）という2つの変数群が死亡リスクに与える影響を検証することであった．その目的を達成するためには，モデル2だけで十分に思われるかもしれないが，実はそうではない．

仮に，モデル1を省略して，モデル2のみ分析を行ったとしよう．そして，児童期の性格と死亡リスクの間に有意な関連が見られなかったとする．その結果のみから「児童期の性格は死亡リスクに影響を与えない」と結論づけることは妥当であろうか．表1.2で示されたとおり，いくつかの児童期の性格は成人期の成功／苦難を予測した．したがって，児童期の性格によって高められたり低められたりした成人期の変数が死亡リスクに影響を与える可能性は十分にある．そして，このような場合は，児童期の性格が成人期の変数を媒介して死亡リスクに影響を与えたと解釈することができる．

このような媒介経路が存在している場合，まずは児童期の性格変数のみから死亡リスクを予測するモデル1を検証し，それらに関連が見られるかどうかを確認する必要がある．そのうえで，新たに成人期の変数を投入するモデル2を検証し，児童期の性格変数の効果が消滅する（もしくは弱まる）とき，媒介経路が存在している可能性があると判断できる．この場合，「児童期の性格は健康に対して間接効果を持つ」と解釈できる．一方で，モデル1で確認された性格の効果がモデル2において変化しなければ，「児童期の性格は健康に対して直接効果を持つ」ということができる．つまり，2段階で変数を投入することで，児童期の性格が死亡リスクに与える効果が直接的なものなのか，それとも，成人期の成功／苦難によって媒介された間接的なものなのかを，ある程度判別することができる．

これを踏まえて表 1.3 を見てみると，まずモデル 1 では誠実性と動機づけ／自尊心が有意な効果を示した．誠実性のハザード比は 1 よりも小さいので，児童期にまじめで勤勉な人ほど将来の死亡リスクが低いことがわかる．一方，動機づけ／自尊心のハザード比は 1 よりも大きいので，児童期の動機づけや自尊心が高い人ほど，将来早死にする確率が高いといえる．次に，モデル 2 では成人期の成功因子のうち，家族関係と主観的達成感の効果が有意であった．これらのハザード比はともに 1 よりも小さいので，大人になってからの家族関係の豊かさ，および職場や教育における達成経験は，将来の死亡リスクを低下させると解釈できる．一方，成人期の苦難変数のうち有意であった離婚とアルコール依存のハザード比は，ともに 1 よりも大きかった．それゆえ，結婚生活の破たんや過度の飲酒は健康を損なう要因であることが読み取れる．

さて，モデル 1 で示された児童期の誠実性と動機づけ／自尊心の効果は，成人期の変数群を考慮したモデル 2 においても有意なままであった．このことから，少なくとも今回の生存分析に基づくならば，誠実性および動機づけ／自尊心が死亡リスクに与える影響は，成人期の成功や苦難を媒介した間接的なものではなく，直接的な効果である可能性が高いことがわかる．

ただし，表 1.2 で示したとおり，誠実性は離婚とアルコール依存を抑制し，動機づけ／自尊心は達成経験と離婚の両方を高めていた．それゆえ，生存分析の結果のみから，性格のこれら 2 側面から死亡リスクへの間接効果を否定するのは早計かもしれない．誠実性および動機づけ／自尊心が最終的な長寿に影響を与えるまでの経路は多様である．それらの経路には，長生きを促進するものと抑制するものとが混在している可能性がある．このように，影響の方向が異なる複数の媒介経路が存在する際は，プラスの影響とマイナスの影響とが相殺され，見かけ上，出発点となる変数の直接効果に変化が見られないことはありうる．いずれにせよ，全変数間の総合的な関連性については，長寿の指標こそ異なるものの，最後に紹介する構造方程式モデリング (SEM) によってさらに詳細に検討されている．

これまで，分析において有意性が確認された変数を中心に解釈してきた．一方で，原著の序論や考察においては，それ以外のいくつかの変数についても言及されている．たとえば，児童期の情緒安定性は健康増進と矛盾した関連性を持

つ可能性があり，実際の分析においても死亡リスクと関連しないことが示された．情緒が不安定であることは社会的関係を構築するうえで否定的に働くことがあるし，またそのこと自体が健康に悪影響を及ぼしそうである．しかし，不安や心配を抱きやすい人は危険な行動を避けたり，物事を慎重に検討したりする．このように，情緒安定性は健康に対して否定的な面と肯定的な面を兼ね備えており，結果として一定方向の影響力を持たなかった可能性がある．

また，成人期の主観的ウェルビーイングも死亡リスクを予測しなかった．主観的ウェルビーイングは自信の強さや劣等感の少なさといった感情的要素を中心にした因子であった．これらの肯定的感情は，幸福な人生を手に入れるために必要な要素として強調されがちであるが，少なくとも今回の研究ではその重要性は裏づけられなかった．健康や長寿を理解するためには，感情的側面を過度に強調するのではなく，関係性や困難の経験等を含めた広範な視点が必要と思われる．

最後の分析では，構造方程式モデリング (SEM) を用いて，児童期の性格が成人期の成功／苦難を予測し，さらに児童期の性格と成人期の成功／苦難が85歳まで生きたかどうか（長寿）を予測するというモデルの検証が行われた．SEMとは，複数の変数間の関連性をパス図と呼ばれるモデルで表現する統計分析法である．これまで説明してきた回帰分析と同様に，個別の変数間の関連は因果の方向（矢印の向き）と大きさ（係数）によって表現される．なお，原著では係数が表として提示されているが，本章では変数間の関連を図示し，有意な結びつきを矢印で示した（図 1.1）．

その結果は，最終的な従属変数が死亡リスクか長寿かという違いはあるものの，大部分がこれまでの回帰分析および生存分析の結果を踏襲したものとなった．具体的には，まず児童期の高い社交性が主観的ウェルビーイング，家族および地域社会関係，アルコール依存を予測した．また，児童期の誠実性は，将来アルコール依存になり離婚を経験する可能性を低める効果を示した．さらに，活力の高さは家族における良い人間関係を，陽気さは低い主観的達成感を，動機づけ／自尊心は主観的達成感と離婚経験をそれぞれ予測した．さらに，児童期の誠実性および大人になってからの家族関係は長寿の可能性を高め，逆に離婚とアルコール依存は長寿の可能性を低下させた．

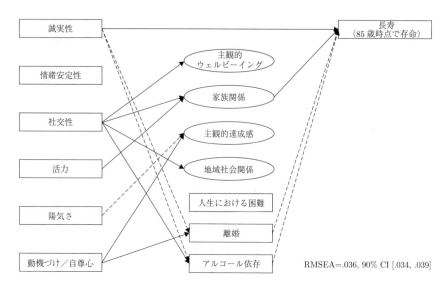

図 1.1 児童期の性格，成人期の成功／苦難，および長寿の関連性
有意 ($p < .05$) な β を示したパスのみ記載している．実線はプラスの β を，点線はマイナスの β を示す．カーンら (Kern *et al.*, 2014) の Table 4 に基づいて，筆者が作成．

さて，児童期の誠実性は，成人期の離婚やアルコール依存の経験を低下させることで長寿を促進するという媒介効果だけでなく，長寿に対して直接的な促進効果を持っていた．しかし，誠実性が「実際に」将来の長寿を直接予測すると結論づけることには慎重であるべきである．なぜならば，誠実性の効果を説明できなかったのはあくまで今回分析に用いた成人期変数に限定してのことであり，潜在的にはこれを媒介する別の変数が存在する可能性が残されているからである．したがって，なぜ誠実性が死亡リスクと関連するのか，そのメカニズムの解明は今後の研究に委ねられている．

1.3.4 カーンらの研究のまとめ

健康長寿への欲求は多くの人が抱くところであるから，我々は良い結果を得るためのもっともらしい側面に注目しがちである．円満な夫婦生活を送ろうとか，隣近所との触れ合いが重要であるとか，物事を肯定的に捉えて生きるべき

だ，といった具合である．今回明らかとなった生涯モデルは，無数にあるこれらの言説のうち，本当に長寿と結びつくものとそうでないものを明らかにしている．具体的には，肯定的な感情や地域社会との結びつきは健康的な人生にとってあまり重要ではないが，家族との人間関係や主観的達成感は重要であった．また，大人になってからの境遇や心の持ち方，さらに長寿そのものでさえ，子ども時代の性格によってある程度規定されると示されたことは興味深い．もちろん，これは特定地域の特定対象を追跡した研究知見に過ぎないが，健康的な人生経路を真に理解するために，人生の様々な要因の複雑な関連性を考慮する研究の重要性が示唆されている．

1.4 自己統制と健康

最後に紹介するのはアメリカ，デューク大学のモフィットら (Moffitt et al., 2011) の研究『子ども時代の自己統制の水準が健康，富裕，社会安全を予測する』である．

1.4.1 研究の背景と目的

次のような状況を想像してほしい．あなたは職場で残業をし，締切り間近の書類を作成している．そのとき，ふと聞こえてきた同僚の会話から，今夜大好きなアーティストがテレビで生演奏をすることを知った．いますぐ仕事をやめて，家のソファーに座りながら演奏を聴くことは，その刹那非常に魅力的に思われたが，その一方で，冷静に考えるならば，仕事を少しでも進めておくことが長期的に良い結果をもたらすことは間違いない．皆さんは，このような状況に置かれたら，楽しいイベントを我慢して，仕事を続けることができるであろうか．

自らの衝動や感情をコントロールし，欲求充足を先延ばしにする能力を「自己統制 (self-control)」と呼ぶ．先ほどの例で「我慢できない」と感じた人は自己統制が弱く，「仕事を続ける」と答えた人は自己統制が強いといえる．この他にも，ダイエットのために目の前のケーキを我慢すること，資格をとるために毎日コツコツ勉強を続けること，怒りがこみあげたときに攻撃的な反応を抑え

ることなど，自己統制は日常の様々な場面で人々の行動に広くかかわりがある．このため，直観的にだが，社会的成功において自己統制は重要な要因であるように感じられる．

モフィットらの研究は，子ども時代に測定された自己統制が，成人後の健康，経済的豊かさ，そして犯罪を予測するかどうかを検証したものである．自己統制が将来の成功と結びつくならば，子ども時代に自己統制が高い人ほど将来健康的で，経済的に健全で，さらに犯罪にかかわる可能性は低いはずである．そして，もしこのような関連が裏づけられたとすると，自己統制能力の向上は個人にとって重要なだけでなく，社会政策上も大きな関心事となるであろう．市民の健康を促進し，所得を増やし，犯罪を減らすことができるならば，自己統制の増進は社会全体の利益ともなるからである．

この研究で用いられたデータは，カーンらと同様に縦断的研究のものである．成人期の変数は 32 歳時に測定されたものであるが，やはり児童期から成人期にかけての同一個人内の時系列変化を読み取ることが可能である．また，児童期の変数から将来の様々な出来事を説明するという点，さらにそれらの間に媒介変数を仮定する点で，2 つの研究の枠組みは類似している．

一方，研究の中で扱われる変数自体は異なる．第 1 に，モフィットらの研究で注目されるのはあくまで自己統制の効果であり，その他の性格や行動特性についてはあまり考慮されていない．第 2 に，児童期の親の社会経済的地位 (SES) と知能指数 (IQ) の効果がコントロール変数として考慮されている．これは，これらが自己統制や成人期の所産と関連する可能性が高いからである．第 3 に，児童期の自己統制と成人期の所産を媒介する変数として，青少年期の問題行動（論文では snares）を仮定している．第 4 に，モフィットらの研究では健康以外に経済的豊かさと犯罪の予測も試みられているが，本稿では健康に関する結果を中心に紹介する．

1.4.2 研究の手順

(1) 研究参加者

本研究の対象者は，ダニーディン健康と発達に関する学際的研究 (Dunedin Multidisciplinary Health and Development Study) への参加者で，ニュージーラ

ンドのダニーディン市に住む 1972～1973 年生まれの 1,037 名であった．なお，原著においてはふたごを対象とした別のデータセットに関する分析も実施されているが，本稿では触れない．

(2) 研究に用いられた変数

自己統制は，参加者が 3～11 歳の間に 9 測度を用いて測定された．具体的には，コントロールの欠如，衝動的な攻撃性，多動性，辛抱の欠如，衝動性，不注意などの側面についての，親や教師など観察者からの報告と自己報告である．これら 9 測度は互いに有意な正の相関を示しており，内的一貫性も高かったため，1 つの合成変数にまとめられた．

コントロール変数として，親の社会経済的地位 (SES) と本人の IQ が測定された．親の社会経済的地位は，学歴や所得との関連性を含め，1 を専門職，6 を非熟練労働者とする職業威信が数値化された．また，IQ は，7，9，および 11 歳時に，児童向けウェックスラー式知能検査によって測定された．

成人期の健康は，参加者が 32 歳のとき，身体的健康，薬物依存，情報提供者が評定した薬物問題，そして抑うつの 4 側面から査定された．身体的健康の指標は，代謝異常，気道閉塞，歯周病，性感染症，そして炎症亢進の 5 個の臨床的測度から作成された．薬物依存は，タバコ依存，アルコール依存，大麻依存，さらにその他の薬物依存について DSM-IV の基準に従って査定し，参加者が依存している薬物の数が算出された．これに加えて，参加者が「アルコールについての問題」，「大麻やその他の薬物についての問題」を持っているかどうかについて，参加者をよく知る情報提供者に回答してもらう形で査定された．最後に抑うつは，DSM-IV の基準に従って査定された．

青少年期の問題行動として，早期の喫煙，高校中退，未成年での出産が測定された．10 代でこれら 3 種類のリスキーな行動を選択する人ほど，不健康で，財政的に困難で，さらに社会の安全を脅かすような生活スタイルに陥りやすく，同時に自己統制の低い人ほどこのような危険な行動を選択しやすい可能性がある．それゆえ，これらは児童期の自己統制[2]と成人期の所産を媒介する変数と

---

[2] 先述のとおり自己統制は 3～11 歳の間に測定されたものであるが，研究方法や結果の具体的な記述においては「児童期の自己統制」と記載する．

して分析に加えられた．

1.4.3 分析，結果，および解釈
(1) 分析方針

本研究の主要な関心は，児童期の自己統制が成人期の健康（および経済的豊かさ，犯罪）を予測するかどうかであった．実際の分析では，第1に，児童期の自己統制が成人期の健康に及ぼす効果が検証された．第2に，その効果が青少年期の問題行動によって媒介されるかどうかが検証された．

一連の分析では主に回帰分析が用いられたが，その内容は健康に関する4指標それぞれで異なっていた．そのため，数値の読み方と解釈には注意が必要である．まずはこの点について，健康に関する4指標をそれぞれ従属変数，自己統制を独立変数とした回帰分析の結果（表 1.4）に基づいて説明する．

表 1.4 児童期の自己統制が成人期の健康問題に及ぼす影響
有意 ($p < .05$) な係数のみ記載．モフィットら (Moffitt *et al.*, 2011) の Table 1 に基づいて，筆者が作成．

	モデル 1 係数	モデル 2 係数
身体的健康指標		
家庭の SES の低さ	1.218	1.154
IQ の低さ	1.224	
自己統制の低さ	1.196	1.111
抑うつ		
家庭の SES の低さ		
IQ の低さ	1.232	
自己統制の低さ		
薬物依存指標		
家庭の SES の低さ	1.343	1.281
IQ の低さ	1.218	
自己統制の低さ	1.299	1.186
情報提供者が評定した薬物問題		
家庭の SES の低さ	0.118	0.076
IQ の低さ	0.081	
自己統制の低さ	0.178	0.169

健康に関する4指標のうち，情報提供者が評定した薬物問題の回帰分析は，本稿でこれまで重回帰分析として説明してきたものと同じである．これは，一般的には最小二乗法 (OLS) と呼ばれるものであり，誤差項が正規分布していること，独立変数と従属変数が線形関係であることといった，いくつかの条件を満たしたデータに対して用いられる．係数として標準偏回帰係数が示されている．これは，表1.2にてβとして示されているものと同様で，プラスの係数は独立変数が増加すると従属変数も増加することを意味し，マイナスの係数は独立変数が増加すると従属変数は減少することを意味する．

これに対して，身体的健康，抑うつ，薬物依存の3つについては，順にポアソン回帰，ロジスティック回帰，負の二項回帰と呼ばれる回帰分析が行われている．このような回帰分析が用いられる理由は，従属変数の性質によって，上に示したOLSの前提条件が満たされないことがあるためである．抑うつに対するロジスティック回帰については表1.2ですでに触れたとおり，従属変数が2値の変数である場合に用いられる．係数として示されているオッズ比についても，表1.2のORと同様である．つまり，1よりも大きい場合は，独立変数が高まると従属変数も高まることを意味し，1よりも小さい場合は，独立変数が高まると従属変数が低まることを意味する．

ポアソン回帰や負の二項回帰は，従属変数がカウントされた値である場合に用いられることが多い．実際，本研究において，身体的健康と薬物依存は複数の基準のうちいくつに当てはまるかによって作成された変数である．そして，これらの結果としては発生率の比 (incidence-rate ratio: IRR) が示されている．これは，オッズ比と意味は異なるが，解釈方法は類似している．つまり，独立変数と従属変数との関係について，1よりも大きい場合は促進的な正の関係を，1よりも小さい場合は抑制的な負の関係を示している．

やや複雑な説明が必要となったが，これら種々の回帰分析が（複数の）独立変数と従属変数の間の関連性を解明する分析であることに変わりはない．

(2) 児童期の自己統制が成人期の健康に及ぼす影響

以上を踏まえて，改めて表1.4の結果を見てみよう．表1.4の1列目は従属変数であり，上から身体的健康指標，抑うつ，薬物依存指標，情報提供者が評

定した薬物問題の順で分析結果が示されている．さらに，従属変数ごとにコントロール変数と独立変数が示されており，それぞれ上から家庭のSESの低さ，IQの低さ，自己統制の低さの順に並んでいる．右列には，モデル1，モデル2の順で係数が記載されている．モデル1に示されているのは，これら3変数それぞれと従属変数との間の単純な2変数関係である．つまり，3変数それぞれが単独で回帰分析に加えられた際，それぞれの変数がどの程度健康指標を予測するかが示されている．

一方で，モデル2で示されているのは，3つの変数が同時に回帰分析に加えられた場合，それぞれの変数が健康指標を予測する程度である．言い換えると，親の社会経済的地位および児童期のIQの低さをコントロールしたとき，なお自己統制の低さが健康に影響を及ぼすかどうかが検討されている．したがって，たとえモデル1で自己統制の効果が有意であったとしても，モデル2で有意でなくなれば，従属変数に対する自己統制の効果は見かけ上のものに過ぎないと見なされる．

身体的健康に対して，低い自己統制はモデル1と2の両方で1以上の有意な値を示した．このことから，児童期に自己統制が低い人ほど32歳時に健康に関する多くの問題を抱えており，この関連は親の社会経済的状況やIQの影響を考慮してもなお残ると解釈できる．薬物依存についても同様に，低い自己統制はモデル1と2の両方で有意な1以上の値を示した．つまり，児童期の低い自己統制が，将来より多くの薬物に依存する傾向を予測するといえる．この関連は，第三者である情報提供者からの報告によっても裏づけられており，児童期の自己統制が低い参加者ほど，成人期により多くの健康問題を持っていると見なされていたことが読み取れる．一方で抑うつについては，低い自己統制はモデル1と2の両方で有意な効果を示さなかった．

健康に関する4指標中3指標において，自己統制の効果が確認できた．この研究ではさらに，対象者を自己統制の最も高い水準から最も低い水準まで5段階で分類し，効果の認められた健康3指標の得点を水準間で比較している．その結果，自己統制のより高い参加者はより低い参加者よりも，健康状態が良いことが確認された．これは，自己統制が健康に与える効果が自己統制水準の全分布にわたる勾配であることを意味しており，自己統制の強化が社会全体の健

康向上に結びつくことを裏づけるものである．

　自己統制が健康と関連する以上，自己統制を強化するための実際の介入がどの程度有効であるかを検討することは，社会的に大きな意義を持つであろう．何らかの介入の効果を直接的に検証するためには，介入あり群（実験群）と介入なし群（統制群）を比較する研究が有効である．そして，介入あり群がなし群に比べ将来健康的な生活を送ることが示されれば，健康増進のための介入効果が裏づけられる．残念ながら，介入を含まない今回の縦断的調査においては，この仮説を直接検証することはできない．しかし，データの中から疑似的に「介入あり群」および「介入なし群」と見なせる人々を特定できるならば，間接的にではあれ，この仮説の当否を議論することが可能となるであろう．

　このようなアイデアの下，本研究の著者たちは参加者の児童期の自己統制と若年成人期の自己統制（参加者が26歳時に，情報提供者の報告および自己報告によって測定されたもの）の関連性に注目した．この2つの自己統制得点の間には，統計的には中程度の正の相関が見られた．このことは，自己統制水準は児童期から若年成人期にかけてある程度一貫している一方で，何らかの理由で児童期から若年成人期にかけて自己統制水準が変化した参加者が存在することを意味している．そこで著者たちは，この発達的変化に着目し，自己統制の増加量と健康指標との関連性を分析した．自己統制の時系列的な増加が将来の健康に良い影響を与えることが示されれば，自己統制に対する介入の有効性を示唆する材料となるであろう．

　分析の結果，自己統制の増加量は，児童期の低い自己統制をコントロールしてもなお，成人期の薬物依存の傾向，および情報提供者の評定した薬物問題の程度を低下させる効果を示した．なお，児童期の自己統制がコントロールされているのは，児童期の自己統制が低い人ほどそれが高められる余地も大きいからであろう．つまり，自己統制の増加量のみの効果を検証した場合，たとえ「増加量」に健康促進的な効果があったとしても，もともと自己統制の低いことが原因となって生じる健康抑制的な効果によってそれが見えにくくなる可能性がある．そこで，児童期の自己統制をコントロールすることで，増加量の純粋な効果を査定しているものと思われる．

　もちろん，観察された自己統制の変化がなぜ生じたのか特定できない以上，

このような分析は介入を含む実験の完全な代替とはなりえない．したがって，データの解釈は慎重かつ謙虚でなければならない．一方で，統計的な工夫によりデータ上の制約をある程度乗り越えられることも事実であり，今回示されたアイデアと分析はまさにそのことを示す好例といえるであろう．

ところで，これまでの分析で用いられた自己統制は，3～11歳という比較的長い期間にわたって測定されたものの合成変数であった．もし，自己統制が測定された時期を細分化し，その中で最初期に測定されたものでさえも将来の健康を予測できるならば，早い段階での介入の有効性が裏づけられる．実際，分析の結果は，最初期の自己統制でさえ将来の健康を予測するのに十分な力を持っていることを示した．つまり，3～5歳の間に実験スタッフによって観察された自己統制の欠如についての指標だけを用いても，身体的健康，薬物依存，および情報提供者の評定した薬物問題が有意に予測されることが確認されたのである．

(3) 青少年期問題行動の媒介効果

児童期の自己統制と成人期の健康との間に見られたこのような関係は，青少年期の問題行動（喫煙，中退，出産）によってどの程度説明されるのであろうか．まず，児童期に自己統制が低い参加者ほど，3種類の青少年期の問題行動に陥りやすいことが確認された．そのうえで，媒介の程度を確認するために2つの方法が用いられている．

第1は，統計的なコントロールである．つまり，健康指標を従属変数とする回帰分析に，児童期の自己統制と3種類の青少年期の問題行動をともに独立変数として投入したのである．この分析によって，自己統制が健康に与える効果のうち，自己統制からの直接効果と，問題行動を通した間接効果とを分離することができる．これは表1.3で説明したものと同様のアイデアである．分析の結果，これらの問題行動による間接効果を考慮すると，自己統制の低さが身体的健康および情報提供者が評価した薬物問題に与える影響はある程度軽減されたが，なお有意な効果は残った．このことは，自己統制の低さは，青少年期の問題行動に陥ることを媒介して将来の健康問題を引き起こす一方で，そのような問題行動に陥るかどうかとは関係なく，将来の健康問題に対して直接的にも影響を与えることを示唆している．

第 2 の方法は，理想統制 (utopian control) 群を用いた検証である．理想統制群とは，今回の分析の場合，青少年期に 3 種類の問題行動を「経験しなかった」参加者のことである．仮に，自己統制が健康に与える効果のすべてが青少年期の問題行動によって説明されるとすれば，理想統制群の参加者の間では，低い自己統制と健康との間に関連が見られないはずである．それゆえ，もし理想統制群の参加者の間で，なお自己統制と健康との間に有意な関連性が見られるとすれば，自己統制は成人期の健康に直接的に影響を与える要因であることが裏づけられる．分析の結果，このような理想統制群においてさえ，低い自己統制は将来の身体的健康問題の多さを有意に予測した．つまり，青少年期にタバコを吸わず，高校を卒業し，望まない妊娠・出産を経験しなかった人たちの間でさえ，児童期の自己統制の低さは成人期の不健康につながることが明らかとなったのである．

1.4.4　モフィットらの研究のまとめ

　様々な分析を通して，子ども時代の自己統制の低さが将来の不健康を助長する 2 つの経路が明らかとなった．1 つは青少年期の問題行動に陥ることを通じた経路であり，もう 1 つは子ども時代の自己統制の低さが直接的に成人期の不健康を予測する経路である．なお，詳細には触れなかったが，自己統制の低い人ほど将来財政的な問題を抱えやすく，有罪判決を受けやすいことも示された．つまり，自己統制は健康を含む将来の様々な個人的・社会的問題と密接に関連しているといえる．本研究では，自己統制を強化するための適切な介入対象と時期を示すための分析が多く実施されていた．一方で，自己統制を強化する具体的方法に関する研究が，心理学を含めた多くの分野で実施されている．今後，分野横断的に得られた様々な知見を結びつけることで，自己統制を軸に，より良い人生と社会の実現に向けた指針が得られるであろう．

1.5　結語

　本章では 3 つの研究を通して，性格や人間関係と健康の関連性を考えてきた．最初に紹介した研究では夫婦関係に焦点を当て，その質がお互いの健康を規定

することが示された．人生で経験する数ある人間関係の中でも，配偶者とのつながりはその密接さや期間の長さにおいて極めて重要であることは間違いない．ウチノらの研究は，その重要な人間関係での相互作用に問題があることは不健康リスクとなりうることを明らかにしたものであり，既婚者はもちろん，将来結婚を考えている人にとっても，パートナーとの相互作用を見直すきっかけとなるものであろう．

　しかし，どのような夫婦関係を持つのかは，それ以前の個人の性格や行動傾向によって規定される面がある．実際，2番目に紹介した研究では，夫婦関係における最大リスクの1つである離婚を含め，大人になってから遭遇する苦難が，子ども時代の性格傾向によってある程度説明されることが示された．ただし，特定の性格の人が常に健康を損ないやすいのかというと，必ずしもそうではない．カーンらの研究で重要な点はむしろ，同じ性格傾向が健康に対して相反する効果を持ったり，複数の性格の組み合わせによって影響が変化したりすることであろう．このような視点で考えるならば，多様な個性を持つ一人ひとりにとって，健康と長寿につながるその人なりの人生のあり方が見えてくるはずである．

　最後の研究は，衝動を抑えたり欲求充足を遅延したりする能力と健康の関連性を示すものであった．自己統制を介入可能な要因と見なし，その時期や有効性について言及している点が，モフィットらの研究の重要な特徴といえる．一方で，子ども時代の性格や行動傾向，大人になってからの行動や経験，そして最終的な健康状態の三者間に関連性を仮定とする点は，カーンらの研究と共通する．健康を総合的に理解するうえでこのような縦断的視点が重要であることについては，多くの研究者が同意するところであろう．

　もちろん，心の持ち方を変えるのはそれほど容易ではない．しかし，それが健康と密接に結びついていることは確かなようである．本章で紹介した研究を含め，心と健康の関連は現在も様々な分野で分析され，新たな知見が生み出されている．それらは個人，さらに社会全体の健康を増進させるうえで重要なヒントを含んでおり，今後さらなる発展が期待されるテーマでもある．

引用文献

[1] Campbell, L., Kashy, D. A.: Estimating actor, partner, and interaction effects for dyadic data using PROC MIXED and HLM: A user-friendly guide. *Personal Relationships*, **9**, pp. 327–342 (2002).

[2] Kern, M. L., Della Porta, S. S., Friedman, H. S.: Lifelong pathways to longevity: personality, relationships, flourishing, and health. *Journal of Personality*, **82**, pp. 472–484 (2014).

[3] 国立社会保障・人口問題研究所：現代日本の結婚と出産―第 15 回出生動向基本調査（独身者調査ならびに夫婦調査）報告書―. http://www.ipss.go.jp/ps-doukou/j/doukou15/NFS15_reportALL.pdf (2017). 2018 年 3 月 30 日確認.

[4] 厚生労働省：平成 28 年簡易生命表の概況. http://www.mhlw.go.jp/toukei/saikin/hw/life/life16/dl/life16-15.pdf (2017a). 2018 年 3 月 30 日確認.

[5] 厚生労働省：平成 28 年 (2016) 人口動態統計（確定数）の概況. http://www.mhlw.go.jp/toukei/saikin/hw/jinkou/kakutei16/index.html (2017b). 2018 年 3 月 30 日確認.

[6] Moffitt, T. E., Arseneault, L., Belsky, D. *et al.*: A gradient of childhood self-control predicts health, wealth, and public safety. *PNAS*, **108**, pp. 2693–2698 (2011).

[7] 内閣府：平成 29 年版少子化社会対策白書（全体版）. http://www8.cao.go.jp/shoushi/shoushika/whitepaper/measures/w-2017/ 29pdfhonpen/29honpen.html (2017). 2018 年 3 月 30 日確認.

[8] 大竹恵子：健康とは―臨床から予防へ――（金政祐司・大竹恵子 編著：健康とくらしに役立つ心理学）. 北樹出版, pp. 12–21 (2009). 195p.

[9] Uchino, B. N., Smith T. W., Berg, C. A.: Spousal relationship quality and cardiovascular risk: Dyadic perceptions of relationship ambivalence are associated with coronary calcification. *Psychological Science*, **25**, pp. 1037–1042 (2014).

2 心の特性から社会的成功を予測できるか

前章では心理的特性と健康の関係について論じたが，本章では心理的特性が社会的成功をも規定するかどうか検討する．具体的には，個人のパーソナリティと労働市場における成功との関係に着目して議論を行う．就職すること，仕事で成果を上げること，高い賃金を得ること，という労働市場における3つのアウトカムに対するパーソナリティの効果を分析した研究を提示して考察する．

2.1 パーソナリティと労働市場における成功

パーソナリティとは，個人の「性格」であり，その人独自の，時間や状況を超えてある程度一貫した思考・感情・行動のパターンと定義される．パーソナリティは，個人の特徴を表す安定した中核的心理特性であり，人々の行動の差違を説明する概念でもある (Nyhus and Pons, 2005)．本章では，求職活動の末に被用者として採用されるか否か，見つけた仕事をより良く遂行できるか否か，最終的な報酬としてどのくらいの賃金を得るか，という労働市場における一連の測度に対して，パーソナリティが及ぼす影響を検討する．

社会的成功の一局面である労働市場における達成には，次の2つの特徴がある．1つは，そこに他者性が含まれることである．他者性とは，自分の意志や努力だけではコントロールできない他者からの評価が働いているという意味である．特に労働市場では，自分自身が労働力として他者から評価される必要がある．ある企業で働くことを希望しても，その企業から従業員として採用され

なければ働くことはできない．ある額の賃金を求めたとしても，雇用主の承認がなければそれは実現しない．仕事の成果についても同様であり，自分が組織にどれくらい貢献しているかは，自分ではなく周囲の他者によって判断される．このように労働市場における達成は，他者による評価に依存するという特徴がある．

　もう1つの特徴は，労働市場における達成が，個人が得られる社会的資源の多寡と強く結びついていることである．人々は仕事を通して社会的役割と賃金を得ている．社会的役割は，自分は何者であるかというアイデンティティの感覚をもたらすことに加えて，その役割に対する社会的評価，名声，威信 (prestige) といった無形の報酬を帯びている．加えて賃金は，多種多様な財やサービスの購入を可能にし，経済的な豊かさと生活経験の質を大きく左右する．人々は確保できる社会的・物質的資源の多寡に応じて，異なる人生を歩んでいるといえる．

　このように，仕事は社会的・物質的資源の供給源であるという意味で極めて重要であるが，その仕事について避けがたく他者性にさらされる場所が労働市場である．労働市場では，自分の生活に影響する重要な資源の獲得可能性が他者評価に大きく依存して決定されている．そこで本章では，社会的成功を労働市場における達成と捉えて，就職，職務評価，賃金という3つのアウトカムに対して，パーソナリティがどのように影響するのかを検討する．

　本章の構成は次のとおりである．2.2節ではパーソナリティの構造について説明する．2.3～2.5節にかけて3つの研究を紹介し，2.6節でまとめの議論を行う．

2.2　パーソナリティの構造

　人間のパーソナリティがどのような構造になっているのかについては，長い議論の歴史がある．しかし近年では，パーソナリティ5次元に注目した5因子モデルがよく使われている．それは，外向性 (extraversion)，協調性 (agreeableness)，誠実性 (conscientiousness)，情緒安定性 (emotional stability)，開放性 (openness to experience) である．情緒安定性は，逆の方向から見た「神経症傾向 (neuroticism)」という名称が使われることもある．これらの5因子はビッグ・ファイブと呼ばれるが，それらについては，文化を超えてその存在が確認されること，自

己評定と他者評定が一致すること，ある程度は遺伝によって規定されることなどが知られている（鈴木, 2012）．以下では，ニューハスとポンズ (Nyhus and Pons, 2005) に従って各因子を説明する．

外向性とは，対人的な接触を好む傾向の強さであり，他者に関心を向け，働きかけようとする傾向の強さである．外向性の高い人々は，人と一緒にいることを好み，積極的に自己表現する傾向がある．

協調性とは，他の人を助けたいと考え，他者の利益と一致するように行動する傾向の強さである．協調性の高低は，ある個人が協力的で心温かく好感が持てる人物なのか，敵対的で冷酷であり付き合いづらい人物なのかという程度を表している．

誠実性（あるいは勤勉性）とは，ルールやスケジュールに従い，約束を守り，仕事熱心であり，堅実で信頼できる傾向のことである．誠実性の対極にあるのは，怠惰である，だらしない，信頼できないといった特徴である．

情緒安定性（逆は情緒不安定性あるいは神経症傾向）とは，穏やかで自信があり冷静なのか，あるいは不安を感じやすく心配性で，感情的なのかという次元を表している．リラックスしているのか神経質なのか，自律的か依存的かという要素も含まれている．

開放性とは，想像的かつ創造的であり，知的好奇心が旺盛という特性である．開放性の高い人々は，新奇な刺激や経験を求めて積極的に行動する傾向がある．

5 因子モデルを適切に理解するためには，その前提となっている特性論という考え方を把握しておく必要があるので，類型論との比較を通して説明しておく．まず，類型論とは，「A 型は几帳面」，「O 型はおおらか」といった，血液型に基づく性格判断のように，人々を何らかのカテゴリーに分類することで，パーソナリティの差違を質的に表現する立場である．それに対して特性論とは，パーソナリティを構成する複数の次元を用意したうえで，各次元における値のベクトルとして個人のパーソナリティを表現する立場を指す．たとえば，(外向性，協調性，誠実性，情緒安定性，開放性) という 5 つの次元がそれぞれ 1〜10 の範囲を持つとして，(7, 6, 2, 4, 5) のようにして個人のパーソナリティを表す．類型論が質的にパーソナリティを表すのに対して，特性論は量的変数としてパーソナリティを表現する．したがって，特性論は類型論よりも個人間

の差違を細かく捉えることができる.

以下で紹介する研究では，いずれも心理尺度を用いて5種類のパーソナリティ次元を測定し，各パーソナリティ次元における値の高低が労働市場における達成とどのように関連しているかを統計的に分析している.

2.3 パーソナリティと就職

ここからは，パーソナリティと労働市場における達成との関係を実証的に分析した研究を紹介する．労働市場における達成の1つとして，まずは就職できるか否かに着目する．求職者が仕事を熱望したとしても，雇用主から雇われなければ仕事は始められない．求職者はどの仕事に応募するかを選べるが，雇用主も誰を採用するかを選ぶことができる．すなわち，求職者が仕事を始めるためには，求職者と雇用主の双方が選び合う「相思相愛」の状態になる必要がある．パーソナリティはこの過程に影響すると考えられる．具体的には，求職者がどのような職を希望し，どのように職探しを行うかという求職者の選好や行動に関する部分と，雇用主がどのような人物を求め，どのようにして求職者を評価するかという雇用主による選抜の両方に対して，求職者のパーソナリティが影響すると考えられる.

この問題を検討した研究として，ドイツ，コンスタンツ大学所属のウイサールとポールマイヤー (Uysal and Pohlmeier, 2011) が行った『無職期間とパーソナリティ』を紹介する．この研究は，無職の求職者が仕事を得るまでの期間に着目しており，パーソナリティによってその期間が短くなるのか否かを生存分析によって検討している．問題関心は次のとおりである.

2.3.1 求職活動の経済学的モデルとパーソナリティ

労働経済学では，近年，パーソナリティと労働市場における達成との関係に関心が高まり，賃金や労働参加といった多様な経済的アウトカムに対して，パーソナリティが重要な影響を及ぼすことを示す研究などがある (Heineck and Anger, 2010; Wichert and Pohlmeier, 2010)．しかし，無職者が仕事を見つけ，被用者となるプロセスについては研究が手薄であり，その中でパーソナリティがどのよ

うな役割を果たすかは未解明のままである．この研究では後者の関連からパーソナリティと無職期間の関係を分析したものである．

　無職者が仕事を得る過程について，伝統的な労働経済学では，インセンティブ構造，労働市場制度，本人の学歴といった要因に主たる関心が払われてきた．パーソナリティのような個人間の異質性は観察できない要因と見なされ，あまり分析対象とされることはなかった．しかし，実際には，そのような観察困難な個人特性こそが仕事を見つけるうえで重要な役割を果たしているという可能性もある．たとえば，職探しをどれくらい熱心にするかということに対しては，仕事から得られる賃金といった経済的なインセンティブだけでなく，求職活動に向けて自らを動機づけたり，自分を律したりする個人の傾向が影響すると考えられる．さらに，雇用主が求職者のパーソナリティを何らかの基準で評価し，それによって採否が分かれる可能性もある．また，雇用契約をめぐる求職者と雇用主の交渉においても，求職者のパーソナリティは重要な役割を果たすであろう．したがって，個人のパーソナリティが無職から有職への移行に影響するメカニズムは，複数あると考えられる．

　経済学の視点からは次のようなメカニズムを想定できる．特定のパーソナリティを持つ人にとっては，仕事を探すという行為の負担感，すなわち職探しのコストが相対的に低い可能性がある．たとえば，効率的に職探しができれば，そのコストは低下する．そして，低コストで職探しをできる人は，そうでない人よりも熱心に仕事を探すと考えられるが，これと同時に，留保賃金も上昇する．留保賃金 (reservation wage) とは，求職者が働くという選択をするために最低限必要な賃金のことであり，得られる賃金が留保賃金を下回るときには求職者は働かないという選択をすると仮定できる．職探しを熱心に行うほど，数多くの仕事のオファーを得られるので，その意味では仕事に就くチャンスが多くなるが，しかし，熱心な職探しに伴って留保賃金が上昇するのであれば，選択可能な仕事の幅は狭くなるであろう．したがって，パーソナリティは仕事の開始に影響すると考えられるものの，どのように影響するかについては予測困難な面があり，実証的に解明していく必要がある．

　このような経済学的観点の他にも，パーソナリティと就職との関係を検討するうえで考慮すべき要素がある．たとえば，パーソナリティ効果はジェンダー

によって異なる可能性があるし，民族集団や言語集団によっても異なるかもしれない．さらに，職業や産業によって求められるパーソナリティに差違がある可能性がある．そこで，ウイサールとポールマイヤーの研究では，結果の頑健性を確かめるため，サンプルをこうした観点で分割した分析が行われている．

2.3.2 データと測定

この研究では，ドイツ社会・経済パネル調査 (The German Socio-Economic Panel: SOEP) という社会調査データを分析している．SOEP はドイツの一般家庭を対象としたランダム・サンプリングに基づく縦断的調査である．1984 年に西ドイツの居住者を対象に調査が開始され，1990 年の東西ドイツ統一以降は，かつての東ドイツ側の居住者も調査の対象となっている．毎年，新たに 11,000 世帯と 20,000 人がパネルに追加され，調査が継続されている．調査内容は，家族構成，職歴，雇用，賃金をはじめ多岐にわたっている．2005 年調査では，NEO-FFI 人格検査を用いてパーソナリティが測定された[1]．これは 15 項目の尺度であり，ビッグ・ファイブの各特性について 3 項目で測定している．このパーソナリティ尺度はプリテストで複数の尺度を比較したうえで選ばれている．プリテストにおけるクロンバックの α 係数[2]は外向性 0.62，協調性 0.53，誠実性 0.72，神経症傾向 0.57，開放性 0.74 であった．0.80 という一般的な基準値から見ると，係数の値は十分に大きいとはいえない．ただし，α 係数の大きさは項目数に依存しており，項目数が増えるほど値が大きくなる性質がある．3 項目という少数の項目で測定している点を考慮すると，上記の α 係数は満足のいくものであると著者たちは主張している．

---

[1] NEO-FFI 人格検査の日本語版は，複数の企業によって市販されている．
[2] クロンバックの α 係数とは，心理尺度の内的整合性 (internal consistency) を確かめるための指標である．一般的に，心理尺度は複数の下位項目（回答者に示す具体的な質問項目）から構成されており，それらの合計得点を，着目する心理概念の指標としている．しかし，もし下位項目が異なる次元のものをバラバラに測定していたならば，それらの合計得点には理論的な意味はなく，単なる数値の合計となってしまう．このようなとき，尺度の内的整合性は低いといわれる．一方，下位項目が同一次元のものを測定しているならば，それらの合計得点には理論的な意味があり，着目する概念の大小を反映していることになる．このようなとき，尺度の内的整合性は高いといわれる．クロンバックの α 係数とは，このような内的整合性の大きさを表す指標である．一般的な基準としては，α 係数が 0.8 以上となる場合は，十分な内的整合性があると見なされ，下位項目の合計得点を着目する概念の指標として用いてよいと判断される．

調査では，回答者は各項目が自分にどれくらい当てはまるかを「全くそう思わない」～「とてもそう思う」の7段階で回答した．これらの項目に1～7の点数が与えられ，3項目の合計得点が各パーソナリティ次元の指標とされた（範囲：3～21）．

分析に使用された変数は，無職期間とパーソナリティの他，学歴（低学歴，中学歴，中学歴＋職業訓練，高学歴），性別，国籍（ドイツ人，外国人），居住地（西ドイツ，東ドイツ），年齢，婚姻形態（配偶者あり，なし），子どもの数（0人，1人，2人，3人以上），無職期間における失業給付金の有無（あり，なし），有職期間における1時間当たりの賃金の平均値（対数変換），業種（農業・鉱業，製造，運輸，建設，販売，サービス），職位（見習い・訓練生・インターン，自営，ブルーカラー，ホワイトカラー，公務員，農業労働者）であった．

SOEP調査では，毎年，前年度の4月から3月までの雇用状況について，回顧的な測定を行っている．この情報に基づいて，無職（仕事を探している），有職（被雇用者，自営），非職という3つのカテゴリーが作成された．有職カテゴリーには，フルタイムとパートタイムの双方が含まれている．非職には，退職，育児休暇，通学（学生），職業訓練，兵役等が含まれている．分析では，無職から有職への移動経験がある人のみが対象となった．SOEP調査の1984～2007年のデータ，すなわち1983～2006年の無職期間のデータが分析された．年齢については，無職になった時点で20～55歳に限定した．これにより，学校への入学や退職によって無職になったケースが除外された．パーソナリティの質問に回答していないケースや，分析に用いる他の変数に欠損値のあるケースも除外された．最終的に，2,735人および4,466件の無職期間が分析対象となった．

2.3.3 結果と考察

まず無職期間の分布を確認する．4,466件の無職期間の平均は7.81カ月であった．3カ月以内に次の仕事が見つかった事例が約40%，1年以内では約80%であった．無職期間が3年以上の長期にわたる事例は約3%とわずかであった．回答者の属性ごとに比較すると，男性（7.45カ月）は女性（8.30カ月）よりも無職期間が短かった．ドイツ人（7.52カ月）は外国人（9.66カ月）よりも短かった．無職になる前の属性については，職位では，ホワイトカラー（7.36カ月）がブ

ルーカラー（8.24 カ月）よりも無職期間が短かった．業種では，建設（6.72 カ月），サービス（7.92 カ月），製造（8.64 カ月）の順に短かった．

続いて，無職期間に対するパーソナリティの効果が分析された．この論文では，生存分析が使用された（第 1 章参照）．これは，基準となる時点から着目する出来事（イベント）が生じるまでの時間を対象とした分析手法であり，失業から再就職までの期間や，結婚してから第一子が生まれるまでの期間等に対して，様々な変数がどのような影響を及ぼすのかを把握するために使われる（筒井ら，2011）．この分析ではハザード比が従属変数となることが多いが，これは，イベントの発生率を非発生率割ったもので，イベントの生じやすさを意味する[3]．本研究では，無職から有職への変化に関するハザード比を従属変数，パーソナリティを独立変数とし，学歴，居住地，婚姻等，先述の変数は統制変数として用いられた．サンプル全体での分析の他，性別，国籍，職位，業種ごとにサンプルを分割した分析も行われた．なお，ここでの職位や業種とは，無職になる前のものを指している．

結果は表 2.1 のとおりである．この表には，ビッグ・ファイブのうち有意な効果を示したパーソナリティ次元についてのみ数値が記載されている．これらの数値は，パーソナリティ次元が 1 標準偏差分増加したときのハザード比の変化を表している．外向性と協調性は，全体サンプルおよびサブサンプルのいずれにおいても，有意な効果を持たなかった．それに対して，誠実性，開放性，神経症傾向は有意な効果を持っていた．

全体サンプルでは，誠実性や開放性が高い求職者ほど次の仕事を早く見つける傾向があった．結果の解釈は次のとおりである．誠実性の高い人は計画的であり，効率的に職探しができると考えられる．さらに，誠実性が高いことを示す何らかのシグナルを雇用主に送っている可能性があり，これによって仕事のオファーを得やすくなっていると考えられる．開放性の高い人は，新たな経験をすること自体に価値を置いているので，多様な仕事に応募すると考えられる．さらに，仕事を選り好みしないために留保賃金が低く，このことが新たな仕事を始めやすくしていると考えられる．

---

[3] ただし，ハザード比は時間の経過とともに変化し，その時点における瞬間的なイベントの生じやすさを表している．詳細は筒井ら (2011) を参照されたい．

表 2.1 無職から有職への移行に関する生存分析結果

	外向性	協調性	誠実性		神経症傾向		開放性	
サンプル全体			8.23	**	−7.85	**	6.29	*
女性							13.51	**
男性			14.25	**	−10.78	**		
ドイツ人			8.30	*	−7.23	**		
外国人							34.88	**
ブルーカラー			12.63	**	−9.32	**	8.80	*
ホワイトカラー					−11.01	*		
製造			13.66	*			16.85	*
建設			24.94	**				
サービス					−13.77	**	13.75	*

$*p < .05, **p < .01.$
注:数値はパーソナリティが 1 標準偏差,増加した場合のハザード比の変化.

　一方,神経症傾向が高い求職者は,逆に,職を得る機会を逃しやすい傾向があった.彼らは,職探しの中で直面する様々な困難に対処することが苦手であり,職探しのコストが相対的に大きい可能性がある.さらに,雇用主に対して何らかのネガティブなシグナルを送っている可能性もある.このような理由によって,神経症傾向の高い人は仕事を再開しにくいと考えられる.

　開放性の効果を国籍別に見ると,ドイツ人では有意でない一方で,外国人では非常に大きな効果があった.開放性が 1 標準偏差分高まると,無職から有職に移行するハザード比は約 35 ポイント高まった.ドイツでは職業が制度化されているため,キャリアに関する制約が厳しく,仕事を変更することが難しい.たとえば,日本の大卒労働市場において,大学生には(特に文系の場合)職業に直結するような具体的なスキルは求められておらず,入社してからのオン・ザ・ジョブ・トレーニングによって必要なスキルの習得が図られる.一方ドイツでは,大学における学部や学科の選択は,卒業後の職業を強く意識して行われ,在学中に必要なスキルを身につけておくことが重視される(久本,2008).すなわち,ドイツの労働市場では,ある職業に就くためには,それに先立って職務遂行に必要な特定スキルを高めておくことが求められている.転職して新たな職に就く際も,その仕事に関する職務経験が重視され,そのことがドイツにおける転職の障壁となっている(久本,2008).

ドイツのこのような労働市場において，以前のキャリアと異なる新たな仕事に就くためには，未知の状況に対処する能力が重要になってくるであろう．開放性というパーソナリティは，このような能力を反映していると考えられる．外国人の場合は，上記のようなドイツの教育・就業システムに途中から参入することになるため，労働市場の制約に対して，ドイツ人以上に柔軟に対処する必要がある．このような理由で，外国人の場合は，仕事の獲得に対して開放性が大きな効果を持ったものと考えられる．

女性の場合のみ，開放性がポジティブな効果を示したことも同様に解釈できる．先行研究では，ドイツの労働市場は男性よりも女性に対してより制約的であることが示されている．たとえば，それまでにスキルを培ってきた仕事を辞めて別の仕事に就いたり，勤務先を変えたりしたときに，女性では賃金が大きく減少することが知られている (Franz et al., 2000)．このように転職への障壁が大きな状況では，新たな労働環境に柔軟に適応する能力が重要であり，開放性の高さが望ましい影響を持つと考えられる．

職位については，ホワイトカラーとブルーカラーを区別した分析が行われた．パーソナリティの効果は，ホワイトカラーよりもブルーカラーにおいて顕著であった．これについては，ホワイトカラーでは，パーソナリティよりも認知スキルのほうが重視されるからだと考えられる．具体的には，ブルーカラーの場合は，誠実性と開放性が高いほど仕事が見つかりやすく，神経症傾向が高いほど仕事を得づらい傾向があった．ホワイトカラーの場合は，神経症傾向だけが仕事の獲得とネガティブな関連を示していた．

業種については，製造，建設，サービスの3つに分けた分析が行われた．パーソナリティの効果は産業ごとに異なっており，誠実性は，製造と建設で無職期間を短くする効果があった．開放性は，製造とサービスにおいて仕事の獲得にポジティブな効果を持っていた．サービス業の場合のみ，神経症傾向が高いと仕事が見つかりにくくなる傾向が見られた．

その他の変数については，学歴が高いほど，そして既婚者であるほど無職期間が短くなる傾向があった．失業給付金を受け取っているほど，無職期間は長くなっていた．子どもの影響については，女性の場合は，子どもがいることは無職期間を長くする効果があったが，男性の場合は，子どもがいるほど無職期

間が短くなる傾向があった．

2.3.4 結論

ウイサールとポールマイヤーの研究目的は，無職者が仕事を見つける際に，パーソナリティがどのような役割を果たすかを明らかにすることであった．全体的な傾向としては，誠実性と開放性が高いほど，そして神経症傾向が低いほど，無職者は雇用主から仕事のオファーを得やすくなっていた．このことは，仕事に対する誠実な態度，知的好奇心の強さ，そして人間関係の適応性が求職において有利に働いていることを示しており，労働市場における達成要因を検討する際，個人間の異質性に着目することが重要であることを意味している．この知見は，求職者のパーソナリティの差違を考慮することで，より良い就業支援ができる可能性を示唆している．

今後の研究では，パーソナリティと仕事獲得を結びつける複数のメカニズムの解明が必要である．特に，パーソナリティが求職者本人の行動に影響する部分と，雇用主からの選抜に影響する部分とを区別して解明することが望まれる．

2.4 パーソナリティと仕事の成果

次に，パーソナリティと職務成果の関係を検討した研究を紹介する．求職活動の末に何らかの職を得られたとして，その仕事を上手にこなすこととパーソナリティの間にはどのような関係があるのだろうか．米国ニューオーリンズ大学のウィットら (Witt *et al.*, 2002) による『職務成果に対する誠実性と協調性の交互作用効果』という研究では，他者評価による職務成果に対するパーソナリティの効果を重回帰分析によって検討している．この研究では，特に誠実性と協調性の組み合わせの効果に焦点が当てられている．研究の背景は次のとおりである．

2.4.1 パーソナリティ次元の組み合わせ効果

就職や賃金といった労働市場における客観的なアウトカムに比べて，職務成果とパーソナリティの関係については数多くの実証研究が蓄積されてきた．そ

の最も頑健な知見は，誠実性が仕事のパフォーマンスを高めるというものである．しかし，その効果が他のパーソナリティ次元との組み合わせによるものである可能性を検討した研究は行われていない．従来の研究は，単独のパーソナリティ次元の効果に着目したものが大半であり，次元間の組み合わせ効果については研究が欠けている．しかし，パーソナリティのような心理的特性は常に単独で機能するとは限らない．他の心理的特性のあり方によって影響の現れ方が異なる可能性があるため，この点を検討する必要がある．

　このような問題意識から，ウィットらは誠実性と協調性の交互作用効果に関する仮説を検討している．誠実性の高い人は堅実で自制心があり，勤勉で頼りになり，几帳面でしっかりとした目的意識を持っている．したがって，誠実性の高い労働者はそうでない労働者に比べて徹底的かつ正確に仕事をこなす，率先して問題に取り組む，自分の仕事に責任を持つ，定められた方針を遵守する，業務に集中するといった，職場で望まれる行動を取りやすいと考えられる．実際，近年のある研究は，求職者の採否の判断においては，認知能力と誠実性が最も重視されることを明らかにしている (Dunn et al., 1995)．さらに，メタ分析を行った研究によると，誠実性は様々な職業に共通して職務成果を予測するパーソナリティ次元であり，このような特徴を持つのはビッグ・ファイブの中で誠実性だけであるともされている (Barrick and Mount, 1991)．しかし，誠実性と職務成果の相関の大きさは研究によって異なっており，分散は大きい．さらに，相関係数の平均は 0.1 程度と微弱である．このことは，誠実性と職務成果の間には，何らかの調整要因が存在する可能性を示唆している．

　協調性の高い人は，無私無欲，協力的，親切，忍耐強い，柔軟，寛大，共感的，礼儀正しいといった特徴を持っている．組織研究者の中には，従業員の差違を捉えるうえで協調性が最も重要なパーソナリティ次元であると考える者もいる．共同作業や同僚との連携が必要な状況では，協調性は職務成果に対して大きな影響を及ぼすと考えられる．高度な対人コミュニケーションが必要とされる業務においては，利己的でないこと，忍耐強いこと，柔軟であることなどが求められる．協調性の高い人は，対人的コンフリクトにうまく対処し，周囲の人たちの理解を得ようと努力し，彼らとの連帯を維持しようとする．

　こうした考察に基づいてウィットらは，誠実性と協調性の交互作用効果に関

する仮説を提示する．誠実性は職務成果を高めることが知られているが，誠実性が高くとも対人能力を欠いている場合は，むしろ望ましくない結果が生じる可能性がある．たとえば，誠実性は高いが協調性が低い人は，細かいことまで口うるさく，不必要に厳しく，柔軟性に欠け，無愛想で扱いづらいと周りの人たちから思われている可能性がある．それに対して，誠実性と協調性の両方が高い人は，仕事熱心でありつつも，同僚と協力的にやり取りできるので，効率良く仕事ができると考えられる．したがって，誠実性と協調性は仕事のパフォーマンスに対して交互作用効果を及ぼす可能性がある．この研究では，誠実性が仕事の成果に及ぼす正の効果は，協調性の低い人よりも高い人において一層大きくなるという仮説が提示された．この仮説を検証するために，職務の異なる7つのグループからデータが収集されたが，詳細は次項のとおりである．

2.4.2 データと測定

サンプル1：アメリカの民間企業で働く事務職員371名．うち312名(84%)が女性．外部の顧客や企業内の他の従業員に対する支援的な業務が中心である．他のスタッフと協力して業務を遂行している．

サンプル2：アメリカの民間企業の販売員271名．うち190名(70%)が女性．外部の顧客に対応することがほとんどだが，時折，内部の同僚に対して補助的な仕事をすることもある．

サンプル3：アメリカの電化製品の大手メーカーに勤務する営業担当者206名．30代後半の大卒男性が大半を占めており，勤続年数の平均は10年である．彼らは担当地域が割り当てられており，当該地域の販売店に対して営業を行っている．営業担当者と販売店との関係は長期的なものである．営業の他，自社製品を購入した消費者に対するサービス関連の業務も行っている．

サンプル4：アメリカの工場で働く製造労働者250名．うち173名(69%)が男性である．40代半ばで高卒の人が多い．平均勤続年数は15年である．工場では，チームを組んで作業する．チーム・メンバーは固定的で，5～6年同じメンバーで作業をする．メンバーのチーム平均所属年数は4年である．作業についてチームが持つ裁量の度合いは大きく，チーム単位で自律的に仕事をしている．

サンプル5：アメリカの工場勤務の製造労働者273名．40代前半の高卒男性

がサンプルの多数を占めている．チームで仕事をするが，チームのメンバーが入れ替わることは少なく，5 年以上同じメンバーで作業することが一般的である．メンバーのチーム平均所属年数は 3 年である．上司とチームで相談しながら，仕事に関する意志決定を行っている．

サンプル 6：アメリカ軍のマネジメント訓練プログラムにかかわっている民間人マネージャー 146 名．40 代半ばの大卒男性が大半である．業務内容は，アメリカ中の米軍基地に配属されている他の民間人スタッフの日々の業務を管理監督することである．各地のスタッフと協力して仕事をするというよりも，個人で判断して指示を与えたり，指導したりすることが主である．

サンプル 7：アメリカの長距離トラックの運転手 256 名．20 代後半～30 代前半の高卒男性が多い．物資を輸送するためにアメリカ中をトラックで走っている．1 人もしくは 2 人でトラックを運転しているが，2 人の場合でもコミュニケーションはわずかである．

職務成果の測定は，以下のように行われた．サンプル 1 とサンプル 2 については，上司が部下の仕事ぶりを 10 項目で評価した．たとえば，「（従業員の名前）さんは，いつも変わりなく，質的にも量的にも適切な仕事をしている」（サンプル 1）．「（従業員の名前）さんは，何をすべきかいわれなくても，自ら率先して必要な作業を行っている」（サンプル 2）等である．各項目について，1（下位 10％）～5（上位 10％）までの 5 段階で評価が行われた．10 項目の合計得点を職務成果とした．

サンプル 3～7 については，8～11 項目による測定が行われた．仕事の質，量，リーダーシップ，顧客とのコミュニケーション，計画性，組織へのコミットメント，業務に関する知識，仕事の割り振り，対人コミュニケーション，自己啓発，会計管理について，上司による 5 段階の評価が行われた．全項目の合計得点が職務成果の指標とされた．

パーソナリティの測定には，アメリカのワンダーリック社が開発した個人特性尺度 (Personal Characteristics Inventory: PCI) (Mount and Barrick, 1995) が使用され，120 の項目について 1（当てはまらない）～3（当てはまる）の 3 段階で対象者自身が回答した．

2.4.3 結果

サンプルごとに，職務成果，誠実性，協調性，誠実性×協調性の交互作用の4変数に関する相関行列を示す（表2.2）．すべてのサンプルにおいて，誠実性は職務成果と正の相関を持っていた（範囲：0.16〜0.28，平均：0.22）．サンプル1〜5の職業では，同僚と協力しながら仕事をする必要があるが，これらのサンプルでは協調性と職務成果の相関は平均で0.15であった．一方，協力があまり必要とされないサンプル6と7では協調性と職務成果は無相関であった．

次に，誠実性と協調性が職務成果に及ぼす効果を検討するため，2ステップからなる重回帰分析が行われた（第1章参照）．従属変数は職務成果だが，ステップ1での独立変数は誠実性と協調性であり，ステップ2では誠実性と協調性の交互作用項が追加された[4]．分析結果が表2.3に示されているが，サンプル1〜5では，交互作用項の投入による決定係数の増分 (ΔR^2) はいずれも有意であった．仮説で予測されたように，誠実性と協調性の交互作用項が有意な正の効果を持っていたが，このことは，誠実性が職務成果に及ぼすプラスの効果

表 2.2 仕事の成果とパーソナリティの相関行列

	サンプル 1/2				サンプル 3/4			
	1	2	3	4	1	2	3	4
1. 仕事の成果	—	0.16**	0.12*	0.17*	—	0.16**	0.28**	0.28**
2. 誠実性	0.28**	—	0.44**	0.79**	0.24**	—	0.40**	0.78**
3. 協調性	0.06	0.38**	—	0.89**	0.05	0.07	—	0.88**
4. 交互作用	0.18**	0.74**	0.89**	—	0.20**	0.73**	0.73**	—

	サンプル 5/6				サンプル 7			
	1	2	3	4	1	2	3	4
1. 仕事の成果	—	0.24**	0.01	0.17*	—			
2. 誠実性	0.17**	—	0.17*	0.78*	0.27**	—		
3. 協調性	0.28**	0.37**	—	0.74*	0.00	0.40**	—	
4. 交互作用	0.28**	0.77**	0.87**	—	0.14*	0.78**	0.88**	—

$^*p < .05$, $^{**}p < .01$.
注：サンプル1と2について，対角線よりも下の数値はサンプル1における相関を示し，対角線よりも上の数値はサンプル2における相関を示す．他のサンプルについても同様．

---

[4] サンプル1，2，4，5では一般的知能を統制変数として投入する分析も行われたが，結果はほとんど変わらなかった．

表 2.3 仕事の成果の重回帰分析

	サンプル						
	1 事務	2 販売	3 営業	4 工場	5 工場	6 米軍	7 トラック
ステップ1							
誠実性	−0.72	−0.88†	−1.01	−0.81*	−0.46	0.41	0.05
協調性	−1.59*	−1.31*	−1.20	−0.87*	−0.47	0.13	−0.50
R^2	0.08**	0.03*	0.06*	0.08*	0.07*	0.06*	0.09*
調整済み R^2	0.08**	0.02*	0.05*	0.07*	0.06*	0.04*	0.08*
ステップ2							
誠実性 × 協調性	2.14*	2.04*	1.82*	1.69*	1.04*	−0.25	0.54
R^2	0.09**	0.05**	0.07*	0.11*	0.08*	0.06*	0.09*
調整済み R^2	0.09**	0.04**	0.06*	0.09*	0.07*	0.04*	0.08*
ΔR^2	0.01*	0.02*	0.01*	0.02*	0.01*	0.00	0.00

†$p < .10$, *$p < .05$, **$p < .01$.
注:表中の数値は標準偏回帰係数.

は協調性が高まるにつれて大きくなることを意味している.言い方を変えると,誠実性と職務成果との結びつきは,協調性が低い集団よりも高い集団において一層強くなり,職務成果について最高の評価を受けていたのは,誠実性と協調性の両方が高い人たちであった.一方,サンプル6とサンプル7では,交互作用項は有意にならなかった.

2.4.4 考察と結論

この研究では,パーソナリティ次元の組み合わせという新たな視点から,パーソナリティと職務成果との関係が分析された.上司による職務評価のデータに基づいて,誠実性と協調性の交互作用効果に関する仮説を検証したところ,サンプルの大部分において,誠実性は高いが対人的感受性を欠いている(協調性の低い)人たちは,職場でうまくやっていけないのではないかという予想に一致する結果が得られた.誠実性が高い場合,協調性が低い人たちよりも高い人たちのほうが,職務評価は高かった.誠実性の高い人たちは,自分だけでなく他者にも厳しい傾向があると考えられる.自分が達成できていることを同僚にも達成するように求めたり,自分と同じくらい強いモチベーションを持つことが

当然だと考えたりするかもしれない．さらに，職務の遂行において個人の責任を強調する可能性もある．したがって，たとえ誠実性が高かったとしても，同僚に対する配慮を可能にするような，ある程度の協調性がない場合は，高い職務成果を上げられないと考えられる．

誠実性が同程度の場合，協調性が低い従業員よりも高い従業員が上司から仕事ぶりを高く評価されたという結果は，重要な含意を持っている．この結果は，従業員を選抜する際，特定のパーソナリティと職務成果という2変数の関係だけに着目した研究知見に依拠して判断することが危険であることを指摘している．仕事に関するアウトカムへのパーソナリティ効果に注目するときは，各パーソナリティ次元の単独の効果だけでなく，次元同士の組み合わせの効果をも考慮すべきである．

誠実性と協調性の交互作用効果は，5つのサンプルにおいて一貫して見られた．2つのサンプルではそれは有意ではなかったが，この点については，仕事の特徴が影響していると考えられる．ある職業では，仕事をうまく行うために同僚とコミュニケーションをとって協力することが決定的に重要であろうが，それがあまり必要とされない職業もある．あるいは，一方から他方へ指示を与えるというように，コミュニケーションのあり方が双方向的・協力的でない場合もある．誠実性と協調性の交互作用項が有意になったサンプル1～5は，互いに依存し合って仕事をする事務職員や，顧客との長期的な関係に基づいて営業をするセールスマン，チームで作業をする製造工等，職場で密なミュニケーションが必要とされる職業だった．一方，交互作用項が有意にならなかったサンプル6と7は，長距離トラック・ドライバーと米軍の民間人マネージャーであった．これらの職業では，他の従業員との対話があまり必要でなかったり，コミュニケーションの仕方が一方的・指示的であったりした．したがって，誠実性と協調性の組み合わせの効果が発揮されるかどうかは，他者とどのようなかかわりが求められるかという仕事の特徴によって異なっていると考えられる．

すでに指摘したように，先行研究では，誠実性が仕事のパフォーマンスを高めることが示されてきた．しかし，この研究結果は，誠実性だけに着目して従業員を選抜するのではなく，誠実性の高い人々の協調性についても考慮することが重要であると示唆している．同僚との協働が重視される職場では，協調性の高

さによって職務成果に対する誠実性の効果が一層高められるからである．より重要な点は，たとえ誠実性が高かったとしても協調性が低い場合は，誠実性のポジティブな効果がキャンセルされてしまい，職務成果を高めることにつながらない場合があることである．誠実性の高さだけで従業員を評価し，誠実性は高いが協調性は低いという人を数多く採用してしまうと，組織全体のパフォーマンスは低下すると考えられる．

組織がより柔軟で有機的になるにつれて，内部のコミュニケーションのあり方は非形式的，非固定的になっていく．そのような状況では，個々の従業員のパーソナリティが組織全体のパフォーマンスに及ぼす影響がより大きくなると考えられる．したがって今後は，パーソナリティ次元の組み合わせ効果に関する研究がますます重要になると考えられる．

2.5 パーソナリティと賃金

本章の最後のテーマは，パーソナリティと賃金の関係である．賃金は，個人が労働市場から受ける評価を数値という明瞭な形で表現しているだけでなく，多様な財やサービスの購入を可能にする社会的資源である．賃金の高低は，生活の豊かさやライフ・チャンスを大きく左右する．人々は労働市場で職を見つけ，職務を遂行し，最終的な報酬として賃金を得ている．このような特徴を持つ賃金に対して，人々のパーソナリティはどのような影響を及ぼすのだろうか．この問題を検討した研究として，ノルウェー，アグデル大学のニューハスとスペイン，バレンシア大学のポンズ (Nyhus and Pons, 2005) による『賃金に対するパーソナリティの効果』を紹介する．この著者たちの問題意識は次のとおりである．

2.5.1 賃金格差をパーソナリティで説明する

世の中には賃金の多い人もいれば少ない人もいる．このような賃金格差は何によって決まるのだろうか．従来，経済学では賃金の分散を統計的に説明する際，人的資本（教育，仕事の経験，職務訓練等）に着目してきた．これらの変数は賃金に影響をもたらすものの，十分な説明力はなく，分散の半分以上は未

解明のままであった．そこで近年，人的資本以外の個人要因が注目されている．特に，雇用契約を交わす際には明示的に扱われないが，採用後に雇用主にとって重要となる従業員の個人特性に関心が向けられている．

従業員のパーソナリティへの注目も，このような文脈の中で生じてきた．しかし，なぜ従業員のパーソナリティが雇用主にとって重要なのだろうか．その理由は2つある．第1に，雇用主は従業員に仕事をさせるために賃金を支払っており，賃金は従業員の労働に対する意欲を引き出すインセンティブと見なすことができるが，このインセンティブにどのように反応するかは従業員によって異なると考えられるからである．あるパーソナリティ特性を持つ従業員は，そうではない従業員よりも少ない賃金でより積極的に仕事をする可能性がある．そうすると，雇用主にとっては低コストで労働意欲を調達できることになり，都合が良い．そこで雇用主は，そのような特性を持つ人々を雇うために相対的に高い賃金を提示する．このようにして，パーソナリティ特性の差違によって賃金の格差が生じると考えられる．

第2の理由は，パーソナリティが生産性に直接的に影響する可能性があるからである．事実，前節で見たように，先行研究の中にはこのことを示唆するものがある (Barrick and Mount, 1991; Salgado, 1997)．あるパーソナリティ特性を持つ人たちがそうではない人たちよりも生産性が高いとするなら，雇用主はそのような特性を持つ人たちを確保するため，彼らにより多くの賃金を支払うであろう．このようにして，パーソナリティの差違は，生産性の高さを媒介して賃金格差を生み出す可能性がある．

この研究でもパーソナリティの指標にはやはり5因子モデルが使用されたが，上の2つの研究とはパーソナリティ次元の一部が異なっている．5次元のうち開放性の代わりに，自律性 (autonomy) という次元が用いられた．自律性とは，自分の行動に関して自ら決定を下し，イニシアチブを発揮して自分が置かれている状況をコントロールしようとする傾向である (Nyhus and Pons, 2005)．

各次元と賃金の関係は，次のように予想された．外向性と賃金の関係は，職業によって異なるであろう．たとえば，セールスマンや教師においては賃金を高めるポジティブな効果があるが，会計士や科学者においてはネガティブな効果となる可能性もある．

協調性の効果については，いくつかの可能性が考えられる．雇用主が提供するインセンティブに対して協調性の高い人たちが肯定的に反応し，同じ賃金でもより意欲的に働くならば，彼らは労働市場で高く評価されるため，賃金が高くなる可能性がある．別の可能性としては，協調性が低い人の中には「マキャベリ的知性 (machiavellian intelligence)」の持ち主，すなわち，自分の利益のために他者を操作する能力が高い人がおり，このことが彼らの賃金を高める可能性もある．あるいは，協調性の高い人たちは賃上げ要求などの自己主張をしにくいため，相対的に賃金が低くなる可能性もある．

誠実性の高い人たちは，仕事に対する責任感が強く，定められたルールを遵守し，計画的であるといった特徴を持つため，労働市場で高く評価されるであろう．それゆえ，誠実性は賃金を高める効果があると考えられる．先行研究においても，職業にかかわらず誠実性が仕事のパフォーマンスと関連することや (Barrick and Mount, 1991; Salgado, 1997)，誠実性が職業的成功の重要な予測要因であることが示されている (Bowles et al., 2001)．

先行研究では職業によらず情緒安定性（神経症傾向が低い）が職務成果と関連することが示されていることから (Barrick and Mount, 1991; Salgado, 1997)，この次元も賃金に対してポジティブな効果を持つと考えられる．最後に，自律性とは，主体的に意志決定を行い，リーダーシップを発揮する傾向のことである．このような特性は労働市場で高く評価されると考えられるので，自律性の高い人は賃金も高くなりやすいと予想される．

2.5.2 データと測定

1996 年から 1997 年にかけてオランダ銀行が実施した家計調査 (DNB Household Survey) によるデータが分析された．このデータは 2 つのサンプルから構成されている．1 つは代表性のあるサンプルであり，オランダのあらゆる社会階層に属する 2,000 世帯の人たちが含まれている．もう 1 つは高所得層 900 世帯から構成されるサンプルである．前者については電話帳に依拠し，地域と都市度に分けて，層別のサンプリングが実施された．後者では，高所得者の居住地域から電話帳によるサンプリングが行われ，調査依頼が行われた．分析ではこれら 2 種類のデータを合併したが，これはサンプルサイズと賃金の分散を大

きくして，より頑健な分析ができるようにするためである．分析対象者は男性 539 名，女性 291 名であった．

賃金については，年収を年間労働時間で割った 1 時間当たりの賃金が算出された．パーソナリティの測定には，ヘンドリクスら (Hendriks et al., 1999) による 5 因子パーソナリティ尺度 (Five-Factor Personality Inventory: FFPI) が使用された．この尺度は 100 個の質問項目から構成されており，5 個のパーソナリティ次元をそれぞれ 20 項目で測定するものである．回答カテゴリーは「全く当てはまらない」～「大いに当てはまる」までの 5 段階であった．クロンバックの α 係数は，外向性 0.89，協調性 0.84，誠実性 0.86，情緒安定性 0.90，自律性 0.80 で，十分な内的整合性が確認された．

人的資本に関する変数は，学歴，就労総年数，現職の勤続年数の 3 つである．学歴は，低学歴（高校以下程度），中学歴（短大・高専程度），高学歴（大学以上）の 3 段階に区別され，これはダミー変数として扱われた．就労総年数については，仕事の中断期間がないという仮定の下で，初職就業時から調査時点までとされた．勤続年数は現職への就業時から調査時点までである．居住地は全国を 5 地域に分け，ダミー変数として扱われた．

2.5.3 結果

対数変換した 1 時間当たりの賃金を従属変数に，パーソナリティや人的資本を独立変数にした重回帰分析が行われた．分析は独立変数を追加していく 3 ステップで行われた[5]．ステップ 1 では，パーソナリティのみが独立変数であった．ステップ 2 では，人的資本として，学歴，総就労年数とその 2 乗項，現職の勤続年数とその 2 乗項が追加された．一般的に，賃金は勤続年数に比例して線形に増加するのではなく，上に凸形の曲線を描いて変化していくことが知られている．勤続年数等の 2 乗項が含まれているのは，この点を考慮して，よりデータに適合度の高いモデルを作るためである．

ステップ 3 では，ステップ 2 の変数にパーソナリティと勤続年数の交互作用

---

[5] 表中には記載されないが，すべての分析において居住地域および居住地域と性別の交互作用が独立変数に含まれている．推定方法はいずれも最小二乗法である．論文では学歴とパーソナリティの交互作用に関する分析も行われているが，ここでは割愛する．

項が追加された．パーソナリティは従業員を採用する段階では捉えにくいが，採用後，仕事をしていく中で少しずつ明らかになるため，時間が経つほど賃金との関連が生じてくる可能性があり，勤続年数が長くなるほどパーソナリティの効果が大きくなると考えられたからである．

ステップ1と2の分析結果は，ステップ3の結果に含まれているので，ここではステップ3の結果だけを示す（表2.4）．5つのパーソナリティ次元の中では，情緒安定性だけがプラスの効果を持ち，協調性と自律性は，全体サンプルと男性において，むしろ賃金を下げていた．外向性と誠実性の効果は非有意だった．

交互作用項の中では協調性×勤続年数が全体サンプルで有意だった．協調性の主効果がマイナスであったことを考慮すると，これらの結果は，就職当初は協調性が賃金を下げる効果を持つが，勤続年数が長くなるにつれて，少しずつプラスの効果を持つように変化していくことを意味している．

誠実性×勤続年数は全体サンプルと男性で負の効果を持っていた．誠実性の主効果が有意ではなかったことと考え合わせると，これらの結果は，就職当初は誠実性と賃金は関連しないが，勤続年数が長くなるにつれて，誠実性が高いほど賃金が低くなっていくことを意味している．

自律性×勤続年数は全体サンプルと男性で有意な正の効果を持っていた．自律性の主効果はマイナスで有意であった．すなわち，就職当初は，自律性は賃金に対してネガティブな効果を持つが，勤続年数が長くなるにつれて，ポジティブな効果を持つようになることを意味している．

2.5.4 考察と結論

分析結果は次のように要約できる．

1. 外向性は賃金とは関係しない．
2. 協調性は就職当初は賃金を低める効果があるが，勤続年数が長くなるにつれて，この負の効果は弱まっていく．
3. 誠実性は賃金を高める効果を持たず，むしろ男性の場合は勤続年数が長くなるにつれて賃金にマイナスの影響を及ぼすようになる．
4. 情緒安定性は賃金を高める効果がある．

表 2.4 賃金の重回帰分析

地域ダミーおよびジェンダーと地域ダミーの交互作用項も分析には含まれている．Nyhus and Pons (2005) Table 3 より筆者作成．

	全体		男性		女性	
	係数		係数		係数	
外向性	−0.026	(−0.51)	−0.004	(−0.05)	−0.040	(−0.43)
協調性	−0.148*	(−2.90)	−0.148*	(−2.18)	−0.180	(−1.88)
誠実性	0.068	(1.32)	0.089	(1.28)	0.087	(0.88)
情緒安定性	0.121*	(2.27)	0.086	(1.22)	0.183	(1.94)
自律性	−0.108*	(−2.16)	−0.182*	(−2.67)	−0.050	(−0.55)
女性（基準：男性）	−0.494*	(−5.26)				
高学歴（基準：低学歴）	0.313*	(9.96)	0.416*	(9.85)	0.206	(3.70)
中学歴（基準：低学歴）	0.193*	(6.13)	0.232*	(5.41)	0.172	(3.11)
就労総年数	0.555*	(4.42)	0.669*	(3.95)	0.576	(2.57)
就労総年数の 2 乗	−0.436*	(−3.53)	−0.481*	(−2.87)	−0.530	(−2.42)
勤続年数	0.425*	(3.23)	0.466*	(3.01)	0.650	(3.49)
勤続年数の 2 乗	−0.220†	(−1.77)	−0.282*	(−1.88)	−0.405	(−2.28)
勤続年数 × 女性	0.299†	(1.78)				
勤続年数の 2 乗 × 女性	−0.200†	(−1.65)				
外向性 × 勤続年数	−0.001	(−0.02)	−0.013	(−0.19)	−0.022	(−0.23)
協調性 × 勤続年数	0.098†	(1.94)	0.110	(1.61)	0.103	(1.07)
誠実性 × 勤続年数	−0.115*	(−2.25)	−0.137*	(−1.69)	−0.147	(−1.50)
情緒安定性 × 勤続年数	−0.023	(−0.45)	0.009	(0.13)	−0.073	(−0.77)
自律性 × 勤続年数	0.155*	(3.10)	0.231*	(3.37)	0.102	(1.09)
調整済み R^2	0.361		0.287		0.247	
N	828		539		291	

†$p < .10$, *$p < .05$.
注：標準偏回帰係数と t 値（括弧内）．
男性 539 名と女性 291 名の合計は 830 名になるが，Nyhus and Pons (2005) では 828 名と記載されている．

5. 自律性は，男性の場合，就職当初は賃金にマイナスの影響を及ぼすが，勤続年数が長くなるにつれてプラスの効果が大きくなる．

このような結果を，著者たちは次のように解釈している．協調性が負の効果を持つことは，他者を助け，他者の利害と一致するように行動する人たちが労働市場では有利にならないことを意味している．ただし，彼らの賃金が低いの

は，彼らが積極的には賃金交渉を行わないためかもしれない．あるいはまた，協調性の高い人たちは，サービス，看護，介護といった相対的に賃金の低い対人援助職に就きやすいという可能性も挙げられるであろう．

誠実性が賃金を高める効果を持たなかったことは解釈が難しい．先行研究では，誠実性と職務成果の正の相関が報告されており，ここでの結果と矛盾するように見える．これについては，次のような解釈ができるかもしれない．雇用主は誠実性の高い従業員を求めるので，採用時には相対的に高い賃金を支払う．しかし，誠実性の高い従業員はインセンティブが小さい場合でも仕事に高い意欲を発揮するので，雇用主は採用後の賃金の上昇幅を抑制できる．これら両者が組み合わさることによって，誠実性の効果が見られなかった可能性がある．

情緒安定性と賃金の正の相関については，先行研究 (Barrick and Mount, 1991; Salgado, 1997) で情緒安定性の高い人々の生産性が高いことが示されており，ここでの結果と整合的である．

さらに今回の結果は，パーソナリティと賃金の関係は普遍的なものではなく，ジェンダーによって異なるという先行研究 (Bowles et al., 2001a, 2001b) の議論と一致している．労働市場におけるパーソナリティ効果の男女差については2つの解釈が可能である．1つは，雇用主が男性と女性のパーソナリティに対して異なる選好を持っている可能性である．たとえば，リーダーシップを発揮し，自ら率先して行動することは，女性よりも男性に期待されており，男性がその期待に応えた場合は評価されやすいが，女性では評価されにくいといったことがあるかもしれない．もう1つは，男性が多くを占める職業，女性が多くを占める職業という性別職域分離と，職域間のパーソナリティ効果の差が組み合わさっている可能性である．たとえば，女性はケアにかかわる職業に就くことが多いが，このような職業では，特定のパーソナリティが職務遂行において重要になり，賃金にも影響する可能性がある．

最後に，著者たちは人的資本 (human capital) と対比させる形で，パーソナリティについて心理的資本 (psychological capital) という用語を使用し，賃金の個人差を説明するうえで後者にも着目することが重要だと主張している．従来の研究では，教育，職務経験，認知スキルといった人的資本に関心を寄せていたが，この著者たちの主張のとおり，個人の心理的特性を考慮することで，賃金

の分散をより良く説明できるようになるであろう.この研究では,パーソナリティの効果だけが検討されたが,今後の研究では,好奇心,満足遅延,労働倫理といった多様な心理的特性を検討する必要がある.さらに,職業ごとに細かくサンプルを分割して分析することにより,賃金に対する心理的特性の説明力がより高まると考えられる.そうした観点からすると,多様な心理的特性について職業間の差違を考慮した分析を行う必要があろう.以上がこの研究の結論である.

2.6 結語

本章では,就職,職務評価,賃金という労働市場における3つのアウトカムに着目しながら,心理的特性と社会的成功の関係について検討した.社会的成功の具体例として労働市場におけるアウトカムを取り上げた理由は,労働市場においては,物質的・社会的資源の源泉である仕事をめぐって,人々が他者性に直面するからであった.人々は,社会的役割,威信,賃金といった重要な物質的・社会的資源の多くを仕事を通して得ているが,どのような仕事をするか,どれくらいの賃金を得るかは自分だけでは決められず,自己のコントロールを超えた他者からの評価の影響を強く受けている.そこで,統制可能な自己と統制不可能な他者から構成される「社会という場」における成功の関連性を考えるうえで,労働市場における成功に着目した.

本章では,就職し,仕事を行い,賃金を得るという一連の流れに沿って3つのアウトカムを選定した.心理的特性についてはパーソナリティを取り上げた.パーソナリティは,時間や状況を超えてある程度一貫しており,人々の行動の差違を説明する概念であるとされる.取り上げた研究では,外向性,協調性,誠実性,情緒安定性(非神経症傾向),開放性という5つの次元によってパーソナリティを表現する5因子モデルが主として使われている.

これらの研究でパーソナリティが着目された理由は2つあった.1つは,従来,経済学的な研究が考慮してきた変数だけでは従属変数の統計的な説明が十分にできないということであった.就職に関する研究では,従来,インセンティブの構造,労働市場制度,学歴に主たる関心が払われてきた.賃金に関する研

究では，認知スキル，学歴，職務訓練といった人的資本が主として着目されてきた．しかし，これら就職や賃金の分散については，他の要因による説明の余地が大きく残されていたのも事実である．もう1つの理由は，経済学的なモデルの観点から，パーソナリティが就職や賃金に影響すると考えられたことである．パーソナリティが仕事の探索コスト，留保賃金，インセンティブとしての賃金に対する反応とそれに対する雇用主の期待を通して，仕事の開始や被雇用者の賃金に影響する可能性があると考えられたのである．

　分析結果は，パーソナリティがこれらの成功指標に対して確かに影響力を持つことを示していたが，知見間の非一貫性も見られた．このことは，パーソナリティの効果を強めたり弱めたりする調整要因の存在を示唆しており，これが今後の研究課題となると思われる．この点から見て，パーソナリティという心理的特性の効果と，広義の状況という社会的特性との関係について実証的な知見を蓄積することが必要であろう．心理的特性と社会的成功との関係は，領域横断的な比較的新しい研究分野であるため，こうしたより上位の課題に取り組むためにも，まずは探索的な実証研究を積み重ねることが必要である．

　「心の特性から社会的成功を予測できるか」という本章の問いに答えるなら，「ある程度は予測と説明ができる．しかし，心の特性の効果がどのように発揮されるかは，社会的な状況によって異なっており，状況別の予測と説明は現時点では困難である」となるであろう．

引用文献

[1] Barrick, M. R., Mount, M. K.: The Big Five personality dimen-sions and job performance: A meta-analysis. *Personnel Psychology*, **44**, pp. 1–26 (1991).
[2] Bowles, S., Gintis, H., Osborne, M.: Incentive-enhancing preferences: Personality behaviour and earning. *American Economic Review*, **91**, pp. 155–158 (2001a).
[3] Bowles, S., Gintis, H., Osborne, M.: The determinants of earnings: A behavioral approach. *Journal of Economic Literature*, **39**, pp. 1137–1176 (2001b).
[4] Digman, J. M.: Personality structure: Emergence of the 5-factor model. *Annual Review of Psychology*, **41**, pp. 417–440 (1990).
[5] Dunn, W. S., Mount, M. K., Barrick, M. R., Ones, D. S.: Relative importance of personality and general mental ability in managers' judgments of applicant qualifications. *Journal of Applied Psychology*, **80**, pp. 500–510 (1995).
[6] Franz, W., Inkmann, J., Pohlmeier, W., Zimmermann, V.: Young and out in Ger-

many: On youths' chances of labor market entrance in germany. In: *Youth employment and joblessness in advanced countries* (eds. Blanchflower, D. G., Freeman, R. B). University of Chicago Press, pp. 381–425 (2000). 491p.

[7] Heineck, G., Anger, S.: The returns to cognitive abilities and personality traits in germany. *Labour Economics*, **17**, pp. 535–546a (2010).

[8] Hendriks, A. A. J., Hofstee, W. K. B., De Raad, B., Angleitner, A.: The five-factor personality inventory (FFPI). *Personality and Individual Ditterences*, **27**, pp. 307–325 (1999).

[9] 久本憲夫：ドイツにおける職業別労働市場への参入．日本労働研究雑誌，**577**, pp. 40–52 (2008).

[10] Mount, M. K., Barrick, M. R.: *Manual for the Personal Characteristics Inventory.* Libertyville, IL: Wonderlic Personnel Test (1995).

[11] Nyhus, E. K., Pons, E.: The effects of personality on earnings. *Journal of Economic Psychology*, **26**, pp. 363–384 (2005).

[12] Salgado, J. F.: The five factor model of personality and job performance in the European Community. *Journal of Applied Psychology*, **82**, pp. 30–43 (1997).

[13] 鈴木公啓：パーソナリティとその諸理論（鈴木公啓 編：パーソナリティ心理学概論——性格理解への扉——）．ナカニシヤ出版，pp. 27–37 (2012). 231p.

[14] 筒井淳也・平井裕久・水落正明他：Stata で計量経済学入門 第 2 版．ミネルヴァ書房 (2011). 276p.

[15] Uysal, S. D., Pohlmeier, W.: Unemployment duration and personality. *Journal of Economic Psychology*, **32**, pp. 980–992 (2011).

[16] Wichert, L., Pohlmeier, W.: Female labor force participation and the big five. Centre for European Economic Research (ZEW), Mannheim, Discussion Paper No.10–003 (2010).

[17] Witt, L. A., Burke, L. A., Barrick, M. R., Mount, M. K.: The interactive effects of conscientiousness and agreeableness on job performance. *Journal of Applied Psychology*, **87**, pp. 164–169 (2002).

3

男と女の人間関係：男女の心はどう違うのか

　第1章においては，個人の健康にとって人間関係の質が重要であることを示した．その中でも，夫婦や恋人など親密な人間関係は，人々の心理的・社会的適応に大きな影響を与えるものと思われる．夫婦や家族はまた，社会制度の基本単位でもあり，それらの機能や役割を明らかにすることは，社会運営の観点からも有意義である．

　さて，男女間の交流は，他のどの人付き合いよりも人々が没頭しやすいものである．それは，我々に強い性的興奮をもたらすだけでなく，家族関係に発展する可能性をもつ生産的な関係だからである．しかし一方で，男女関係は排他的な付き合いが核となり，他の異性とのかかわりが制限されることから，煩わしさといった種々のストレスも伴いやすい．そのせいか，近年の我が国においては，異性の交際相手をもたない未婚男女がともに6～7割も存在しているという（余田，2017）．

　この結果が恋愛離れによるものか，それとも不特定多数の異性交際に寛容となった世代的変化によるものかは別として，男女の人間関係は当事者たちの心理に多大な影響を与えている．人間には，他者に依存し心理的な結びつきを得ようとする基本的欲求が備わっているとされるが (Baumeister and Leary, 1995)，小学校の子どもたちでさえ異性を意識することからもわかるように（黒川ら，2008），男女付き合いを求める気持ちはとりわけ人間の原初的欲求に位置づけられるといえよう．本章では，男と女が人間関係を進展・維持させるうえでどのような心理を働かせ，また，そうした心理には男女の間でどのような違いがあ

るかを見ていく．

3.1 男女関係の仕組み

ひとくちに男女の人間関係といっても，夫婦関係や恋人関係，また友人関係，あるいは職場での顔見知り程度の関係に至るまで，その種類は多岐にわたる．だが，基本的に異性と人間関係を結ぶことについて，これを不快に思う人はめったにいない．むしろ，多くの人は積極的に異性との付き合いを望み，親密な関係へと進展することを期待する．もちろん，一部ではそのような付き合いに苦手意識をもつ人たちもいるかもしれないが，それは異性から受け入れられないのではないかという強い対人不安のせいであり，実は男女関係に対する強い関心が存在している場合が少なくない．

社会的交換理論によると (Homans, 1961; Thibaut and Kelley, 1959; Walster et al., 1978)，人々が異性との付き合いに強いこだわりを抱くのは，そのやり取りを通して様々なモノを相手から得ることができると期待するからである．異性の頼みごとを積極的に聞いてあげる人がいたり，ひたすら恋人に尽くそうとする人がいたりするのは，それに見合うだけの好意や愛情を相手から得られると期待するからだと考えられる．男女関係が継続され，親密さが深まっていくのも，当事者双方にとって有益な交換が行われているからと考えるのがこの理論の特徴である．

3.1.1 交換される価値物の種類

男女間で交換される「モノ」とは何であろうか．男女関係に限定されるわけではないが，バス (Buss, A. H., 1983, 1986) は社会的交換によって得られる価値物を社会的報酬と呼び，それらの内容を2種類に分けて表3.1のように整理している．

刺激性報酬とは，社会的交換が起きればそれに伴って自然に発生する報酬のことで，親密さ，信頼，絆などの肯定的心理の強さにかかわりなく，接触自体が報酬となりうる普遍的な価値物とされる．ただし，これらが快をもたらす強さには最適水準があり，過剰であっても過少であっても不快な気持ちをもたら

表 3.1 2種類の社会的報酬
Buss, A. H. (1986) より作成.

	社会的報酬	内容	特徴
刺激性報酬	他者の存在	人がそばにいる	不足も過剰もともに不快（孤立 vs. 過密）中間に最適水準がある
	他者による注視	人に見られている	同上（無視 vs. 注視）
	他者の反応	こちらからの働きかけに，相手が反応してくる	同上（退屈 vs. 騒々しさ）
	他者の働きかけ	相手から働きかけてくる	同上（放任 vs. 過干渉）
感情性報酬	尊重	自分という存在，立場や地位が人から尊重される	強ければ強いほど快（無礼 vs. 尊重）
	賞賛	人から能力・容貌など個人的特徴が評価される	同上（非難 vs. 賞賛）
	同情	人から理解され，共感される	同上（軽蔑 vs. 同情）
	愛情	人から好かれ，愛情を向けられる	同上（敵意 vs. 愛情）

しやすく，中間に最適な報酬量が存在する．異性とのかかわりは快適であっても，あまりに付きまとわれたり干渉されたりしたときには不快な気持ちになるし，逆に，無視されたり接触を避けられたりしたときにもやはり気持ちは不快になろう．しかし，たとえば，離婚者や失恋者など，パートナーを失い新しい関係を求めている人たちにとっては，異性が持続的にそばにいること（他者の存在）や，異性がしきりに話しかけてくれること（他者の働きかけ）などは強い報酬としての価値をもつ可能性がある．特に「他者の働きかけ」については，自分という存在を交換相手の側から先に認めてもらう行為が含まれているので（相川，1996），他の報酬に比べてその価値は一層高いといえよう．

一方，刺激性報酬とは異なり，夫婦や恋人など，強い愛情に支えられた男女関係の中だけで得られる報酬が感情性報酬である．感情性報酬が与えられて不快になる人はいない．共感されれば共感されるだけ，愛されれば愛されるだけ強い快がもたらされ，それだけ持続的な関係を維持させる一助となる．この報酬としての価値は，対象特異性といって，誰がそれを与えてくれるかに依存する点に特徴がある．尊重，賞賛，同情，愛情は，自分の愛する人物から与えら

れてこそ価値が大きく，情愛のない間柄ではその報酬価は小さい．仕事の不満を聞いてくれなかった妻や，苦しんでいるときに慰めを与えてくれなかった恋人に我々がひどく狼狽するのも，親しい異性こそがそれらの報酬価を高めてくれる存在であることを感覚的に知っているからなのである．

もちろん，こうした心理的報酬以外にも，異性との付き合いの中ではお金や物品といった経済的価値物も交換されてはいる (Foa and Foa, 2012)．しかし，それらは有限の資源であるだけでなく，特定の異性に限らず誰からも入手可能であることから，それらの交換だけを通して結びついている男女関係は長続きしにくい．実際，ヘイマンら (Heyman and Ariely, 2004) の研究では，経済的報酬のやり取りは人間関係を後退させる働きがあることが実験を通して示唆されている．

3.1.2　男女付き合いのルール

社会的報酬は，交換関係にある一方の当事者だけが求めるものではない．誰かに恩義を与えた人がこれを「貸し」と捉えるように，モノを与えた側もまた何かのモノを得ることを期待する．このような考え方は返報理論 (Gouldner, 1960) によっても予測されるところである．人々は男女関係を続けるために，相手からどんな報酬を得，どんな報酬を与えたかに注意を払い，絶えず損得勘定を行っている．そして，自分の払った犠牲に相応しいモノが得られていなければ「ずるい」と感じ，関係を続ける努力を低下させる．このように，社会的報酬は互酬的なやり取りの中で成立していることからすると，男女関係においてはある種の公平さを求めるルールが存在していると考えることができる．

アダムス (Adams, 1965) によると，人間は自分と相手が関係を続けるために支払ったコストと，そこから双方が得ている利益の割合がちょうどつり合うように行動を制御すると論じた．これを衡平[1]ルールという．図 3.1 は，人がこのルールに従っているときの交換状態を描いたものである．I_P と I_O は自分 P と相手 O が交換の際につぎ込んだコストの量 (input) を表し，O_P と O_O は自

---

[1]　「衡平」は自他の利益率がつり合っている状態に対する認知を表し，「公平」はそれがどれくらい望ましい状態かに関する評価を表すものである（相川，1996）．読み方は同じだが，これらの間には明確な違いがあるので留意してほしい．

$$\frac{O_\mathrm{P}}{I_\mathrm{P}} = \frac{O_\mathrm{O}}{I_\mathrm{O}}$$

図 3.1 社会的交換における衡平 (Adams, 1965)
O_P と I_P は自分のコストの量と利益の量を表し，O_O と I_O は相手のコストの量と利益の量を表す．

分 P と相手 O がその交換から得た利益の量 (outcome) を表す．これを見るとわかるが，関係を続けるために自他が支払ったコスト 1 単位分当たりの利益率がともに等しくなると（I_P に対する O_P の割合と I_O に対する O_O の割合が等しい），交換当事者はこれを衡平な状態であると見なし，強い満足感を覚える．新婚カップルを対象とした研究において (Utne et al., 1984)，衡平状態にあるカップルは実際に満足感が強く，これは衡平理論からも予測されるとおりとなった．反対に，コストに見合うだけの利益が得られなかったり（I_P に対する O_P の割合が I_O に対する O_O の割合よりも小さい），コストをかけずに相手が大きな利益を得ている（I_O に対する O_O の割合が I_P に対する O_P の割合よりも大きい）と認知されれば，不衡平だとして関係を続ける動機づけが低下する．ウォルスターら (Walster et al., 1978) の研究では，衡平な交換が行われていない恋愛中のカップルたちは，5 年後の自分たちの関係について後ろ向きな評価をしやすいことが確認された．なお，ここでの利益とコストとはあくまで交換関係にある当事者が主観的に認知したものなので，相手も同じように認知しているとは限らず，一方にとって衡平な状態が他方にとっては不衡平という場合もありうる．

3.1.3 見返りを求めないもう 1 つのルール

先に紹介したアダムスの理論では，人が損得勘定を行いながら関係を結んでいるという合理的人間像が強調されているが，実際の男女関係が必ずしもこれに当てはまるとは限らない．見返りを求めず一方的に尽くす夫や妻がいたり，割を食ってでも恋人の頼みごとを引き受ける人たちがいたりなど，現実には，衡平性が働いていないと思われる男女関係もある．不衡平な交換でありながら，なぜ一部の男女の間では不満が噴出しないのであろうか．

クラークら (Clark and Mills, 2012) の理論枠組みがこの問いに対して明快な

答えを提供する．彼女らによると，顔見知り程度の男女は親密さや愛情が弱く，衡平ルールが優勢に働いていることから，この状態は交換的関係 (exchange relationships) と呼ばれる．一方，男女の仲が進展し，深い愛情で結ばれた間柄になれば，交換的関係から共有的関係 (communal relationships) へと移行し，衡平ルールとは異なるルールが重視されるようになる．たとえば，強い愛情で結ばれている恋人たちは相手の喜びを自分自身の喜びとし，相手が快適で幸福になれるようにその生活を支援する．それは，相手からの見返りを期待した打算的行為ではない．相手の欲求や願望を満たすことが自分の責務であると感じ，無償の献身が彼らにとって行動の基本ルールとなる．常に相手の欲求状態に関心を持ち，これに応えることがこの関係の規範となる．夫婦や恋人の関係では，利益やコストに縛られず継続的に関係が維持されるのも，衡平性への期待が弱まり，お互いが相手の欲求を満たすことに強い責任を感じるようになるからなのである．クラークたちの一連の研究においては，異性の実験パートナーと共有的関係になると思わされた（つまり実験パートナーの欲求を満たす行動に責任を感じるよう実験操作された）参加者が，相手に対して見返りを期待せず (Clark et al., 1986)，援助的に振る舞い (Clark et al., 1987)，それによって参加者自身の気分が高揚する (Williamson and Clark, 1992) 様子が観察されている．

ただし，「親しき仲にも礼儀あり」という諺が示唆するように，欲求充足に責任をもつルールにも限度がないわけではない．利益コスト（相手に何かしてあげることで自分が被ってしまう損失の程度）があまりにも大きく，これに激しく負担を感じる場合は支援的態度を弱め，衡平性ルールを適用する (Clark and Mills, 1993)．そして，相手に何か埋め合わせを求めたりして，利益とコストのバランスを図ろうと試みることがある．夫婦や恋人といった親密な男女関係ではしばしば犠牲を払ってでも相手に尽くそうとする行動が観察されるが，それは利益コストに対する許容度が他の関係より大きいからそうするだけであり，愛しているからといってある限度を大幅に超えてまで相手に尽くそうとはしない傾向も人にはあるといえる．

3.2 愛し合う心理

　男女の間で交流が始まると，当事者たちはその関係が交換的なものから共有的なものへ移行することを期待する．共有的な間柄では自分の欲望を抑える必要がないと感じ (Clark *et al.*, 1998)，パートナーに様々な支援的行動を求めることが可能となるからである．その中でも，好意や愛情の表現は，異性のパートナーに求める感情性報酬として性別を問わず最も重視されるものである (Buss, D. M. *et al.*, 1990)．ただし，愛情の捉え方やその表現方法については男と女で違いも見られる．それはどのようなものであろうか．

3.2.1 愛と適応

　人を愛する気持ちは何も男女の仲だけで起きるとは限らない．身近な家族や親しい友人，あるいは気の合う仲間など，肯定的感情を抱く他者に対してならば誰もが多少なりとも愛しさを感じ，慈しみを抱くものである．ただし，男女間の愛情が他の人間関係と決定的に異なる点は，それが性的交わりと強く結びついているところにある．進化心理学によると，男女の愛とは，個体が繁殖過程で種の保存のために身につけてきた機能的産物であると捉えられる．男にせよ女にせよ，最終的には自分の遺伝子を引き継いだ子孫を残すために異性を愛すると仮定されている．それでは，男と女が愛を重視することには適応上どんな意義があるのだろうか．

　まず，男性が愛を重視する適応的意義について考えてみよう．男女の間で性行為が行われ，子どもが産まれたとする．このとき，女性であれば，出産を通して授かった子どもが自分の遺伝子を受け継いでいることに疑いを差し挟む余地はないが，男性の場合はそうではない．子どもが自分の遺伝子を継承している可能性もあれば，別の男性の遺伝子を引き継いでいる（つまり自分の子どもではない）可能性もある．後者の場合，父性の不確実な子どもを育てることは，生存競争においてライバルの種を増やし，自分の種を減らすリスクを高めかねない（たとえば，Buss, D. M., 2014）．そこで，血縁ではない子どもを養育するというリスクを回避し自分の遺伝子を確実に残すため，男性は繁殖パートナーを選ぶ際，貞節の証として女性からの愛情を重要な手がかりとする．つまり，「こ

の女性は自分以外の男性と性交渉はしないだろう」という確信がほしいために，男性は女性が自分に強い愛情を持っているかどうかに関心を寄せるのである．

　一方，女性が愛情を重視する適応的意義はこれと少し異なる．女性にとっては，他の異性に心変わりしない信頼できる男性と性関係を結ぶことが適応上合理的な選択となる．次の生殖が可能になるまで，産まれた子どもを長期間にわたって養育しなければならないことを考えると，子育てに協力的で，様々な資源（金銭，衣服，食べ物，住居など）を提供してくれる経済力豊かな男性が必要となる．浮気性で他の女性になびくような男性と関係を結べば膨大な育児コストを背負うことになり，これはパートナー選択において適応的な判断とはいえない．したがって女性は，男性からの愛情を通して相手が自分たちを大切に保護してくれるかどうか（つまり，子育てに十分な資源を提供してくれるかどうか）を見極めようとし，これを配偶関係の条件として重視していると考えられる．なお，経済的に余裕がある男性は愛情を注ぐ行為に前向きになることが知られているので (Dion and Dion, 1985)，優秀なパートナーの指標として愛情を重視する女性の本能的判断には一定の根拠があるといえよう．

　このように，愛を重視する理由には男と女で違いがあるものの，いずれの立場にしても，愛情という感情は子孫を確実に残すために人間に備わった適応システムの一部であるといえる．たとえば，ある研究によれば，現在付き合っている異性に強い愛情を感じる場面を想起させると，実験参加者はその相手以外の他の異性のことを考えにくくなった (Gonzaga et al., 2008)．これは，愛という感情が，交尾できる可能性の低い異性とのかかわりを避け，パートナーとの生殖活動への動機づけを高めたことを意味している．愛情は人間の生殖過程において，太古の昔から重要な役割の一翼を担っているといえよう．

3.2.2　愛を伝える

　海外の恋愛ドラマでは，登場人物たちが恋愛に熱中し，永遠の愛を誓うとして「愛している (I love you)」という言葉を囁くといった場面がしばしば描写される．このフレーズは単純な愛情表現の1つだけでなく，「交際してほしい」，「持続的な関係を形成したい」という願望を相手に伝えるシグナルの働きも有している．そのため，これが受け入れられるかどうかは今後関係が進展するかど

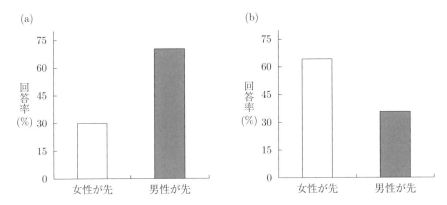

図 3.2 愛の告白順序:実際(グラフ a)と世間の一般予想(グラフ b) (Ackerman *et al.*, 2011)

うかの見極めにもなるといえよう.このような愛の告白は,自分の愛するパートナーに対してならば誰もがある程度行うものだと考えられるが,実はその伝え方には個人差がある.典型的には,女性よりも男性のほうが恋愛に積極的・能動的で,相手よりも先に自分の想いを伝えやすい.このことを裏づける研究が米国マサチューセッツ工科大学(現所属:米国ミシガン大学)のアッカーマンたち (Ackerman *et al.*, 2011) によって行われている.彼らは米国で行われたインターネット調査において,現在交際中の男女 40 組のカップル(平均交際期間 84 カ月)に対し,自分の想いを先に伝えたのはどちらであるかをたずねた.そして,この質問に対し,「男性が先」と答えたカップル数と「女性が先」と答えたカップル数の比率の違いを検討した.比率の差が有意かどうかを検定するため,この研究ではカイ二乗検定が用いられた.

結果は図 3.2 のグラフ a に示すとおりで,彼らの予想どおり,70%(28 組)のカップルが愛の告白は「男性が先」であったと答え,その比率は「女性が先」の場合よりも有意に高かった ($\chi^2(1) = 6.40$, $p < .01$).この結果は,交際期間の長いカップルと短いカップルを区別せずに分析されたものであるが,交際期間を考慮に入れても結果は同じだった.つまり,交際期間が長いカップルであれ短いカップルであれ,先に愛情を告げる行為は男性からという同じ回答傾向が

カップルたちに見られたのである．

アッカーマンたちはさらに，米国のマサチューセッツ州ボストン市にあるノースイースタン大学に通う大学生とその近隣に住む住民たちの計45名に街頭インタビューを実施し，「恋愛関係では，ふつう，男性と女性のどちらが先に自分の想いを伝えると思いますか」とたずねる調査も行っている．すると，興味深いことに，その質問に対しては，今度は「女性が先」と答える割合のほうが64.4%と高く，先ほどと結果が逆転した（図3.2のグラフb）．比率の差の検定ではやはりカイ二乗検定が用いられ，この差もほぼ有意だった ($\chi^2(1) = 3.76$, $p = .05$)．

これら一連の結果は，交際相手に向けた愛の告白は男性側から行われやすいが，人々の間では，それは女性が先に行うものであると信じられていることを示している．「女性は愛に飢え，恋愛の虜になりやすい」というジェンダー・ステレオタイプが存在するとされているが（たとえば，Gonzalez and Koestner, 2006），先に想いを伝えやすいのは女性であると人々が誤認する背景には，女性が男性よりも恋愛に熱心であるという偏った信念が影響を与えている可能性がある．

ところで，女性よりも男性のほうが先に愛を打ち明けやすい（言い換えると，女性は男性に比べて告白に慎重である）というこの結果は，一体どのようなことを意味しているのであろうか．アッカーマンらは，こうした男女差が生まれる背景要因として，進化の過程で獲得されてきたリスク回避的な判断傾向を指摘する．エラー・マネジメント理論 (error management theory) によると (Haselton and Buss, D. M., 2000; Haselton and Nettle, 2006)，我々は進化の過程でエラー，すなわち間違いによる悪影響を最小にする傾向を強めてきたとされるが，それは，危険なものを危険でないと間違えるよりも，危険でないものを危険であると間違えるほうが生存上のリスクが小さかったことに由来する．たとえば，蛇を木の枝と間違えるよりも，木の枝を蛇と間違えるほうが生存確率は高かったと考えられる．選択結果が不確実な状況下では最悪の結果を想定してこれを回避する傾向が進化の過程で強まり，このリスク回避の認知傾向が現代人にも受け継がれていると考えられる．

そうであるなら，自分の愛が受け入れられるかどうかの見通しが不確かな状況において，男性は愛の告白に積極的で女性はそれに慎重であるという行動ス

タイルは，それぞれが異なるリスク判断に基づいた適応メカニズムの産物である可能性がある．すでに述べたとおり，男女の仲が他の人間関係と大きく異なる点は，彼らの間で性的交わりが行われることにある．そして，その結果においては，女性のほうが男性に比べて大きな負担を強いられるという不均衡がある．というのも，妊娠すれば子宮内で10カ月間も子どもを育てなければならず，出産という行為には生命のリスクがあり，さらに，無事に出産しても母乳を与えて長期間にわたって子育てをする必要があるからである．また，子育てには男性からの庇護や支援が必要だが，これが確実に行われるという保障もない．したがって，軽々しく性的関係を結ぶことは女性にとってリスクが大きいといえよう．

一方，男性の場合は性行為の数が子孫の数に直接反映される．そのため，自分を受け入れてくれる性的対象を探索し，性行為に積極的となることが多くの子孫を残すという意味で適応度を高める行動へとつながる．このように，性行為に対する姿勢が男女間で異なると，リスク認知についても違いが生じ，男性は愛されているのに「愛されていない」と間違えることが生殖機会の喪失という点で避けるべきエラーとなり，一方，女性は愛されていないのに「愛されている」と間違えることが子育てに非協力的な男性との性的接触可能性を高めるという点で致命的エラーとなる．それゆえ，それぞれ最悪の状況を回避するために，男性は女性からの愛情を過大評価する認知を進化させ，セックスのチャンスがあると信ずることで告白に積極的となり，一方女性は男性からの愛情を過小評価する認知を進化させ，慎重に男性を見極めようと告白に消極的になったと解釈される．男女の間で愛情表現に差が生じるのは，実は想定される最悪の状況に対して異なるリスク認知を進化させてきたことに起因すると考えるのがアッカーマンらの主張なのである．

3.2.3 愛が先か，セックスが先か

愛の告白をめぐってこのように男女間で積極性が異なるならば，逆に愛の告白を受けた場合にも男女で捉え方に違いがある可能性がある．アッカーマンらは，再びエラー・マネジメント理論に基づいてこの課題に取り組んだ．彼らは，愛を告白された場合の反応の違いを左右する要因として告白のタイミングを仮

定し，次のような議論を展開している．男性が愛の告白に積極的なのは性行為の機会を失うことを恐れているからであるのに対し，女性が愛の告白に慎重なのは妊娠や子育ての負担を恐れているからである．この説明が妥当であるならば，性行為前の愛の告白を好ましく思う気持ちは，女性よりも男性の側に強いと考えることができる．性交渉前に女性から愛の告白を受けた男性は，彼女との関係が性交渉を含んだものに発展する期待を強く持つことができるので，これを歓迎するであろう．しかし，女性は性交渉前に男性から愛を告白されても，それは単に性行為目的のものであって，性行為後には撤回される恐れもあることから，これを全面的には信ずることができないであろう．

一方，性交渉後の愛の告白については，男性よりも女性のほうに強い快をもたらすと考えられる．一般に，性行為によって女性の側には種々のリスク（つまり妊娠や子育ての可能性）が発生するため，女性は性交渉をした相手の男性に強い期待を寄せやすい．ここで別れたら，何のためにリスクを冒して性交渉に応じたかわからないと感ずるからである．これはサンク・コスト（埋没費用）効果と呼ばれ，自分の投資（この場合は性行為）に見合うものを回収しようとし，それ以上にコストをかけてしまう現象を指す．サンク・コストにとらわれる女性は，その男性を価値ある存在だと信じ，深い関係が形成できるようにその男性との交わりに一層努力しようと動機づけられる．その結果，この願望を満たすものとして，性交渉後にはとりわけ愛の告白を強く期待するものと考えられる．

これに対して男性側では，愛情伝達とは持続的な関係を求めるシグナルであるという点から，セックスの後で女性から愛を告げられると，これに誠意を示さなければならず，他の女性との性交渉を控えなければならないと感じるようになるであろう．したがって，男性は，性行為後に行われる愛の告白に快を感じはするけれど，それは女性ほど強いものではないと予想される．

この仮説を検証するため，米国の情報交換サイトであるクレイグズリスト・ドットコムから募集された参加者のうち，過去2週間以内に恋人・配偶者から「愛している」と告げられた男女73名に対し，アッカーマンら (Ackerman et al., 2011) はそのとき感じた快感情の強さと，その発言が性交渉の前後どちらで行われたものであるかをインターネット上でたずねた．快感情を測定する質問で

表 3.2 愛情伝達のタイミング別，男女別の肯定的感情 (Ackerman *et al.*, 2011)

		告白のタイミング		
		性交渉前	性交渉後	
性別	男性	7.36	6.98	7.17
	女性	6.56	7.19	6.85
		6.87	7.10	6.98

は，恋人から愛しているといわれた後で経験した気持ちとして「幸福」「愛情」「喜び」「満足」「快」「感動」の 6 個の感情を提示し，そのときにそれぞれをどれくらい強く感じたか，1（全く感じなかった）〜8（非常に感じた）の 8 段階で評定させた．各感情において評定された得点は平均され，これが参加者個人の快感情値とされた．表 3.2 は，性別と告白が行われたタイミングによって参加者をグループ分けした時の快感情の平均値を示したものである[2]．

この研究のように，複数の観点を組み合わせて参加者をグループ分けすると，入れ子構造でたくさんの平均値が産出される．それらの比較を組織的に行う代表的な統計手法が分散分析である．この表の右下隅の数値は全参加者の平均値なので，この値が 6.98 と高いことは（最大値 8），異性から愛の告白を受けた人たちは非常に強い快感情を経験したことを示している．この数値の上の 2 つの数値は，告白タイミングを無視して，男性参加者全体と女性参加者全体について算出した平均値である．これを見ると男性の平均値が若干高いが，まず，この 0.32 という差が有意かどうかを調べる必要がある（性別の主効果）．次に，男女の違いを無視して，告白のタイミングの違いが感情に影響を与えているかどうかを検討するためには，表の最下行にある性交渉前と性交渉後の平均値を比較する必要がある (6.87, 7.10)．ここにも若干の差 (0.23) が見られるが，これは果たして有意なのだろうか（告白タイミングの主効果）．

分散分析ではこれら要因の主効果の検定に加えて，要因の組み合わせによって生じる効果，すなわち，交互作用効果を検定することもできる．表の中央にある 4 つの値 (7.36, 6.98, 6.56, 7.19) は，性別と告白タイミングによって参加者を分けたときの各グループの平均値であるが，交互作用効果の検定とは，そ

---

[2] 論文中に実際の平均値が記されていなかったため，アッカーマン氏に問い合わせたところ，当該箇所のデータを快く提供してくださった．記して感謝申し上げる．

れらの差のパターンの中に主効果では説明できないものが含まれているかどうかを調べることである．たとえば，告白タイミングの効果が男女で異なるかどうか（告白タイミングの単純主効果），あるいは，告白のタイミングによって男女差が異なるかどうか（性別の単純主効果）などが分析の焦点になる．

この研究で実施された2要因分散分析だが，2つの主効果はいずれも非有意で，交互作用効果だけが有意だった（$F(1, 69) = 3.87$, $p = .05$）．このことは，4グループの平均値間に，単純に性差あるいは告白のタイミング差には還元できない差のパターンが存在することを示唆している．そこで，上記の単純主効果を調べたところ，まず，告白に対する感情反応の性差が性交渉前と後で異なることが見出された．性交渉前に愛の告白を受けた参加者の中でより強い快感情を報告したのは，女性ではなく男性のほうであった（$F(1, 69) = 5.07$, $p < .05$）．一方，性交渉後に愛の告白を受けた参加者たちの間では，逆に，女性のほうが男性よりも快感情を強く報告する傾向が見られた（$F(1, 69) = 3.77$, $p = .06$）．

このことは，アッカーマンらの仮説に一致して，少なくとも性交渉が行われる場面では，男と女で愛を伝える適切なタイミングが異なっていることを示唆するものである．つまり，男性は性的パートナーの喪失を，女性は妊娠や子育ての負担を恐れており，それらの不安を和らげる効果を持つ愛情伝達を，男性ならば性行為前，女性ならば性行為後に受けるのが最も適切なタイミングになっていると解釈される．

3.3 男女における人間観

男女の愛情表現とその捉え方について，アッカーマンらはリスク認知の進化という観点からそれらの違いを分析したが，これは確実な配偶関係を得たいという気持ちから生じた関係維持戦略の1つと見なすことができる．関係維持戦略とは，自分を最良のパートナーとして選択し続けてもらうために個人がとる手段のことを指す．人々は，自分が相手に好意を向けるように，相手からも自分に好意を向けてもらうことを期待し，もし相手が他の異性に惹かれた場合は（もしくはその恐れがある場合は），様々な試みによってその脅威を取り除こうとする．なお，関係維持戦略の中には，人間関係に直接働きかけて何らかの変

化を引き起こそうとする外的試みもあれば，そうではなく，自分自身の気持ちの持ち方だけを変えようとする内的試みもある (Murray and Holmes, 2017). いずれにしても，外的であれ内的であれ，人々が関係継続のために様々な方略を練るのは，パートナーと親密にかかわっていたいという強い所属の願望が働いているからだと考えられる．

3.3.1 女は同性の顔に敵意を見る

男女関係の進展が不確実であることから，我々はエラーを避ける術を進化させ，それぞれ異なったやり方で異性の行動（たとえば，愛の告白）を認知することはすでに見てきたとおりである．こうした認知判断が働く背景の1つに，パートナーに対して，自分を生涯の伴侶とし，他の異性とは関係を結んでほしくないという願望の存在がある．この願望が強いと見捨てられ不安が発生し，相手から捨てられるのではないかと邪推して，その不安を払拭しようと過剰なまでに相手の愛情を試そうとする行動が起こる．だが，それは一般には，男性よりも女性のほうに多く見られる (Ayduk et al., 1999; Downey et al., 1998)．このことは，女性のほうが男女関係に強いこだわりをもち，自分たちの関係を脅かす（もしくはその恐れのある）同性に対して激しく反発する可能性があることを示唆している．次に紹介する研究は，女性の同性に対するそうした攻撃的一面を浮き彫りにするものである．

攻撃研究の分野では，攻撃性の強さに関して性差は見られないとしながらも，どんな攻撃スタイルを好むかについては男女によって違いがあるとされる (Archer, 2004; Campbell, 2002)．たとえば，男性は殴るとか罵るといった直接的な攻撃を好むのに対し，女性は仲間はずれや陰口をいうなど間接的な攻撃を選択しやすい．後者の間接的攻撃では，対象者との直接的接触がないので，対象者自身，攻撃されていることに気づかないことがあるし，気づいたとしても，攻撃者を見極めることが困難なことが多い（大渕, 2002）．また，攻撃者の特定が難しいことから，被害に気づいた対象者がこれを追求しようとしても，攻撃者はこれを否認することができる．したがって間接的攻撃は，対象者にとって攻撃者の敵意を判別しにくい攻撃スタイルだといえる．

そのような特徴を持つ間接的攻撃は女性同士で起こりやすいので (Evers et al.,

2011), 女性は同性からの敵意の見極めという課題に直面することが男性よりも多いと思われる. そうした場合, 無用な対立を避けるために敵意推測を控える選択肢もあるが, その一方で, 放置すれば, 根拠のない噂に振り回されたり周囲から誤解を受けたりなどして被害が拡大する恐れもある. そこで, 米国アリゾナ州立大学のクレームスら (Krems et al., 2015) は, 同性からの敵意に気づかないという重大なエラーを避けるために, 女性たちは「他の女性は敵意を抱くものである」という認知をデフォルト値として持ち, このリスクに対応しようとしているのではないかと仮定し, 以下に述べるような研究を試みた.

エラー・マネジメント理論からも推論されるように, 人間には最悪の事態を想定して意思決定を行うというリスク回避の認知傾向が備わっているので, 当然,「敵意なし」と間違えるより「敵意あり」と間違えるほうがリスクは小さいと判断されるであろう. もし他者の言動を誤って敵意に帰属した場合でも, それに対しては謝罪をすれば済むだけの話だから, あらかじめ敵意を仮定しながら他者の言動を受け止めておいたほうが, ジャスト・フィットな判断ではないにしろ, 最悪のリスクを回避するには有効と考えられるからである. このように, 女性は, 同性たちから間接的攻撃にさらされてきた結果, 同性に敵意を仮定するようになったと解釈される.

クレームスらは, メカニカル・ターク[3]においてウェブ・サービスの仕事を請け負った米国人 88 名に対し, 怒りの感情表出を抑えていると思い込ませた白人男女各 9 名ずつの表情写真をランダム提示した. これらの写真は実際にはニュートラルな表情をしており, 容貌の魅力も平均的である. そして, その表情からどのくらい怒りの感情が読み取れるかを推測させ, これを 1 (全く読み取れない) 〜 7 (明確に読み取れる) の 7 段階で答えさせた. なお, 本来の実験目的を知られないようにするため, 提示された顔写真の中にはこれら怒り感情の他に幸せ, 悲しみ, 興奮, 恐怖, 誇りの感情を示す顔写真もダミーとして含めた.

男性参加者と女性参加者の各々に対して男性の怒り顔と女性の怒り顔を提示

---

[3] ソフトウェアよりも人間のほうが得意とされる作業 (たとえば, 製品の説明書作成, 最適な広告写真の選別など) を, ソフトウェアの開発者がウェブ上に掲示することにより代行してもらうサービス市場のこと.

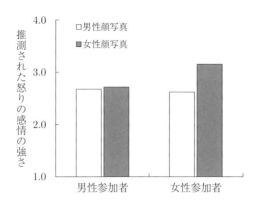

図 3.3　顔写真に対する怒り感情の推測された強さ (Krems *et al.*, 2015)

したことから，参加者と対象の性別を組み合わせて 2×2 の 4 条件が作られる．図 3.3 は，各条件において推測された怒り感情強度の平均値である．混合要因計画による 2 要因分散分析が実施され，条件間で見られる平均値の差に統計的根拠があるかどうかが調べられた．その結果，参加者の性別と対象の性別の交互作用効果が有意で ($F(1, 86) = 7.30$, $p < .01$)，男と女の怒り顔に対する感情推測は参加者の性別によって変わることが示された．この図に見られるように，女性参加者は男性参加者よりも女性の顔写真に対してより強い怒り感情を推測したことから，この結果は同性に対する女性の敵意知覚傾向を示唆するものである．また，女性参加者による怒り感情の推測は，男性の顔写真では有意に弱まり，男性参加者とほぼ同じになった．以上のことは，女性参加者の中には同性は敵意を抱くものであると見なすものが多数おり，デフォルト値としてその敵意を認知する心的システムが作動した結果，彼女らの同性に対する怒りの推測が強まったことを示唆している．

　クレームスらの研究で興味深いのは，こうした女性の敵意を推測する認知傾向が自己評価のレベルによって変化したということである．つまり，女性たちの中でも特に性的魅力やソシオセクシャリティ[4] が高いと自己評価した人たちの間で敵意帰属の傾向が強く，同性の顔写真に対して強い怒りの感情が投影され

---

[4] 情緒的に結びつきのない他者を性的関係の相手として選ぶ心理傾向のこと．

た. これは，性的魅力やソシオセクシャリティが高い女性ほど男性たちから性的対象と見られやすく，他の女性たちからは自分のパートナーを奪う脅威と見なされることが多いため (Leenaars et al., 2008; Vaillancourt and Sharma, 2011; Vrangalova et al., 2014)，これらに対処しようとして，同性からの敵意に敏感な認知システムを強めてきたと解釈される．女性は男性に比べて見捨てられ不安が強く，関係維持戦略を選好しやすい可能性を前に指摘したが，それは配偶行動に協力的な男性をめぐって女性たちが熾烈な獲得競争を繰り返し，本能的に同性をそれら獲得競争のライバルと見なしてきたことにルーツがあるのかもしれない．

3.3.2 男は欲情，女は友情

関係維持戦略における男女差に関する研究を通し，人間は進化の過程で致命的エラーを避けるリスク認知を身につけてきたことで，異性に期待する交際内容に男女間で違いが生じることが指摘されている．米国テキサス大学オースティン校（現所属：米国サウスウェスタン大学）のペリロウックスら (Perilloux et al., 2012) は，以下で述べるスピード・ミーティング技法を大学生たちに実施し，異性と接しているときに相手から受け取るサインを男性は性的に，女性は友愛的に解釈するという仮説を立てて，これを検討した．ここでもエラー・マネジメント理論がその根拠とされ，男性は子孫を残せないという致命的エラーの回避戦略として女性からの性的サインを過大評価する認知傾向を進化させた（そして女性を性的対象として捉えやすくなった）のに対し，女性は出産や育児コストというリスクの回避戦略として男性からの性的サインを過小評価する（男性を性的対象としてではなく仲間の一人と知覚する）認知傾向を進化させたと説明されている．

参加者は異性愛者の大学生 199 名で，男女 5 名ずつの 10 名 1 組で実験に臨んだ．彼らは順番に異性とペアを作り，個室で 3 分間，軽い話題で会話をした．会話が終わるたびに，参加者は自分が相手の異性に対してどれくらい性的関心を抱いたか，また，相手が自分に対してどれくらい性的関心を持っていると知覚したかを評定した．13 個の項目（たとえば，「私は相手に性的な興味を持っている」，「相手は私から目をそらそうとしない」，「相手は私に性的な興味を持っ

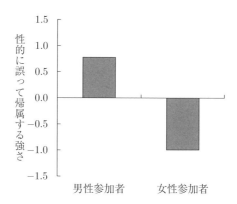

図 3.4　異性の言動に対する推論の男女差 (Perilloux *et al.*, 2012)

ている」,「相手は私を誘っている」, など)について, 1 (他の人より弱い)〜7 (他の人より強い), もしくは 1 (全く当てはまらない)〜7 (非常によく当てはまる)の 7 段階で評定し, 会話をした異性ごとにそれらの項目得点を平均して性的関心度の測度とした.

この研究では, 参加者が特定異性に知覚した性的関心度から当該異性が参加者に対して実際に抱いた性的関心度を減じたが, この符号がプラスであれば参加者が異性からの性的関心を過大知覚したこと, マイナスであれば過小知覚したことを意味する. この得点を男女別に平均したところ, 図 3.4 に示すように, 男性参加者は過大知覚, 女性参加者は過小知覚となった. こうした性差が実質的なものかどうかを統計的に吟味する方法はいくつかあるが, この研究のようにデータが連続変量の場合, 最もよく用いられる標準的な分析方法は t 検定である. これは 2 グループの平均値間に偶然に生じると見なされる以上の差があるかどうかを調べるもので, この研究の場合, 性差は有意だった ($t(196) = 8.32$, $p < .001$).

しかし, 男女の平均値が有意に異なるからといって, 男性が過大視, 女性が過小視とは言い切れない. この点を確認するには, それぞれの平均値が 0 (参加者が異性に対して知覚した性的関心度と異性が実際に抱いた性的関心度が一致している状態)から有意に異なるかどうかを調べる必要がある. こうした場合にも t 検定が用いられるが, 2 グループの平均値を比較するのではなく, 1 グ

ループの平均値を理論値（この場合は，0）と比較する際には，1 標本 t 検定が用いられる．この分析結果は男女どちらも有意で，したがって，男性参加者は女性からの性的関心を過大視し ($t(95) = 5.62, p < .001$)，女性参加者は，反対に，男性からの性的関心を過小視する傾向があることが統計的にも確認された ($t(101) = -6.19, p < .001$)．

ペリロウックスらの研究結果は，男性が異性に対して性的な付き合いを期待しているのに対し，女性は性的要素の少ない交流を期待していることを示唆しているが，それは，男女間で異性に求める付き合い方が異なるということだけでなく，ある社会問題を理解するための重要な視点をも提供するものである．それは，デート・レイプである．デート・レイプにおいては，男性が加害者になることが少なくないが (Brousseau et al., 2011)，ペリロウックスらの研究結果から見ると，男性が初めからレイプを目論んでいたわけではなく，デートの中で女性が示した様々な言動を性的な関心サインとして歪めて知覚し，その結果，性的アプローチが受容されると勘違いして，女性の意に反する行動をとったケースもあると考えられる．なお，男性が女性の性的関心を誤認する傾向はアメリカ以外の国でも確認されているので (Bendixen, 2014)，この性差は文化的価値や慣習など社会的要因によって生み出されているわけではないと考えられる．

3.4　良好な男女関係の形成と維持

このように，当事者たちの間で多くの認識の食い違いを見せる男女関係だが，これを長続きさせる方法はあるのだろうか．男女に共通して働く心の仕組みという観点から，男女関係の形成と維持に焦点を当てて議論してみよう．

3.4.1　セックスの頻度と親密さ

理論的には，男女の間で行われる性交渉の頻度はその関係の親密度の反映と考えられるが，それは，性交渉を繰り返すほど妊娠の可能性が高まり，より確実な配偶関係が結べると信じられていることに起因する (Grebe et al., 2013; Lorenz et al., 2015)．性交渉の反復は子孫を残す可能性を高めるので，人々は本能的に

パートナーとの性行為を好むと考えられる (Baumeister *et al.*, 2001). ところが奇妙なことに，実証研究についてみると，性交渉の頻度と関係満足度の間には必ずしも明瞭な関係が見出されているわけではない．たとえば，米国フロリダ州立大学のマクナルティら (McNulty *et al.*, 2016) が新婚夫婦を 4 年間追跡調査した研究では，性交渉の頻度が増すほど関係満足度も強いという因果モデルに統計的根拠はないことが確認された．この結果は，性交渉が多いほど男女仲も良いという神話が誤りであることを示唆しているが，これは本当なのであろうか．

米国フロリダ州立大学のヒックスら (Hicks *et al.*, 2016) は，性交渉の頻度と関係満足度の間に関連が見られなかったのは，満足度の測定が自己報告によるものだったからで，他の測定方法を使えば違った結果が得られる可能性もあると考え，意識的に回答が歪められない手法による満足度測定を試みた．米国テネシー州東部において，ヒックスらは地方新聞とブライダル・ショップに広告を出し，またテネシー州に婚姻証明書を提出した夫婦に依頼文書を直接郵送して，研究への参加者募集を行った．問い合わせのあった夫婦のうち，英語を母国語とし，18 歳以上でかつ結婚後 3 カ月以内の夫婦をスクリーニング[5]し，最終的に 56 組の夫婦を研究対象とした．

ヒックスらはまず，過去 6 カ月以内に行った性交渉の頻度と自己報告型の結婚満足度をたずねる項目に回答させた．その後，単語弁別課題を行わせたが，これは，提示される単語がポジティブなものかネガティブなものかを判断し，できるだけ早くキー押し反応をさせるというものである．そして，単語を提示する直前，自分の写真，配偶者の写真，他の魅力的な異性の写真のいずれかをランダムに，0.3 秒間，つまり参加者が意識的には認知できないようなごく短い時間で提示した．この手続きは，刺激を閾下提示することによって，関連する人物イメージを意識下で活性化させるもので，閾下プライミングと呼ばれる．

ヒックスらによれば，人々は心の中に様々な人物表象（イメージや観念）を持っている．それは，自分自身についてだけでなく，恋人，友人，幼なじみであったりする．これらの人物表象には良い・悪い，好意的・非好意的などの評価が伴っているので，ある人物表象が活性化され，その人物に関する評価も活

---

[5] 調査目的にふさわしい参加者であるかどうかを選別する作業のこと．

性化されると、これと一致した特徴を持つ刺激に対しては敏感になると考えられている。たとえば、配偶者の表象にポジティブな評価が伴っているなら、その表象が活性化されるとポジティブな刺激に注意が向きやすくなり、直後に提示されたポジティブ単語のほうがネガティブ単語に比べてより素早く弁別されると考えられる。

ヒックスたちは、キー押し反応によって単語弁別に要した時間を測定したが、閾下提示された写真別に、ネガティブ単語を見分けるのに要した平均時間からポジティブ単語を見分けるのに要した平均時間を減じた。この値が大きいほど、ネガティブ単語よりもポジティブ単語に対して参加者の反応が速いことを意味するので、配偶者の閾下表象が活性化されたときにこの値が大きい参加者は、配偶者に対して肯定的態度が強いと解釈することができる。これは、非意識的レベルでの測定なので、潜在的態度測定とも呼ばれる。

過去半年間の性交渉頻度と自己報告型結婚満足度の評定では、6 カ月おきにメールか電話で回答させ、これを 3 年間継続した。性交渉頻度については、夫と妻がそれぞれ個別に報告したものとそれらの平均を算出した 2 種類の指標が用いられた。自己報告型結婚満足度の評定では、SD 法式結婚満足度尺度（たとえば、「不満な–満足な」、「不快–快」など）、質的結婚満足度尺度（たとえば、「私たちは良い結婚生活を送っている」など）、カンザス式結婚満足度尺度（たとえば、「あなたは、結婚にどのくらい満足していますか」など）の 3 種類が準備され、それぞれ 1～7 の 7 段階で評定が求められた。なお、単語弁別課題に関しては 3 年後の調査終了時点で再び同じ課題を受けさせ、パートナーに対する潜在的態度の変化を調べられるようにした。

性交渉頻度が結婚満足度に与える影響を調べるため、この研究では、回帰分析の一種であるマルチ・レベル分析[6]が用いられた。この回帰モデルでは、参加者が報告した性交渉頻度（3 年間の平均）が彼らの 3 年後の潜在的肯定的態度に影響し（個人内の影響）、さらにこの効果は、配偶者が報告した性交渉頻度からも影響を受けている（個人間の影響）と仮定された。

表 3.3 には、性交渉頻度が 3 年後の潜在的肯定的態度および自己報告型の結

---

[6] 個人内の変数と個人間の変数が混在している場合に、個人内の独立変数による効果が個人間の独立変数から影響を受けていると仮定し、それらを同時分析する回帰分析の 1 つである。

表 3.3 性交渉頻度が潜在的および自己報告型結婚満足度に与える効果 (Hicks et al., 2016)

	説明変数					
	個人が報告した性交渉頻度			性交渉頻度のカップル平均		
目的変数	b	r	df	b	r	df
潜在的肯定的態度	0.13*(0.06)	.31	43	0.08†(0.05)	.23	53
自己報告型の結婚満足度						
SD 法式結婚満足度尺度	0.00 (0.05)	.01	70	0.01 (0.06)	.03	70
質的結婚満足度尺度	0.04 (0.05)	.10	70	0.07 (0.05)	.17	70
カンザス式結婚満足度尺度	0.04 (0.07)	.07	70	0.03 (0.06)	.06	70
3 種類の満足度の総和	0.01 (0.05)	.03	70	0.02 (0.05)	.05	70

†$p < .10$, *$p < .05$.
注：括弧内は標準誤差を表す.

婚満足度に与える影響の強さが示されている．回帰分析結果の見方は第 1 章で解説されているが，偏回帰係数 (b) が性交渉頻度の効果を示している．これを見ると，3 つの自己報告型結婚満足度（SD 法式結婚満足度尺度，質的結婚満足度尺度，カンザス式結婚満足度尺度）に対する b はいずれも非有意だったので，従来の研究と一致して，性交渉頻度から満足度への影響は見られなかった．一方，潜在的肯定的態度に対する b は有意だったので，これが性交渉頻度によって強められたことが見出され，この効果は個人の報告とカップル平均のどちらについても確認された．また，この効果は参加者の性別を考慮しても変わらなかったので，男であれ女であれ，性交渉を重ねるほど心の奥底では配偶者への好意度が強まると解釈される．「セックスが多いと男女仲も良い」という神話は必ずしも誤りではなく，本人たちが自覚してはいなくても，性交渉は男女関係の親密さを強める働きをしているものであるといえよう．

さて以上の結果は，ヒックスらが予想したとおり，性交渉の頻度と関係満足度の結びつきが潜在的指標によって捉えられたことを示しているが，それが自己報告型の測度に現れなかったのはなぜであろうか．カップルの心の中では性交渉によって関係満足度が高まっているにもかかわらず，なぜ意識レベルではそれを実感できないのであろうか．

ヒックスらによると，人々は男女関係に関して精神的結合を理想とするプラトニックな恋愛観を抱いており，このため，性的側面の価値を低く見る傾向が

ある．そうした価値観によって自己認知が影響され，性交渉によって自分たちの態度が影響されていることを認めることができないのではないかと思われる．性自体は，種族保存という本能に基づく生物としての基本的衝動であり，それは現代人にも性欲や異性への関心として受け継がれている．しかし，現代人においては，肉欲を卑しめ，精神的結合を理想とする価値観が支配的なので，男女関係に関する認知，判断，態度はこれに沿うように歪められ，自分自身の気持ちを正確に捉えられないことがあるものと思われる (McNulty and Olson, 2015).

意識された関係満足度がこのように動機づけられた認知バイアスから干渉を受けるという現象は，性交渉に限ったことではない．喧嘩や対立などの負事象においても見られることが報告されている．たとえば，男女のカップルが経験した葛藤がその後の関係満足度にどう影響するかを調べた研究について見ると (Murray et al., 2010)，潜在的指標では葛藤経験と関係満足度の間に負の関連性が見出された一方で，自己報告ではそのような関連性は認められなかった．これは葛藤によって自分たちの関係が破綻することに恐怖し，当事者たちが，実際には低下している関係満足度から目を背けようとした結果であると解釈されている．

3.4.2 味覚的な甘さによる関係促進効果

ヒックスらの研究に見るとおり，パートナーに関連する潜在的なイメージや観念が活性化されると，その後の反応はそれによって影響される．米国パデュー大学（現所属：オランダ，ティルブルフ大学）のレンら (Ren et al., 2015) はこれを応用し，味覚刺激を用いて肯定的な人物表象を活性化させ，対象となっている異性との交際願望を強めるという興味深い実験を行っている．

英語圏において「sweet」という単語は，基本的に甘味類を食べたときの「甘い」という感性的快を表すものである．しかし，「愛しい」とか「素敵な」という愛情を伴ったニュアンスを含んで，魅力的異性に向けて使用される単語でもある．レンらは，「sweet」のこのメタファーに着目し，甘味類を摂取すると生理的なスイート（甘い）だけでなく感情的なスイート（愛しい）の概念も活性化され，これによって，異性への交際願望が強まると仮定した．人間は発達初期から自分の精神世界を身体感覚にたとえて概念化しており（たとえば，「気持

ちが重い」,「柔らかい性格」など), これをデータベース化している (Ackerman et al., 2010; Williams and Bargh, 2008). 社会的対象に対する情報が十分でないときは特に, こうして蓄積された身体感覚に伴う心理的意味が, 社会的判断や決定に影響を与えることがあると考えられる.

大学生 142 名を対象に, レンらは, 出会い系イベントを企画する予備調査と称し, 参加者らに顔写真つき (魅力度は中程度) もしくは顔写真なしの異性のプロフィールのどちらかを読ませた. これにはどちらも「誰かと仲良くしたい」という交際に積極的な自己アピール文が含まれていた. ただし, このプロフィールを提示する前に, 飲料水が人間の活力にどんな影響を与えるか調べるという名目で, 炭酸飲料のスプライトとセブン・アップそれぞれを 1 対 1 で割った約 150 ml の甘味ドリンクか, あるいは約 150 ml の蒸留水のどちらかを参加者に飲ませ, 味覚的感覚から感情的感覚を誘起させる実験操作を行った. 最後に, 参加者には, プロフィール上の異性とどのくらい交際したいと思うかをたずねる 11 個の項目 (たとえば,「この人とデートすることに強い関心がある」など) を提示して, 1 (全く当てはまらない) 〜9 (非常に当てはまる) の 9 段階で評定させ, それらの項目平均を交際願望の値とした.

2 種類の飲み物と顔写真の有無から, この実験では 2×2 の 4 条件が設けられた. その後, 各条件における交際願望の評定平均値の違いが 2 要因分散分析によって検討された. その結果, 飲み物の種類の有意な主効果が確認され ($F(1, 138) = 5.00, p < .05$), レンらの予想に一致し, 甘味ドリンクを飲ませた条件の参加者たちはただの蒸留水を飲ませた参加者に比べ, プロフィールに掲載された異性と交際したいとする願望を強く報告した ($M = 5.31$ vs. 4.80). この傾向は顔写真の有無とは無関係に確認されたので (つまり, 飲み物の種類と顔写真の有無の交互作用効果は非有意だった), 異性の身体的魅力がこれらの反応の違いを生み出したわけではないと考えられる.

また, このスイート効果は参加者が摂取する食べ物の種類とも独立していることがレンらによる別の実験で確認されている. 参加者に摂取させるものをクッキー (甘味条件) かソルト・ビネガー味のポテトチップス (統制条件) に変更した場合にも, 飲み物の場合と全く同じ効果が見られたのである.

レンらの実験結果は, 少なくとも交際関係に至っていない場合, 甘味類の摂

取は異性に対する感情的なスイートを心の中に誘発させる働きがあることを示唆するものである．甘味類の摂取は必ずしも相手をその気にさせる媚薬ではないが，それでも，甘味類を摂取する行為は交際願望を発生させる機能を有していると考えられる．日本においてはバレンタイン・デーに意中の相手へチョコレートを手渡す習慣があるが，それは企業戦略の1つに由来するという考え方がある一方で，甘い菓子類にはそれを摂取した人の交際願望を強める効果があることを人々は直感的に知っており，とりわけ女性たちはこうしたことから自分が好意を持った相手にチョコレートを贈ろうとしているとも考えられる．なお，このような生理的感覚と社会的認知が連動して人々の態度に影響を及ぼす現象のことを身体化認知 (embodied cognition) と呼ぶ（たとえば，Ackerman et al., 2010）．

3.4.3 睡眠時間と関係維持：自己制御機能の回復

異性との人間関係に深く傾斜するようになると，人々は自己にとって好都合な認知を展開させ，自分たちの関係やパートナーに対して現実からずれた歪んだ見方をするようになる．たとえば，パートナーが他の異性に興味を持つなど関係が壊れる恐れのある場面に遭遇すると，すでに述べたような関係満足度の低下から意識的に注意をそらしたり (Murray et al., 2010)，互いが固い絆で結ばれていると楽観的になったり (Murray and Holmes, 1997)，相手の不実さを考えまいとしたり (Simpson et al., 1995)，自分たちの関係を類まれなものであると賛美したりして (Rusbult et al., 2000)，関係破綻の不安や恐怖から自分の心を防衛しようと試みる．それは，快適な男女関係が持続することを願い，この願望から生じる動機づけられた認知の結果であるといえよう．

ただし，現実を直視しないよう努力することは自分自身に認知的な負担を強いることでもあるので，これが繰り返し行われていると心的エネルギーを消耗することにもなる (Bélanger et al., 2014; McNulty and Olson, 2015)．この心的エネルギーは制御資源と呼ばれ，衝動性を抑えたり理知的に行動したりするための基盤となっているが，その量は体力同様に有限とされる．このため，制御資源が十分にある間は自己制御によって適応的行動を維持することが可能であるが，消費しすぎて枯渇すると，筋肉の酷使で力が出せなくなってしまうよう

に，ふだんは抑えられている攻撃衝動を十分にコントロールできないといったことが起こる (Baumeister *et al.*, 2007)．その結果，自己中心的に振る舞ったり，人に対する配慮を欠いた言動が増えたりして，人との間で対立や争いを招いてしまうことがある．

制御資源が不足した場合には，社会適応を維持するためにいったんこれを回復させる必要があるが，1つの方法として，グルコース摂取が有効とされてきた (Gailliot *et al.*, 2007)．しかし米国フロリダ州立大学のマレンジェスら (Maranges and McNulty, 2017) は，グルコースは脳内グリコーゲンが分解して生成される物質でもあるので，その機序が促進される状況，すなわち睡眠を十分とることができれば，グルコースを摂取するまでもなく制御資源は回復するであろうと仮定した．つまり，葛藤や不和のない穏やかな男女関係を構築・維持したいなら，お互い睡眠をしっかりとることが重要ではないかというのがマレンジェスらの仮説である．

この仮説を検討するためにマレンジェスらは，米国のオハイオ州北部において，地方新聞とブライダル・ショップに募集広告を出す一方，オハイオ州に婚姻証明書を提出した夫婦に依頼文書を直接郵送するという方法を用いて，研究参加者を募った．問い合わせのあった夫婦に対して，電話によるスクリーニング作業[7] を行ったうえで，最終的に 68 組の夫婦を研究対象とした．

彼らに対して 1 週間にわたり，毎夜，前日の睡眠時間と今日の関係満足度を報告させた．睡眠時間の測定では「過去 24 時間のうちで，睡眠を何時間とりましたか」とたずね，具体的な時間を答えさせた．関係満足度については，前に紹介したカンザス式結婚満足度尺度に若干の変更を加えたものが用いられ，「あなたは，今日のパートナーにどのくらい満足しましたか」，「あなたは，今日の夫婦関係にどのくらい満足しましたか」，「あなたは，今日の結婚生活にどのくらい満足しましたか」の 3 項目を提示し，1（全く満足しなかった）～7（非常に満足した）の 7 段階で回答させた．

分析に際しては，マルチ・レベル分析が用いられた．まず，個人の前日の睡眠時間が 1 週間の平均より長いあるいは短いことが翌日の関係満足度に影響を

---

[7] 結婚後 6 カ月以内，夫婦ともに 18 歳以上，離婚歴なし，英語を話し最低でも 10 年は英語で教育を受けている，の 4 基準で選抜がなされた．

与えるとする回帰モデルが作成され（個人内差による影響），これに，同一個人の前日の睡眠時間が全参加者の1週間の平均より長いあるいは短いことによる影響（個人間差による影響）が含められた．こうして個人内効果と個人間効果を分離することにより，関係に満足するにはふだんより良く眠ればいいのか，それとも他の人より良く眠らなければならないのかを明確に区別できるようにした．この回帰モデルを検証したところ，夫も妻もともに，睡眠時間が他の参加者より長かったかどうか（つまり個人間差による影響）とは独立に，自分自身の睡眠時間がふだんより長いほど参加者は結婚に満足していると感じやすく（夫の $b = .10$，妻の $b = .11$，いずれも $p < .05$），子どもの有無を考慮してもこの効果は同じだった．

家庭生活では種々の問題について頻繁に葛藤が起こり，夫婦は互いに不快な出来事を経験することも多いと思われるが，前日の睡眠時間がふだんより長かった場合は，これに対処するための心的資源が豊富となり，それによって関係満足度の低下を防ぐことができていたものと解釈される．

3.5 結語

男と女の関係を経済学的な意味での「交換」として捉えるならば，そこでは複雑なルールの下で関係の営みが行われているといえる．しかし，経済学的な意味で多少割が合わなくても，人々が男女関係に強いこだわりを示すのは，付き合いの中で重要な社会的報酬が期待できるからだけでなく，太古の昔から男女の結びつきが生殖や分業といった点で生存上有利に働いていたせいでもあろう．本章では，男と女の心の違いは人類が進化の過程で分化的に発展させてきたリスク回避の認知方略であるとの考えの下，これに関連する理論と実証研究を見てきた．

男性にとっては子孫を残せないことが致命的エラーとなるため，これを回避するための認知システムが発展し，女性を性的対象として見やすく，愛の告白にも積極的であった．これに対し，女性にとっては子育てに非協力的な男性とかかわることが回避されるべきエラーとなることから，男性を簡単には性的対象として見ず，愛の告白にも慎重で，性交渉前に囁かれた愛には猜疑心を募ら

せる傾向があった．さらに，女性は同性の表情から敵意を知覚しやすく，同性を優れた男性の獲得をめぐるライバルと見なしている可能性が示唆された．エラー・マネジメント理論からの説明に一致し，こうした男女の違いはリスク回避の認知がそれぞれ異なって進化してきた証拠であることが論じられた．

　一方，このように知覚や反応が異なる男女が良好な関係を築くうえでは何が必要かに関し，この問題を解決する心理学的要因としてセックス，甘味類の摂取，睡眠の 3 つを取り上げた．分析の結果，男も女もともに，それらの要因によって関係満足度が維持・昂揚する効果が一連の研究を通して確認された．男女円満の秘訣は確かに性交渉にあるが，残念なことに当人たちはそれを繰り返しても関係満足度の高まりを自覚できておらず，男女ともに心の深層でしか満足を感じていなかった．甘味料はそれを摂取したものの側に異性の肯定的な人物表象を活性化させ，交際願望を強めた．十分な睡眠は個人の制御資源を回復させるので，パートナーの不快な言動にも対処可能な認知方略を促進し，関係満足度を一定に保つ機能を示した．これらのうち，特にセックスや睡眠が関係満足度に貢献するという知見は，実際の新婚夫婦を対象者として得られた結果であることを鑑みれば，葛藤予防という点に関して重要な意義を持っていると思われる．

　研究の中にはサンプルの代表性に疑問があるものもあり，結論を出すにはさらに実証的知見が必要だが，本章全体を俯瞰して見ると，男と女は生物学的な違いだけに留まらず育てられた環境や周囲からの役割期待にも違いがあるという点から，男女の間で心のあり方に差が生じるのはごく自然なことであるようにも思われる．それよりむしろ，男女がそれぞれ多くの状況要因や文化的要因から異なる影響を受けているにもかかわらず，本章の後半で見たような男と女で共通した心が形成されているという知見は，今後の男女関係の研究において超性別的な心の仕組みに焦点を当てる必要性を暗示しているといえる．

引用文献

[1] Ackerman, J. M., Griskevicius, V., Li, N. P.: Let's get serious: Communicating commitment in romantic relationships. *Journal of Personality and Social Psychology*, **100**, pp. 1079–1094 (2011).

[2] Ackerman, J. M., Nocera, C. C., Bargh, J. A.: Incidental haptic sensations influence social judgments and decisions. *Science*, **328**, pp. 1712–1715 (2010).

[3] Adams, J. S.: Inequity in social exchange. In: *Advances in Experimental Social Psychology, Volume 2* (eds. Berkowitz, L.). Academic Press, pp. 267–299 (1965). 348p.

[4] 相川 充：利益とコストの人間学．講談社 (1996). 255p.

[5] Archer, J.: Sex differences in aggression in real-world settings: A meta-analytic review. *Review of General Psychology*, **8**, pp. 291–322 (2004).

[6] Ayduk, O., Downey, G., Testa, A. *et al.*: Does rejection elicit hostility in rejection sensitive women? *Social Cognition*, **17**, 245–271 (1999).

[7] Baumeister, R. F., Catanese, K. R., Vohs, K. D.: Is there a gender difference in strength of sex drive? Theoretical views, conceptual distinctions, and a review of relevant evidence. *Personality and Social Psychology Review*, **5**, pp. 242–273 (2001).

[8] Baumeister, R. F., Leary, M. R.: The need to belong: Desire for interpersonal attachments as a fundamental human motivation. *Psychological Bulletin*, **117**, pp. 497–529 (1995).

[9] Baumeister, R. F., Vohs, K. D., Tice, D. M.: The strength model of self-control. *Current Directions in Psychological Science*, **16**, pp. 351–355 (2007).

[10] Bélanger, J. J., Kruglanski, A. W., Chen, X., Orehek, E.: Bending perception to desire: Effects of task demands, motivation, and cognitive resources. *Motivation and Emotion*, **38**, pp. 802–814 (2014).

[11] Bendixen, M.: Evidence of systematic bias in sexual over- and underperception of naturally occurring events: A direct replication of Haselton (2003) in a more gender-equal culture. *Evolutionary Psychology*, **12**, pp. 1004–1021 (2014).

[12] Brousseau, M. M., Bergeron, S., Hébert, M., McDuff, P.: Sexual coercion victimization and perpetration in heterosexual couples: A dyadic investigation. *Archives of Sexual Behavior*, **40**, pp. 363–372 (2011).

[13] Buss, A. H.: Social rewards and personality. *Journal of Personality and Social Psychology*, **44**, pp. 553–563 (1983).

[14] Buss, A. H.: *Social Behavior and Personality.* Lawrence Erlbaum Associates (1986). 219p.（大渕憲一 監訳：対人行動とパーソナリティ．北大路書房 (1991). 305p）

[15] Buss, D. M.: *Evolutionary Psychology: The New Science of the Mind* (5th ed.). Taylor & Francis (2014). 496p.

[16] Buss, D. M., Abbott, M., Angleitner, A. *et al.*: International preferences in selecting mates: A study of 37 cultures. *Journal of Cross-Cultural Psychology*, **21**, pp. 5–47 (1990).

[17] Campbell, A.: *A Mind of Her Own: The Evolutionary Psychology of Women.*

Oxford University Press (2002). 393p.
[18] Clark, M. S., Dubash, P., Mills, J. R.: Interest in another's consideration of one's needs in communal and exchange relationships. *Journal of Experimental Social Psychology*, **34**, 246–264 (1998).
[19] Clark, M. S., Mills, J. R.: The difference between communal and exchange relationships: What it is and is not? *Personality and Social Psychology Bulletin*, **19**, pp. 684–691 (1993).
[20] Clark, M. S., Mills, J. R.: A theory of communal (and exchange) relationships. In: *The Handbook of Theories of Social Psychology, Volume 2* (eds. Van Lange, P. A. M. *et al.*). Sage, pp. 232–250 (2012). 560p.
[21] Clark, M. S., Mills, J. R., Powell, M. C.: Keeping track of needs in communal and exchange relationships. *Journal of Personality and Social Psychology*, **51**, pp. 333–338 (1986).
[22] Clark, M. S., Ouellette, R., Powell, M. C., Milberg, S.: Recipient's mood, relationship type, and helping. *Journal of Personality and Social Psychology*, **53**, pp. 94–103 (1987).
[23] Dion, K. K., Dion, K. L.: Personality, gender, and the phenomenology of romantic love. In: *Self, Situations, and Social Behavior: Review of Personality and Social Psychology, Volume 6* (ed. Shaver, P.). Sage, pp. 209–239 (1985).
[24] Downey, G., Freitas, A. L., Michaelis, B., Khouri, H.: The self-fulfilling prophecy in close relationships: Rejection sensitivity and rejection by romantic partners. *Journal of Personality and Social Psychology*, **75**, pp. 545–560 (1998).
[25] Evers, C., Fischer, A. H., Manstead, A. S. R.: Gender and emotion regulation: A social appraisal perspective on anger. In: *Emotion Regulation and Well-being* (ed. Nyklíček, I.). New York: Springer-Verlag, pp. 211–222 (2011). 337p.
[26] Foa, E. B., Foa, U. G.: Resource theory of social exchange. In: *Handbook of Social Resource Theory: Theoretical Extensions, Empirical Insights, and Social Applications* (ed. Törnblom, K.). New York: Springer-Verlag, pp. 15–32 (2012). 492p.
[27] Gailliot, M. T., Baumeister, R. F., DeWall, C. N. *et al.*: Self-control relies on glucose as a limited energy source: Willpower is more than a metaphor. *Journal of Personality and Social Psychology*, **92**, pp. 325–336 (2007).
[28] Gonzaga, G. C., Haselton, M. G., Smurda, J. *et al.*: Love, desire, and the suppression of thoughts of romantic alternatives. *Evolution and Human Behavior*, **29**, pp. 119–126 (2008).
[29] Gonzalez, A. Q., Koestner, R.: What valentine announcements reveal about the romantic emotions of men and women. *Sex Roles*, **55**, pp. 767–773 (2006).
[30] Gouldner, A. W.: The norm of reciprocity: A preliminary statement. *American Sociological Review*, **25**, pp. 161–178 (1960).
[31] Grebe, N. M., Gangestad, S. W., Garver-Apgar, C. E., Thornhill, R.: Women's luteal-phase sexual proceptivity and the functions of extended sexuality. *Psychological Science*, **24**, pp. 2106–2110 (2013).
[32] Haselton, M. G., Buss, D. M.: Error management theory: A new perspective on

biases in cross-sex mind reading. *Journal of Personality and Social Psychology*, **78**, pp. 81–91 (2000).

[33] Haselton, M. G., Nettle, D.: The paranoid optimist: An integrative evolutionary model of cognitive biases. *Personality and Social Psychology Review*, **10**, pp. 47–66 (2006).

[34] Heyman, J., Ariely, D.: Effort for payment: A tale of two markets. *Psychological Science*, **15**, pp. 787–793 (2004).

[35] Hicks, L. L., McNulty, J. K., Meltzer, A. L., Olson, M. A.: Capturing the interpersonal implications of evolved preferences? Frequency of sex shapes automatic, but not explicit, partner evaluations. *Psychological Science*, **27**, pp. 836–847 (2016).

[36] Homans, G. C.: *Social Behavior: Its Elementary Forms*. Harcourt, Brace & World (1961). 404p.

[37] Krems, J. A., Neuberg, S. L., Filip-Crawford, G., Kenrick D. T.: Is she angry? (Sexually desirable) women "see" anger on female faces. *Psychological Science*, **26**, pp. 1655–1663 (2015).

[38] 黒川雅幸・三島浩路・吉田俊和：小学校高学年児童における異性交友関係受容性が級友適応に及ぼす影響．実験社会心理学研究，**48**, pp. 32–39 (2008).

[39] Leenaars, L. S., Dane, A. V., Marini, Z. A.: Evolutionary perspective on indirect victimization in adolescence: The role of attractiveness, dating and sexual behavior. *Aggressive Behavior*, **34**, pp. 404–415 (2008).

[40] Lorenz, T. K., Demas, G. E., Heiman, J. R.: Interaction of menstrual cycle phase and sexual activity predicts mucosal and systemic humoral immunity in healthy women. *Physiology & Behavior*, **152**, pp. 92–98 (2015).

[41] Maranges, H. M., McNulty, J. K.: The rested relationship: Sleep benefits marital evaluations. *Journal of Family Psychology*, **31**, pp. 117–122 (2017).

[42] McNulty, J. K., Olson, M. A.: Integrating automatic processes into theories of relationships. *Current Opinion in Psychology*, **1**, pp. 107–112 (2015).

[43] McNulty, J. K., Wenner, C. A., Fisher, T. D.: Longitudinal associations among relationship satisfaction, sexual satisfaction, and frequency of sex in early marriage. *Archives of Sexual Behavior*, **45**, pp. 85–97 (2016).

[44] Murray, S. L., Holmes, J. G.: A leap of faith? Positive illusions in romantic relationships. *Personality and Social Psychology Bulletin*, **23**, pp. 586–604 (1997).

[45] Murray, S. L., Holmes, J. G. (Eds.).: *Motivated Cognition in Relationships: The Pursuit of Belonging*. Taylor & Francis (2017). 177p.

[46] Murray, S. L., Holmes, J. G., Pinkus, R. T.: A smart unconscious? Procedural origins of automatic partner attitudes in marriage. *Journal of Experimental Social Psychology*, **46**, pp. 650–656 (2010).

[47] 大渕憲一：人間関係と攻撃性（島井哲志・山崎勝之 編：攻撃性の行動科学　健康編）．ナカニシヤ出版，pp. 17–34 (2002). 270p.

[48] Perilloux, C., Easton, J. A., Buss, D. M.: The misperception of sexual interest. *Psychological Science*, **23**, pp. 146–151 (2012).

[49] Ren, D., Tan, K., Arriaga, X. B., Chan K. Q.: Sweet love: The effects of sweet taste

experience on romantic perceptions. *Journal of Social and Personal Relationships*, **32**, pp. 905–921 (2015).
[50] Rusbult, C. E., Van Lange, P. A. M., Wildschut, T. *et al.*: Perceived superiority in close relationships: Why it exists and persists. *Journal of Personality and Social Psychology*, **79**, pp. 521–545 (2000).
[51] Simpson, J. A., Ickes, W., Blackstone, T.: When the head protects the heart: Empathic accuracy in dating relationships. *Journal of Personality and Social Psychology*, **69**, pp. 629–641 (1995).
[52] Thibaut, J. W., Kelley, H. H.: *The Social Psychology of Groups*. John Wiley & Sons (1959). 326p.
[53] Utne, M. K., Hatfield, E., Traupmann, J., Greenberger, D.: Equity, marital satisfaction, and stability. *Journal of Social and Personal Relationships*, **1**, pp. 323–332 (1984).
[54] Vaillancourt, T., Sharma, A.: Intolerance of sexy peers: Intrasexual competition among women. *Aggressive Behavior*, **37**, pp. 569–577 (2011).
[55] Vrangalova, Z., Bukberg, R. E., Rieger, G.: Birds of a feather? Not when it comes to sexual permissiveness. *Journal of Social and Personal Relationships*, **31**, pp. 93–113 (2014).
[56] Walster, E., Walster, G. W., Berscheid, E.: *Equity: Theory and Research*. Allyn & Bacon (1978). 320p.
[57] Walster, E., Walster, G. W., Traupmann, J.: Equity and premarital sex. *Journal of Personality and Social Psychology*, **36**, pp. 82–92 (1978).
[58] Williams, L. E., Bargh, J. A.: Experiencing physical warmth promotes interpersonal warmth. *Science*, **322**, pp. 606–607 (2008).
[59] Williamson, G. M., Clark, M. S.: Impact of desired relationship type on affective reactions to choosing and being required to help. *Personality and Social Psychology Bulletin*, **18**, pp. 10–18 (1992).
[60] 余田翔平：異性との交際（国立社会保障・人口問題研究所 編：現代日本の結婚と出産）．第 15 回出生動向基本調査（独身者調査ならびに夫婦調査）報告書，厚生統計協会，pp. 21–25 (2017).

4

自由意志はどこまで自由か

　市民社会では，個人の自由・平等という基本原理をはじめ，これを実現する諸制度もまた「人間には自由意志 (free will) がある」という前提に基づいている．しかし一方で，人間には果たして自由意志はあるのかという哲学的議論も長い間繰り返されてきた．心理学においても，近年，自由意志をめぐる研究が盛んになりつつある．

4.1　自由意志は存在するか

　自由意志に疑問を抱かせる例はたくさんあるが，その1つに書字スリップという現象がある（仁平，1990）．紙と鉛筆を用意して，ひらがなの「お」という字を「おおおお……」というようにできるだけ早く，そして繰り返したくさん書いてみてほしい．実際にやってみると，「お」を書きたいのに，自分の意志に反して「あ」（もしくは「す」，「む」，「よ」，「み」）を書いてしまったという人がいるはずである．これは，自分の意志と行動との乖離を簡単に体験できる例である．もちろんこれ1つで自由意志の存在を否定する気はないが，自由意志が判断や行動に果たす役割は，我々が素朴に信じるほど当たり前ではない．
　自由意志の存在に，実証的な観点から最初に疑問を投げかけたのは，自発的な行為が起きる際に生じる脳活動を記録した神経生理学的研究であった (Libet et al., 1983)．リベットらの実験によれば，手首を動かすといった何らかの身体運動を自発的に行うとき，その行為を実行しようとする意志は，その行為が起

きる150ミリ秒前に意識されるという．しかし実際に調べてみると，その意志の気づきが生じるさらに400ミリ秒前に，すでに脳の神経活動が始まっていた．このことは，手首を動かそうという自分自身の自由意志に本人が気づく前に，手首の自発的な運動に結びつく無意識的な意思決定が行われていることを意味する．リベット自身は，この実験結果から自由意志の存在を否定しようとしたわけではないが，この結果は「自由意志は行為に先行する」という素朴な見方を問い直すきっかけとなった．

　心理学者もこの問題への取り組みを始めているが，そこにも自由意志の否定派と肯定派がいる（Baumeister and Monroe, 2014; 渡辺ら，2015）．代表的な否定論者は，プライミングという手法を用いて人間の判断や行動が環境刺激によっていかに自動的に生じるかを明らかにしてきたバージ (Bargh, 2008; Bargh and Earp, 2009) である．彼によれば，自由意志における「自由」とは，因果性の免除 (exemption of causality) であるという．あらゆる行為には，それを引き起こす何らかの内的もしくは外的原因があるはずであり，行為が自由意志という「何ものによっても導かれない原因」によって生じるとは考えにくい．そうしたものがあるとすれば，それはもはや魂とか神秘的存在というべきものであり，科学的概念とはいえないと主張する．

　他方，肯定派を代表する一人は，自尊心や自己制御の研究で有名なバウマイスター (Baumeister and Monroe, 2014) である．彼によれば，自由意志とは誰かに強制されることなく選択を行う能力であるという（他行為可能性：ability to do otherwise）．人は複数の行為の選択肢の中から1つを自発的に選ぶことができるし，自らが望めば別の行為を選択することもできる．その意味で，人間の行為を含めた様々な事象は，それが起きる以前にそうなるようにあらかじめ決定されているわけではなく，そこには自由意志が関与する余地が残されているとする．また，誰からも強制されずに選択を行うということは，その選択が自分自身の意識的な思考や自分なりの理由に沿って導かれているということであり（行為者性：agency），これも自由意志が働いている証拠と考えられる．バウマイスターは自由意志の存在を肯定する立場をとるものの，社会心理学者が取り組むべき問題は，自由意志とは何かとかその存否を検討することではなく，人々がなぜ自由意志の存在を信じるのか，人々は自由意志をどのようなものだ

と考えているか，自由意志の存在を信じることが心理学的にどのような意味をもっているのかを明らかにすることだと主張した.

本章では，まず自由意志の存否問題にかかわる最近の研究を紹介する (Bear and Bloom, 2016).「自由意志は行為に先行する」という素朴な見方に対し，選択を行った後に初めてその選択を自由意志で行ったような感覚が生まれうることを，単純な選択課題を用いて例証した研究である．次いで，なぜ人々は自由意志を信じるのかという問題にかかわる研究を紹介する (Wegner et al., 2004). 研究を率いたウェグナー自身は，自由意志の存在には懐疑的で，「自由意志で行動した」という人々の感覚は幻想に過ぎないという．しかしたとえそれが幻想であったとしても，人々の自由意志の感覚は消えない．それはなぜなのか．彼らは，この問いに対する1つの答えを巧みな実験によって提案した．その後に紹介する2つの研究は，いずれも自由意志信念を持つことの心理学的な帰結に関するものである．これらは，実験操作により自由意志信念を弱めると，自分自身が「ずる」をしやすくなったり (Vohs and Schooler, 2008), 他人の悪行を見聞きしてもその責任を甘く判断してしまったりするという結果を報告している (Shariff et al., 2014). こうした結果を踏まえて，自由意志信念を持つことの意義を強調する社会心理学者の中には，この信念が自他双方に対して道徳的に振る舞うことを求める，もっといえば，集団の一員として適応的な社会生活を送るための資質をもたらすと考える者もいる（たとえば，Baumeister and Monroe, 2014）.

4.2　自由意志感覚は選択前か後か：選択におけるポストディクティブ効果

些細な例だが，信号が青から黄色に変わり，さらに赤になるとき，信号の光が左から右に移動していくように見えないだろうか．このとき，実際には，点灯していた青信号が消灯し，次いで隣の消灯していた黄色信号が点灯するという時間的流れになる．しかし，ここで青信号の光が色を変えながら黄色信号の位置まで移動したという感覚を抱いたとすれば，主観的には，光が左から右へ移動していくその動きは，黄色信号が点灯を完了する直前に起きたと感じられ

るはずである．だが，このように光が移動する感覚は，タイミング良く青信号が消灯し黄色信号が点灯することによって得られたに過ぎない．その意味では，黄色信号が点灯した後に，光の移動が知覚されているはずであるが，主観的には光の移動が先に始まり，最終的にその光が黄色信号の位置で止まったように見える．このように，時間的に後に呈示された刺激が，時間的に前に呈示された刺激の知覚を変化させる現象は，ポストディクティブ効果 (postdictive effect) と呼ばれる (Choi and Scholl, 2006).

　米国，イェール大学のベアとブルーム (Bear and Bloom, 2016) は，ポストディクティブ効果が選択行動においても生じるかどうかを，同大学の学生を対象に検討した．選択行動におけるポストディクティブ効果とは，ある時点で行われた選択が，その時点より前に行われたかのように本人が思ってしまう現象を指す．このことを，実際に選択が行われた時点から見れば，いままさに自分が「選択した」という感覚は，実際に選択が行われた時点からあたかも時間を過去に遡ったかのように，後づけで与えられたということになる．もしこのような現象が確認されれば，自分のタイミングで，かつ自由な意志で選択したという意識経験は，実際の選択の前ではなく後で生じているということになる．極端にいえば，実際の選択が起きた後に，「選択するのはいまだ」という自由意志の感覚が生まれることになり，行動に先立つものとしての自由意志という前提が揺らぐことになる．

　ベアらが報告した実験の1つでは，参加者はパソコン画面上のランダムな位置に呈示される5個の白丸の中からどれか1つ好きなものを選択する（図4.1）．その際，参加者はそのどれか1つを心の中でできるだけ早く選択するよう求められた．この選択はあくまで自分の心の中だけで行えばよく，この段階で特に行動反応を求められることはない．一定時間後，これらの白丸のうち1つだけが赤色に変化するが，この赤色変化までの時間（白丸呈示時間）は50.00, 83.33, 166.67, 250.00, 333.33, 500.00, 1,000.00 ミリ秒とランダムに変えられた．1つの白丸が赤色変化したとき，参加者はそれが自分の選んでいた白丸だった場合にはYキーを，そうでなかった場合にはNキーを，赤色変化前には選択ができなかった場合にはDキーを押した．

　図4.2は，白丸呈示時間内に選択ができたという反応がなされた試行中（Y

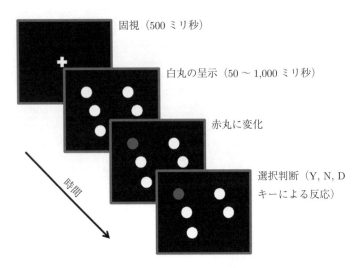

図 4.1 Bear and Bloom（2016, 実験 1）の手続き

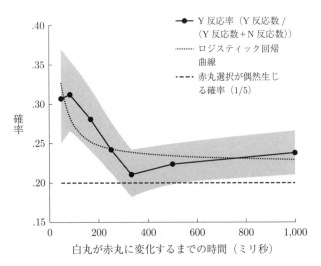

図 4.2 Y 反応の割合（Bear and Bloom, 2016, 実験 1）

反応とN反応の合計），赤色変化した白丸をすでに選んでいたとするY反応の割合を呈示時間ごとに示したものである．参加者が事前に選択していたとすれば，その白丸がたまたま赤色変化するものであったという確率は5分の1，すなわち20%である．この図に見られるように，参加者の実際のY反応の割合はどの呈示時間でもこれよりも高かったが，このように実測値が理論値(20%)から有意に逸脱しているかどうか検定するためには，正規分布を利用したz検定が用いられることが多い．ここでもz検定が行われ，その結果はどの呈示時間においても有意だった．このことは，参加者自身は赤色変化が起こる前に選択を行ったと主張している（Y反応）にもかかわらず，実際には，これを見た後で行われた選択がここに含まれていることを示している．

さらにこの図は，呈示時間が短いときほどY反応が増える傾向があることを示している．呈示時間が短いと選択前に赤色変化が起こり，これに注意を引かれて，無意識のうちにそれを選んでいたという思い込みが生じてY反応が起こりやすいが，呈示時間が長いときには実際に選択を行う時間的余裕があり，参加者自身も自分の選択を自覚しているので，N反応が増えて客観的確率に近づくと解釈されている．

この結果はポストディクティブ効果に一致するものだが，しかし，参加者が赤色変化を観察した後，意識的にせよ非意識的にせよ，これに合わせて反応を変えたという可能性もある．しかし，こうした反応バイアスはどの呈示時間でも同じように起こるはずなので，図4.2が示唆するように，呈示時間が短いときほどY反応が多いということなら，それは単なる反応バイアスではないことになる．これを検討するために，ベアらは以下のような分析を行った．Y反応を1，N反応を0とする基準変数（従属変数）に対して，白丸呈示時間の逆数(1/白丸呈示時間)を説明変数（独立変数）としたロジスティック回帰分析である．その回帰式は以下のとおりである．

$$\text{logit}(赤丸選択率) = b\,(1/白丸呈示時間) + 定数$$

左辺のロジットは次のように求められる．まず，基準変数が1をとる確率（Y反応が出る確率）をpとすると，0をとる確率（N反応が出る確率）は$1-p$で表される．この比をとったもの，すなわち$p/(1-p)$をオッズと呼ぶ．このオッ

表 4.1 確率とオッズ，ロジットの対応関係（石田，2014, p.165）

確率 p	0	0.1	0.2	0.4	0.5	0.6	0.8	0.9	1
$1-p$	1	0.9	0.8	0.6	0.5	0.4	0.2	0.1	0
オッズ	0	0.11	0.25	0.67	1	1.5	4	9	$+\infty$
ロジット	$-\infty$	-2.20	-1.39	-0.41	0	0.41	1.39	2.20	$+\infty$

ズに自然対数変換を行ったものがロジットである．これによってロジットは連続変量として扱えるようになる．これを示したのが表 4.1 である（石田，2014）．確率をオッズに変換することで，基準変数の値の範囲は 0 からプラス無限大となる．さらにロジットに変換することで，値の範囲はマイナス無限大からプラス無限大となり，0 を中心に左右対称となる．ロジットは連続変量として扱えるため，ロジットに対して直線を当てはめることが可能となるのである．

分析の結果，回帰式における回帰係数 b の値は 25.79（$z = 3.66$, $p < .001$）となり，白丸の呈示時間が短くなるにつれ（すなわち 1/白丸呈示時間が大きくなるにつれ），Y 反応率が高くなることが示された．この結果から，ベアたちは，偶然生じる以上に Y 反応が多かったこと，特に刺激呈示時間が短いときほどそうだったことは，事象に合わせて反応を変えるという単なる反応バイアスではなく，ポストディクティブ現象であると主張している．しかし，この結果については，他にも解釈の可能性があり，彼ら自身も追試が必要と認めているが，単純な課題によって自由意志による選択が幻想でありうることを示した点で興味深い研究といえる．

4.3 自由意志は幻か：他人の手の動きに自分の意志を感じる

前節では，ある時点で行われた選択が，それより時間的に前の時点で行われたかのように意識されうることを示した．これは，「赤色に変化する前に白丸を選べた」という自由意志による選択の感覚がしばしば後づけによって再構成されており，自由意志でさえ，我々が素朴に思うほど「自由」な感覚ではないことを気づかせるものであった．では，そもそも我々はどのようなときに自由意志の感覚を得るのだろうか．本節では，何が自由意志の感覚をもたらすのかを検討する．

まず次のような疑問について考えてみよう．待ち合わせ相手の姿を見つけてあなたが手を振るとき，手を振っているのが自分だということをどのように知るのだろうか．また，相手があなたに気づいて手を振り返すとき，それを見て，その手を振る主体があなた自身ではないことをどうやって知るのだろうか．行為の主体が誰であるかを識別することは，我々にとってはあまりに容易で瞬時に可能なため，こうした質問自体がおかしなものと感じられる．逆にいえば，こうした質問を奇異に感じるのは，我々が自分の主体性感覚を他者の主体性から区別する極めて効率的な心の仕組みをもっているからとも考えられる．

では，自分の行為に対する主体性感覚はどのようにもたらされるのだろうか．米国，ハーバード大学のウェグナーら (Wegner et al., 2004) によれば，主体性感覚をもたらす手がかりには様々なものがあるが，ある行為を行う直前にその行為についてあらかじめ思考する，つまり自分がこれから何をしようとしているかを考えるかどうかが，自他の主体性感覚を区別するうえで重要だという．行為直前にこうした思考が生じることにより，我々は自分と他者の行為主体を区別できるとともに，その行為を自分の意志によって行ったという感覚を得ると考えられる．

行為直前にそれと一致した思考が浮かぶことによって，自由意志の感覚が得られるのであれば，たとえ他者がとった行為であっても，その直前にその行為と一致した思考が自分自身に生じれば，他者の行為を自分の意志でコントロールしているという感覚を得ることができるであろう．ウェグナーらは，こうした他者の行為に対する主体性感覚を代理主体性 (vicarious agency) と呼び，自由意志の感覚が自分の行為ではなく他者の行為に対しても生じうる可能性を実験的に検討した．

ウェグナーらは3つの実験結果を報告しているが，ここでは実験1と実験2を紹介する．実験1では，米国，バージニア大学の学生62名が2人1組となり，図4.3にあるように，二人羽織の格好をさせられた．前方にいる参加者は，自分自身の両腕を含めた身体を黒い布で上から覆い，その姿を目の前に置かれた姿見を通して見ることができた．後方に立つ2人目の参加者は白い手袋をはめ，黒い布の袖口から両腕を出した．ただし2人の間には高いついたてが置かれ，姿見には後方参加者が映らないようになっていた．前方参加者は，姿見を

104　第 4 章　自由意志はどこまで自由か

図 4.3　実験参加者の様子 (Wegner *et al.* 2004)

見続けるとともに自分自身の腕を動かさないよう求められた.

　後方参加者はヘッドフォンを通して, 手の動かし方に関する教示を聞き, 実際に教示どおりに手を動かした. その教示は全部で 26 種類あり, たとえば, 両手で OK サインを作る, 右手を挙げて振る, 左手を挙げて手の指を大きく開くといった動きが含まれていた. 前方参加者にもヘッドフォンをさせ, 半数の参加者には後方参加者と同様に手の動きについての教示を聞かせ (予告あり条件), 残りの半数の参加者には何も聞かせなかった (予告なし条件). 行為直前の思考が自由意志の感覚をもたらす手がかりとなるなら, 予告なし条件より予告あり条件において代理主体性の感覚が高まると予想される.

　実験課題終了後, まず実験操作を確認するために, 前方参加者は腕の動きをどの程度予測できたと感じたかについて 7 点尺度で回答した. 次いで, 前方参加者は他者 (後方参加者) の腕の動きに対する代理主体性感覚をたずねる 2 つの質問に回答した. 具体的には, 「腕の動きをどのくらいコントロールしたと感じたか」, 「どのくらい意識的に腕を動かそうとしたか」という質問に 7 点尺度で回答した.

　まず実験操作の確認項目について分析を行った. 予告あり条件の平均値 ($M = 4.50$, SD [標準偏差] $= 0.97$) は予告なし条件の平均値 ($M = 2.71$, $SD = 0.61$) よりも大きかったが, この差 (1.79) は有意味なものといえるであろうか. このよう

に，グループ間での平均値の差の検定には t 検定が用いられることが多いが（第3章参照），ここでも t 検定が行われ，その結果は有意だった（$t(31) = 3.85, p < .01$）．これによって，期待されたように，前者の条件の参加者のほうが腕の動きをより予測できたと感じており，実験操作の有効性が確認された．このことは，予告なし条件よりも予告あり条件の参加者では，他者の腕の動きに関する思考が動作直前に生じることが多かったと解釈できる．

代理主体性の感覚についてたずねた 2 項目には正の相関が認められたので（$r(31) = .44, p < .05$），それらの平均値を用いて分析した．条件間の平均値の差をやはり t 検定によって検討したところ，予想どおり，予告あり条件の参加者は（$M = 3.00, SD = 1.09$），予告なし条件の参加者よりも（$M = 2.05, SD = 1.61$），代理主体性の感覚が強かった（$t(31) = 2.68, p < .05$）．

実験 2 では，代理主体性感覚を，質問項目を使った自己報告測度だけでなく，手指の発汗から覚醒状態を知る生理指標によっても測定している．実験 1 と同様，二人羽織で腕の動作をさせた後に，一方の手首にあらかじめつけておいた輪ゴムを他方の手で大きく引いて離す様子を前方参加者に観察させた．輪ゴムが手に当たって痛みを感じるのは後方参加者であり，観察役の前方参加者ではないのだから，前方参加者が痛みを予期して怯えたり，恐怖を感じたりすることはないはずである．しかし，観察している（他者の）両手の代理主体性感覚が，実験 1 と同様に予告がないときよりあるときに高まるとすれば，予告があるときには，前方参加者は怯えや恐怖を抱き，それに伴い生理的覚醒も高まると予想される．実験の結果，前方参加者の生理的覚醒は，予告なし条件より予告あり条件において高まったことから，身体的反応の観点からも彼らが代理主体性を経験していることが推測された．

これらの実験結果は，自由意志の感覚をもたらす 1 つの手がかりが，行為に関連した思考の喚起であることを示している．確かに日常感覚からしても，まず意図や願望というかたちで頭に何らかの思考が浮かび，次いでその思考に沿った行動をとったとき，我々は自分で決めたという意志を感じる．しかし見方を変えれば，このことは，思考が直接その行為を引き起こしたのではなく，非意識的な原因 A が思考を，非意識的な原因 B が行為をそれぞれ引き起こしたとしても，自由意志の感覚が作り出されてしまう可能性を示唆する．たとえば，

Wegner and Wheatley (1999) は，2人で1つのカーソルを動かすような課題を行わせ，一方がカーソルの動きに先んじてその移動方向を思考することによって，実際には他方がそのカーソルを動かしているにもかかわらず，自分の意志でカーソルを動かしている感覚をもつことを明らかにしている．その意味で，自由意志の感覚は，我々が思うほど常に間違いようのない確かなものではなく，幻想ともなりうるのである．

4.4 自由意志の存在を信じることの意義：自由意志信念は道徳的行動を促進する

前節までは自由意志の存在そのものを問い直す議論を紹介してきた．こうした議論が興味を惹くのは，我々が「自分の行動は自分で決められる」という信念を強く持っているからだといえる．では，自由意志によって常に行動をコントロールできるかどうかはともかく，自由意志の存在や働きを信じるかどうかが，我々の行動を左右することはあるのだろうか．カナダ，ブリティッシュ・コロンビア大学のボースとスクーラー (Vohs and Schooler, 2008) の答えは「ある」だ．

物事をどのように捉えるかによって，我々の行動は変わりうる．それは，性格や能力など人間の性質に対する信念にも当てはまる．たとえば，頭の良さは生まれながらに決まっていると信じている子どもは，努力すれば頭が良くなると信じている子どもに比べて，一度失敗すると難しい課題に挑戦しようとしなくなり，課題への取り組みを楽しいと感じなくなる (Mueller and Dweck, 1998)．つまり，能力を固定的に捉えている子どもにとって，課題の失敗は自分の能力の低さが決定づけられたと思わせることになり，課題に対する挑戦意欲や楽しさを失わせてしまう．一方，能力を可変的に捉えている子どもは，失敗を学びと成長の機会と捉え，難しい課題にも興味をもって取り組もうとする．その結果，能力を可変的に捉える子どものほうが，実際の課題成績も伸びる傾向がある．固定的な能力観は，たとえ努力しても自分を望ましい方向に変えることは困難だという感覚をもたらしうる．

能力に対する信念と同様に，我々の多くは自分のことは自分で決められると

4.4 自由意志の存在を信じることの意義：自由意志信念は道徳的行動を促進する

いう自由意志の働きを信じているが，他方で，意思決定に関する神経生理学的研究（たとえば，Libet, 2004）や適応的無意識に関する社会心理学的研究（たとえば，Wilson, 2002）は，素朴な自由意志信念とは鋭く対立する，いわば決定論的な人間観を提起してきた．もし人々が，後者のような自由意志の働きを疑う決定論的な見方をとるならば，自分の行動に責任をもったり，自分を律することは重視されにくくなるだろう．さらに，望ましくない行動も自分のせいではないという感覚を生み出してしまうかもしれない．このことから，自由意志を疑う決定論的信念の強い人ほど，不道徳的な行動に容易に加担しやすくなると予想される．

　ボースとスクーラー (Vohs and Schooler, 2008) は，2つの実験を行い，この仮説を支持する結果を得た．ここでは実験2を紹介する．この実験では，ある学力試験の練習問題を122名のブリティッシュ・コロンビア大学の学生たちに解かせ，その際に不正行為をどの程度行うかを調べた．実験条件は全部で5つあり，そのうちの3つの条件では不正行為が可能であり，2つの条件ではそれが不可能であった．不正行為が可能な3つの条件とは，それぞれ自由意志条件，決定論条件，中立条件であり，学力試験の練習問題に解答する前に読むように求められる15の文が条件ごとに異なっていた．自由意志条件では，参加者は「私は，自分の行動に影響しうる遺伝的要因や環境的要因を覆すことができる」など，自由意志の働きを強調する文を読んだ．決定論条件では，「自由意志を信じることは，宇宙が科学原理に支配されているという事実に反する」など，自由意志を否定するような文を読ませた．また中立条件では，「サトウキビやサトウダイコンは112ヵ国で栽培されている」などの，自由意志や決定論とは無関係な文を読ませた．いずれの条件でも，一文一文じっくり考えながら読み終えた参加者は，自由意志信念の強さを測定するため，自由意志-決定論尺度 (Free Will and Determinism Scale; Paulhus and Margresson, 1994) に回答した．

　次いで実験者は，課題成績に対する報酬が課題の楽しさに及ぼす効果を検討するという名目で，文章読解や数的推理など15問の問題を参加者に渡し，1問正解につき1ドルを与えると説明した．このとき実験者は急遽，会議に出席しなければならなくなったため，自分で問題を解いて採点し，成績に応じて報酬をもらっていくようにと，回答用紙と封筒に入った現金を渡した．さらに実験

者は，参加者の回答用紙を保管する許可を事前に得ていなかったので，参加者が帰る際に，解答用紙をシュレッダーにかけるよう求めた．こうした状況を作ることによって，参加者は，実験者に知られることなく，正解数より多くの報酬を不正に得ることが可能となる．実際，この手続きの下では，実験者が参加者一人ひとりの本当の正答数と報酬額を知ることはできない．そのため，不正行為の程度は残金から参加者1人当たりの平均正答数を算出し，それを次に述べる不正行為が不可能な2つの条件と比較して推測した．

不正不可能条件の1つは，実験者が採点を行う統制条件で，参加者は信念を活性化させる文を読むことなく，そのため自由意志‒決定論尺度にも回答せず，問題のみに解答した．採点と報酬の支払いは実験者によって行われたため，参加者が不正を行うことはできなかった．もう1つの不正不可能条件は，上で述べた決定論条件とほぼ同じだが，採点と報酬の支払いは実験者によって行われた．

実験後，まず実験操作の確認として，自由意志信念の強さが自由意志条件，決定論条件，中立条件で異なるかどうかを検討した．自由意志‒決定論尺度の得点の平均値を算出したところ，自由意志条件 23.09，決定論条件 15.56，中立条件は 20.04 であった．3個以上の平均値間に有意な違いがあるかどうかを調べるにはこれらが等しいとする帰無仮説を検討する一要因分散分析が適しており，その結果は有意だった ($F(2,70) = 17.03, p < .01$) ので，この帰無仮説は棄却される．次に，3条件を2個ずつ取り出して比較する計画的対比 (planned contrast) を t 検定で行ったところ，自由意志条件の参加者は中立条件の参加者よりも自由意志信念が強く ($t(70) = 12.54, p < .01$)，さらに，中立条件の参加者は決定論条件の参加者よりも自由意志信念が強かった ($t(70) = 3.52, p < .01$)．

次いで不正行為の程度が5つの実験条件で異なるかどうかを検討するために，参加者に支払われた金額の平均値を条件ごとに算出し（図4.4），これらについて一要因分散分析によって検定を行った．その結果は有意だったので ($F(4,114) = 5.68, p < .01$)，t 検定を用いた計画的対比によって条件間の差を検討したところ，決定論条件の支払い金額だけが他のいずれの条件よりも有意に多かった ($p < .01$)．このことは，他の条件に比べて決定論条件の参加者が，実際の正答数より多くの報酬を不当に得ていた，つまり不正行為を行っていた可能性があることを示唆している．

4.4 自由意志の存在を信じることの意義：自由意志信念は道徳的行動を促進する　109

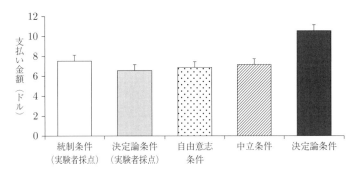

図 4.4　5つの実験条件で参加者が受け取った金額（Vohs and Schooler, 2008, 実験 2）

　さらに，決定論を支持する文を読むことが自由意志信念を弱め，このことが不正行為を促進したかどうか検討するために，自由意志–決定論尺度の得点と支払金額の相関係数を算出したところ，負の相関が認められた（$r(71) = -.47$）．これは，尺度得点が低くなるほど，つまり自由意志信念が弱まるほど，自己採点可能な状況で自分への支払額が大きくなったことを示している．また，自由意志信念が実験条件と不正行為の間を媒介するかどうかを直接的に検討するため，共分散分析による媒介分析を行った．その結果，自由意志信念得点は支払金額に対して有意に影響していたが（$t(67) = 10.72, p < .01$），この変数が分散分析に投入されると報酬金額に対する実験条件の効果は消失した（$F < 1$）．これより，過剰に報酬を得ようとする不正行為は，決定論を支持する文を読むことによって自由意志信念が弱まったことが原因であると解釈された．

　では，自由意志信念が弱まると，なぜ不正行為が促進されるのだろうか．ボースとスクーラー（Vohs and Schooler, 2008）は，1 つの解釈として，自由意志を疑問視すること，すなわち決定論的信念が強まることが，主体性の感覚を弱め，自己コントロール感を低下させることを挙げている．このため，この条件の参加者たちは，誰にも見つからずに不当に報酬を得るという誘惑に抵抗できなかったと考えられる．

4.5 自由意志信念は他者に対する見方にも影響するか：自由意志信念が量刑判断に与える影響

前節では，自由意志の存在を信じる程度がその当人の行動にどう影響するかを検討した．本節では，自由意志信念の強さが他者に対する判断にどう影響するかを考える．前節でも見たように，自由意志信念の弱まりは当人の不道徳行動を促進する．そうであるならば，自由意志信念は他者の行為に対する道徳的判断にも影響すると予想される．

他者の行為に対してその責任を問う場合，当然ながら，そこには，その行為は本人の意志で選択されたという前提がある．他者の不道徳行為を見聞きして，しばしば「そうしたことはすべきでなかった」とか「別の行動をとることもできたはずだ」といったりするのはその表れであろう．様々な行為の選択肢がある中で，自分の意志でそのうちの1つの行為を選択したと考えられるからこそ，人々はその行為を選択した当人に対して責任を問う気持ちを持つのである．

このように考えると，自由意志信念が弱まることによって，他者の行為も決定論的観点から解釈するようになり，その結果，人々は他者の不道徳な行為に対して責任を厳しく追及しなくなると予想される．米国，オレゴン大学のシャリフら (Shariff et al., 2014) は，このような問題関心に基づき，自由意志信念が量刑判断に及ぼす影響を実験的に検討した．この論文の中で彼らは4つの研究を報告しているが，ここでは研究2を紹介する．

46人の大学生は，互いに無関係な2つの実験に続けて参加してもらうと告げられた．最初の実験で，参加者はDNAの二重らせん構造を発見したフランシス・クリックの著書『DNAに魂はあるか：驚異の仮説』(Crick, 1994) の一節を読むように求められた．参加者の半分は，この著書の中の自由意志の存在を否定し，人間行動を決定論的に捉える立場を支持する記述を読んだ（自由意志否定条件）．残り半分の参加者は，同じ著書の中で，自由意志には触れていない，意識の一般的な性質について述べられた部分を読んだ（中立条件）．この2つの条件操作が成功していたかどうかについては，別のサンプルを用いた予備実験において，それぞれの一節を読ませた後，人間がどの程度自由意志を持つと思うかを100点尺度で回答させて検討した．その結果，自由意志否定条件の参加者は中

立条件の参加者より自由意志信念が弱かったことから ($t(205) = 2.55$, $p < .01$)，この実験操作は有効であると結論づけられた．

次いで，本実験のすべての参加者は，ある高校生が大学生と取っ組み合いになり，その大学生を死なせてしまったという架空の事件に関する裁判シナリオを読み，陪審員の立場で量刑判断を行った．量刑判断は 7 つの選択肢から 1 つを選ぶ形式で，それぞれ (1) 暴力に関する矯正プログラムを受け，懲役はなし，(2) 矯正プログラムを受けた後，2 年間の懲役，(3) 矯正プログラム後，5 年間の懲役，(4) 矯正プログラム後，10 年間の懲役，(5) 25 年間の懲役，ただし 15 年経過後に仮釈放の機会あり，(6) 仮釈放の機会なしで 25 年間の懲役，(7) 仮釈放の機会なしの終身刑となっていた．実験の結果，予想されたように，自由意志否定条件の参加者は ($M = 2.91$ [ほぼ 5 年の懲役]，$SD = 1.08$)，中立条件の参加者よりも ($M = 3.96$ [ほぼ 10 年の懲役]，$SD = 1.49$)，被告人に関する量刑判断が軽かった ($t(44) = 2.71$, $p < .05$)．自由意志信念が弱められた参加者は，そうでない参加者が求めた刑期の約半分が適切だと判断したのである．

シャリフらは，この論文に含まれる他の研究において，自由意志を弱める操作として，一般向けの科学雑誌に掲載された決定論的な神経科学の記事を読ませたり（研究 3），人間行動に対する決定論的な見方が強まるような認知神経科学の授業を受講させたりしても（研究 4），量刑判断が寛容になることを示している．特に研究 3 では，研究 2 と同一の裁判事例を用いて量刑判断をさせるとともに，被告人がどのくらい責めを負うべきか，つまり事件に対する責任がどれくらいあるかを評定させた．そして，「決定論的記事を読む」→「被告人への責任帰属を弱める」→「寛容な量刑判断をする」という因果関係が認められるかどうかを媒介分析によって検討した（図 4.5）．

媒介分析とは，回帰分析を重ねることによって，変数間の因果関係を統計的に推定する方法で，この研究の場合は，次の手続きで行われた．(1)「記事を読む」から「量刑判断」を回帰させると有意な関係が見出され，この時の回帰係数が図中に c として示されている．(2)「記事を読む」と「責任帰属」の間にも同様の有意な関係が認められ，この時の回帰係数は図中 a である．(3)「量刑判断」を従属変数，「記事を読む」と「責任帰属」を独立変数とする重回帰分析を行ったところ，「責任帰属」の偏回帰係数（図中 b）のみが有意で，「記事を

112　第 4 章　自由意志はどこまで自由か

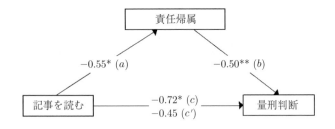

図 4.5　責任帰属の媒介効果（Shariff *et al.*, 2014, 実験 3）
　　　　図中の数値は標準偏回帰係数を表す．c' は媒介変数（責任帰属）を経由しない独立変数と従属変数との直接的な関係（直接効果），c はもともとの独立変数と従属変数との関係，つまり後者は媒介変数を経由した効果と経由しない効果の合計（総合効果）を表す（$*p < .05$, $**p < .001$）．

読む」の偏回帰係数（図中 c'）は非有意だった．(1) の相関分析で示されたように，「記事を読む」は，「量刑判断」に対して負の有意な効果を持っていたにもかかわらず，(3) の重回帰分析においてはその効果は消失してしまった．このことは，自由意志信念を弱めるような神経科学の記事を読むことは，被告人への責任帰属を弱め，これを経由して間接的に量刑判断の軽減をもたらしていることを示している．

4.6　結語

　本章では，自由意志にかかわる問題を検討した．人間が自由意志を持ちうるかどうかという根本的な問いについては，哲学的にも心理学的にもまだ決着はついていない．一方，「人は自由意志により行為している」とか「自由意志は行為に先立つ」といった，自由意志に関して抱かれる素朴な見方に対しては，いくつかの点から疑問が投げかけられている．第 1 に，こうした素朴な見方には，ある行為が選択されるまでの一連の過程は，その行為を選択しようとする意志の気づきから始まるという暗黙の前提があるように思われる．しかし本章の冒頭で簡単に紹介したように，自由意志の気づきより先に脳の神経活動が始まる（Libet *et al.*, 2004）．つまり，行為選択に至る最初のステップは自由意志ではなく，無意識的な脳活動ということになる．第 2 に，これらの素朴な見方の背景

には，自由意志が原因で，行為はその結果であるという前提がある．しかし，4.2 節で示したように，条件さえ整えば，他者の行為に対しても自己の意志を知覚させることができる (Wegner $et\ al.$, 2004)．だとすれば，自由意志と行為の関係は因果関係ではなく，「うわさをすれば影」現象にも似た，共変関係に過ぎないのかもしれない．第 3 に，上の素朴な見方には，時間的な意味でも自由意志は行為に先行するという仮定が含まれている．これについても，4.1 節で述べたように，実際には行為が選択された後に自由意志の感覚が生じている可能性がある (Bear and Bloom, 2016)．それにもかかわらず，「自由意志は行為に先行する」という我々の素朴な感覚が覆されることはない．このことは，自由意志の感覚が，行為に先立ってプレディクティブに生ずるのみならず，行為の後からポストディクティブに生じうることを示唆するものである．イソップ寓話の「すっぱいぶどう」に登場するキツネのように，私たちはしばしば後づけで物事を解釈したり，自分の行為を正当化しようとしたりする．自由意志の感覚もこれと同じように回顧的に得られる可能性がある．このように考えると，自由意志の感覚は，様々な意味で我々が思うほど「自由」ではないといえよう．

　また，第 3 節と第 4 節で議論したように，実際に自由意志が存在するかどうかはともかく，その存在や働きを信じるかどうかが，人々の判断や行動に大きく影響する (Shariff $et\ al.$, 2014; Vohs and Schooler, 2008)．本章では自由意志信念が道徳的行動を促す（自由意志信念の弱まりが不道徳行動に対して寛容させる）という例を取り上げたが，これ以外にも，自由意志信念は，援助行動や環境保護行動，仕事の業績，他者からの親切に対する感謝の念など，広く向社会的な行動や感情を促進することが知られている（たとえば，Baumeister and Monroe, 2014）．自由意志の働きを信じることは，自らの行為に対する責任感や自己コントロール感をもたらす．それゆえ，こうした自由意志信念は，我々一人ひとりの自律的な行動を促すとともに，まとまりのある社会を築いていくうえで重要な役割を果たしていると考えられる．

引用文献

[1] Bargh, J. A.: Free will is unnatural. In: *Are we free?: Psychology and Free Will* (ed. Baer, J. *et al.*). Oxford University Press, pp. 128–154 (2008). 368p.
[2] Bargh, J. A., Earp, B. D.: The will is caused, not "free". *Dialogue: The Official Newsletter of the Society for Personality and Social Psychology*, **24**, pp. 13–15 (2009).
[3] Baumeister, R. F., Monroe, A. E.: Recent research on free will: Conceptualizations, beliefs, and processes. *Advances in Experimental Social Psychology*, **50**, pp. 1–52 (2014).
[4] Bear, A., Bloom, P.: A simple task uncovers a postdictive illusion of choice. *Psychological Science*, **27**, pp. 914–922 (2016).
[5] Choi, H., Scholl, B.: Perceiving causality after the fact: Postdiction in the temporal dynamics of causal perception. *Perception*, **35**, pp. 385–399 (2006).
[6] Crick, F.: *The Astonishing Hypothesis*. Touchstone (1994). 331p.（中原英臣 訳：DNA に魂はあるか―驚異の仮説―講談社 (1995). 374p).
[7] 石田賢示：二項ロジスティック回帰分析（三輪 哲・林 雄亮 編著：SPSS による応用多変量解析）．オーム社，pp. 163–181 (2014). 320p.
[8] Libet, B.: *Mind Time: The Temporal Factor in Consciousness*. Cambridge, MA: Harvard University Press (2004). 268p.（下條信輔 訳：マインド・タイム―脳と意識の時間―．岩波書店 (2005). 282p).
[9] Libet, B., Gleason, C. A., Wright, E. W., Pearl, D. K.: Time of conscious intention to act in relation to onset of cerebral activity (readiness-potential): The unconscious initiation of a freely voluntary act. *Brain*, **106**, pp. 623–642 (1983).
[10] Mueller, C. M., Dweck, C. S.: Praise for intelligence can undermine children's motivation and performance. *Journal of Personality and Social Psychology*, **75**, pp. 33–52 (1998).
[11] 仁平義明：からだと意図が乖離するとき―スリップの心理学的理論―（佐伯 胖・佐々木正人 編：アクティブ・マインド―人間は動きのなかで考える―）．東京大学出版会，pp. 55–86 (1990). 316p.
[12] Paulhus, D. L., Margesson, A.: Free will and determinism (FAD) scale. *Unpublished manuscript, University of British Columbia, Vancouver, British Columbia, Canada* (1994).
[13] Shariff, A. F., Greene, J. D., Karremans, J. C. *et al.*: Free will and punishment: A mechanistic view of human nature reduces retribution. *Psychological Science*, **25**, pp. 1563–1570 (2014).
[14] Vohs, K. D., Schooler, J. W.: The value of believing in free will: Encouraging a belief in determinism increases cheating. *Psychological Science*, **19**, pp. 49–54 (2008).
[15] 渡辺 匠・太田紘史・唐沢かおり：自由意志信念に関する実証研究のこれまでとこれから―哲学理論と実験哲学―．社会心理学からの知見社会心理学研究，**31**, pp. 56–69 (2015).
[16] Wegner, D. M., Wheatley, T.: Apparent mental causation: Sources of the experi-

ence of will. *American Psychologist*, **54**, pp. 480–492 (1999).
[17] Wegner, D. M., Sparrow, B., Winerman, L.: Vicarious agency: experiencing control over the movements of others. *Journal of Personality and Social Psychology*, **86**, pp. 838–848 (2004).
[18] Wilson, T. D.: *Strangers to ourselves: Discovering the adaptive unconscious*. Cambridge, MA: The Belknap Press of Harvard University Press (2002). 270p.（村田光二 監訳：自分を知り，自分を変える——適応的無意識の心理学——．新曜社 (2005). 344p)．

5

人の行動はどこまで遺伝の影響を受けているのか

　これまでの章では，性格，信念，人間関係などを取り上げ，それらが個人の健康や適応，社会的な問題の対処にどのように影響を与えているか，実証的な知見をもとに考察をしてきた．自由意志信念の強い人は弱い人よりも道徳的であることや，自己統制の強い人は弱い人よりも健康であることなどが見出されてきたが，これらの研究では，性格，信念，人間関係などには個人差があることを前提とし，それらがもたらす影響の違いを論じている．そこで，本章では，こうした個人差の起源に焦点を当てる．具体的には，それらの個人差がどこまで遺伝的に規定されているのかという問いを掲げ，この解明に取り組んでいる行動遺伝学の仕組みと知見を紹介する．

5.1　行動遺伝学とは何か

　読者の皆さんの周囲には，自分自身を含め，双生児の人がどれくらいいるだろうか．厚生労働省の人口動態統計によれば，我が国の多胎出産は約100出産に1度くらいの割合で起こる．つまり，50人に1人はふたごのきょうだい（の片方）ということになり，2クラスに1人くらいの割合でふたごのきょうだいがいる計算になる．人間行動遺伝学は，その双生児の方々の調査協力の下に成立している．行動遺伝学は，ショウジョウバエやマウスなどの実験動物を対象として行う動物行動遺伝学と双生児法を用いた人間行動遺伝学の2つに大別されるが，本章で扱うのはもっぱら後者のみなので，以降，行動遺伝学という語

は双生児法を用いた人間行動遺伝学のことであると理解してほしい.

言わずもがな，双生児には 2 種類が存在する．一卵性双生児 (monozygotic [MZ, identical] twin) と二卵性双生児 (dizygotic [DZ, fraternal] twin) である．一卵性双生児は，100%遺伝情報を共有しているほぼ同時に産まれたきょうだいである．二卵性双生児は確率的に平均すると 50%の遺伝情報を共有しているほぼ同時に産まれたきょうだいで，遺伝情報を共有している度合いは年齢の離れたきょうだいと変わらないが，そのきょうだいがほぼ同時に産まれているという点において一卵性双生児と共通点がある．すなわち，一卵性双生児と二卵性双生児の間で決定的に異なるのは，遺伝的共有度が 100%であるか 50%であるかという一点に尽きる．この相違点を統計的に巧みに利用しながら，対象となる形質（特性）の背後にある遺伝の影響と環境の影響についての考察を可能にする方法が，双生児法を用いた行動遺伝学である．

人間行動の個人差の源泉は遺伝によるものかそれとも環境によるものなのか．この古くて新しい問いこそが，行動遺伝学を主導する根本的問題意識である．行動遺伝学の祖は，英国の遺伝学者・統計学者フランシス・ゴールトン (Francis Galton) だが，19 世紀後半，彼は，遺伝が人間行動に影響を与えているかどうかを検証するために，グレゴール・メンデル (Gregor Mendel) 流の量的遺伝学の考え方に基づく行動遺伝学の主要な方法である双生児研究・養子研究などをはじめとする数多くの家系研究を行い，人間の行動形質が家系を通して伝承されることを体系的に示した．DNA の二重らせん構造の発見（1953 年）から 50 周年となる 2003 年にはヒト・ゲノムの全塩基配列が解読された．それから 10 年以上も経つ現代では，高次な精神機能を含む人間の認知や行動が，遺伝の影響によって部分的には説明されるということに違和感を覚える人のほうが少ないだろうが，当時はかなりのインパクトだったに違いない．

5.2 行動遺伝学モデルの基礎

5.2.1 行動遺伝学の基本的な考え方：A・B・C・D・E

人間行動には個人差のあるものがある．この個人差，すなわち分散があることが行動遺伝解析の大前提となる．仮に遺伝的にプログラムされている事柄で

あったとしても，個人差が全くない形質は行動遺伝学の分析対象とはならない．たとえば，人間の眼球は2個あって，それは遺伝的にプログラムされているのだろうが，行動遺伝学の分析対象とはなりえない．2個の人がいたり3個の人がいたり10個の人がいたりといったような具合に個人差がないからである．行動遺伝学において分析の対象となる量的形質は，どのような形であれ分布しているものである．この量的形質を測定した認知・行動のことを表現型 (phenotype) と呼び，これは観察可能で何らかの形で測定可能なデータである．

行動遺伝学では，人間の行動 (Behavior) すなわち表現型の個人差に寄与する遺伝の影響と環境の影響をそれぞれ2つに分ける．遺伝の効果は，相加的遺伝効果 (Additive genetic effect, A) と非相加的遺伝効果 (non-additive genetic or Dominance effect, D) に，環境の効果は，共有環境効果 (Common or shared environmental effect, C) と非共有環境効果 (non-shared Environmental effect [and measurement Error], E) に分ける．相加的遺伝効果とは，量的形質に対して多数の遺伝子の効果が足し算的に関与することを仮定する効果のことで，非相加的遺伝効果とは，エピスタシスと呼ばれる遺伝子間の交互作用効果の存在を仮定するものである．この2つの遺伝効果を合わせたものが広義の遺伝率 (broad-sense heritability) となり，相加的遺伝効果のみを指したものが狭義の遺伝率 (narrow-sense heritability) である．また，共有環境効果とは，きょうだいの類似度を高めるような環境効果のことで，主には家庭内で共有される環境要因を指す．ただし，仮に家庭内で共有されていたとしても，きょうだいの類似度を高めるようには寄与しない環境効果は共有環境効果とは定義されない．一方，非共有環境効果とは，きょうだいそれぞれが個人的に経験し，きょうだいの類似度を低める独自の環境要因のことである．また，測定誤差もここに含まれる．以降，それぞれの効果のことをA・D・C・Eと略記する．これらの関係は，以下のように模式的に考えることができ，これが行動遺伝学の基本的な考え方である．

$$B = A + D + C + E$$

しかし，双生児データだけで，この4パラメタを同時に推定することはできない．理論上仮定されるパラメタすべてを同時に推定できないというのは明らかな短所ではあるが，いまのところは，これを前提に分析方法を工夫する必要が

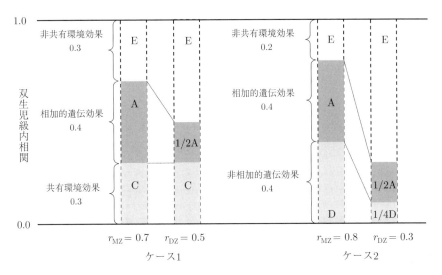

図 5.1 双生児級内相関から遺伝と環境の効果を計算する
MZ: 一卵性双生児，DZ: 二卵性双生児，A: 相加的遺伝効果，D: 非相加的遺伝効果，C: 共有環境効果，E: 非共有環境効果，r: 相関係数．

ある．カール・ピアソン (Karl Pearson) の息子であるエゴン・ピアソン (Egon Pearson) の弟子のジョージ・ボックス (George Box) 曰く，「すべてのモデルは間違っているが，しかし，そのいくつかは役に立つ」である．

実際には，双生児の級内相関（ペア内の類似性）を比較して，図 5.1 のケース 1 のように共有環境効果の存在が仮定される場合には ACE モデルを，ケース 2 のように非相加的遺伝効果の存在が仮定される場合には ADE モデルを，それぞれフルモデルとして分析を行う方法がとられている．これらは A，C（もしくは D），E の効果によって双生児級内相関を説明し，その結果，もしも (1) MZ 相関のほうが DZ 相関よりも高い値であれば，相加的遺伝効果の存在が示唆され，(2) MZ 相関が DZ 相関よりも 2 倍未満だけ大きい場合には，共有環境効果の存在が示唆され（図 5.1 のケース 1），(3) MZ 相関が DZ 相関よりも 2 倍より大きければ，相加的遺伝効果に加えて非相加的遺伝効果の存在が示唆される（図 5.1 のケース 2）．図 5.1 の級内相関係数の 2 つの例について，次の数式を使って手計算をして結果を確認してみてほしい．

$$a^2 = 2 \times (r_{\mathrm{MZ}} - r_{\mathrm{DZ}}) \qquad a^2 = 4 \times r_{\mathrm{DZ}} - r_{\mathrm{MZ}}$$
$$c^2 = r_{\mathrm{MZ}} - a^2 \qquad\qquad d^2 = a^2 - r_{\mathrm{DZ}}$$
$$e^2 = 1 - r_{\mathrm{MZ}} \qquad\qquad e^2 = 1 - r_{\mathrm{MZ}}$$

しかし，この級内相関係数は論文中で報告されることはあっても，これだけをもって遺伝と環境の影響を推定するということはしていない．近年の統計科学の発展を踏まえて，行動遺伝学は MZ と DZ という 2 種類の双生児の類似度情報を統計的にモデリングし，多母集団構造方程式モデリングという分析手法を用いて，心理行動的特徴に及ぼす遺伝的な影響と環境的な影響を区分するとともに，複数の心理的・行動的特徴を対象とすることによって，それらが遺伝的・環境的にどのように共変しているかを明らかにする試みが行われるようになってきた (Knopik *et al.*, 2016)．次節以降では，これらの統計的技法を使った実際の研究例を紹介する．

5.2.2　4 つの原則

　行動遺伝学では，これまでの研究の蓄積によって明らかとなってきた 4 つの一般的原則がある．これはタークハイマー (Turkheimer, 2000) が行動遺伝学の 3 原則として発表し，その後に，シャブリら (Chabris *et al.*, 2015) が第 4 の原則を追加したものである．

　第 1 の原則は，すでに述べたとおり，ほぼすべて人間の行動形質には部分的にせよ遺伝の影響があるというものである．どの程度が遺伝の影響なのかということもおおよそのことは判明しており，過去 50 年間に世界中で双生児を対象として研究され，明らかとなった人間行動に関する知見を統合したメタ分析の結果，人間行動の分散のうち遺伝によって説明される割合（すなわち，遺伝率）は 49% であった (Polderman *et al.*, 2015)．人間行動に個人差をもたらす遺伝と環境の影響は，押し並べて考えればおおよそそれぞれ半分ずつといって差し支えない．無論，遺伝の影響が相対的に小さな量的形質もあれば，逆にそれが大きな量的形質もある．具体的にどういった行動形質がどれくらい遺伝によって説明されるのかを確認したい場合，先のメタ分析結果は，「双生児相関と遺伝率のメタ分析 (Meta-Analysis of Twin Correlations and Heritability: MaTCH, http://match.ctglab.nl/)」というウェブサイトにまとめられているので，そこで対話的に確認することができる．

　この第1原則はまた，遺伝の影響は100%ではないということを示唆している．遺伝によってすべてが規定される人間の認知行動機能は存在しない．行動遺伝学という名称から，遺伝効果ばかりを重視する学問と見られがちであるが，その分析においては，環境効果にも同時に焦点を当てる行動"環境"学でもある．遺伝効果を明らかにするということは，それは取りも直さず環境効果をも明らかすることであり，また，環境効果を明らかにしようとするためには遺伝効果について適切に考慮しなければならない．

　第2の原則は，共有環境の効果は概して小さいというものである．ふたごのきょうだいを類似させる共有環境の効果はとりわけ遺伝の影響と比較するとその度合いは小さく，むしろないと結論づけたほうがよい場合もしばしばある．

　第3の原則は，やはり環境に関するもので，非共有環境効果はそれなりに大きいということである．この原則は，人間行動の個人差のうち，遺伝や共有環境の影響だけでは説明されない部分がかなりの程度あることを示唆する重要なものである．人間行動の個人差には確かに環境の影響が存在し，それは，遺伝の影響を考慮に入れてもなお確かに存在する．行動遺伝学が環境の影響の確かな存在を明らかにしてきたという功績は，思いのほか軽視されがちである．たとえば，親子関係を考察する場合，当然のことながら生物学的な親と子の間には遺伝的に平均すると50%の共有関係がある．それを完全に無視したうえで，「親の養育態度が子どもの行動に影響を与える」とだけ述べるのは乱暴な議論といわざるを得ない．環境の影響について考察を行いたい場合には，遺伝の影響に関しても適切に考慮した行動遺伝学こそが威力を発揮する．

　そして最後に追加された第4の原則は，人間のすべての特性は多遺伝子性であるということである．ある1つの行動が，多くの遺伝子の影響を受けていることを多遺伝子性（ポリジーン性：polygeny），また，ある1つの遺伝子が多くの行動に影響していることを多面発現 (pleiotropy) という．言い換えると，人間行動に遺伝の影響があったとしても，それらに対する候補遺伝子1つの効果量はわずかばかりのものであり，むしろ行動形質に対して影響を与えている遺伝子の数は多く，それらが集まって，1つの総体として行動形質に対する遺伝的

影響として機能している可能性のほうが高い．したがって，フェニルケトン尿症のような単一遺伝疾患の事例を除いては，不用意に，「××の遺伝子」といった表現を用いるべきではない．科学的に正確な表現としては，「××の個人差に対する遺伝的な影響」とすべきである．ポストゲノム時代にあって，(遺伝子を直接的に観測しない) 行動遺伝学の知見が注目される理由の1つは，それが遺伝子単体の影響について言及するのではなく，その総体 (主効果と交互作用すべて込みの影響の度合いである) を分析の対象としている点にあるといえよう．

5.3　単変量遺伝分析

本節以降では，行動遺伝学の統計的な論理について，具体的な研究事例とあわせて概説する．

5.3.1　ACE モデルと ADE モデル

単変量遺伝分析の基本的なアイディアは，表現型において観測された分散をMZとDZの遺伝的共有度の違いを利用して，遺伝と環境の効果に分割することである．具体的には，遺伝的共有関係から図 5.2 のように分散の分割を行う．この図の左半分は ACE モデル，右半分は ADE モデルを表している．それぞれの下には MZ と DZ の分散共分散行列を示した．1つの同じ表現型について分析を行うので，ふたごのきょうだい (双生児1と双生児2) の間で分散 (もしくは標準偏差) は同じという等値制約を置くことは大きな問題とはならないはずである．

次に，なぜこのような分散の分割が可能であるのかを確認していきたい．まず，図 5.2 で示されたような図をパス図と呼ぶ．パス図はパス解析に基づいて示されたもので，パス解析はシューアル・ライト (Sewall Wright) によって 1920 年頃に体系化された．そして，その分散共分散は，変数同士を接続するパス係数の積によって示されている．パス図における分散共分散 (行列) を読み解く鍵は，パス・トレーシングのための3つの規則にある．それは，(1) ある変数から始発してそのパスの矢印を遡り，別のパスを順方向に辿って別の変数に到達する (この逆向き，つまりパスの矢印を順方向に辿って，その後遡るという

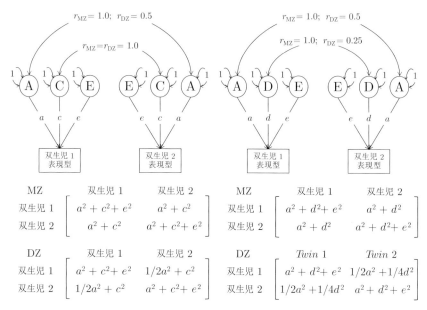

図 5.2 ACE モデル（左）と ADE モデル（右）の分散共分散行列
MZ: 一卵性双生児，DZ: 二卵性双生児，a: 相加的遺伝効果，d: 非相加的遺伝効果，c: 共有環境効果，e: 非共有環境効果，r: 相関係数．

辿り方はしない），(2) パスを辿る際には同じ変数は一度しか通ってはいけない（ただし，分散の場合は除く），(3) 双方向のパスは一度だけ通ってもよい，というものである．

これらの図からまずわかるのは，我々が推定すべきパラメタは a, c, e もしくは a, d, e の 3 つということである．そして次に，この表現型の分散 ($\mathrm{Var}[p]$) は，先のパス・トレーシング・ルールから，$a^2 + c^2 + e^2$ もしくは $a^2 + d^2 + e^2$ と考えることができ，それらは図 5.2 下の分散共分散行列の対角成分に表現されている．さらに，共分散はふたごのきょうだい間の共変動成分であり，一卵性双生児の共分散 ($\mathrm{Cov}_{\mathrm{MZ}}$) は $a^2 + c^2$ もしくは $a^2 + d^2$，二卵性双生児の共分散 ($\mathrm{Cov}_{\mathrm{DZ}}$) は $\frac{1}{2}a^2 + c^2$ もしくは $\frac{1}{2}a^2 + \frac{1}{4}d^2$ となり，これらは，この 2×2 行列の (1, 2) 成分もしくは (2, 1) 成分に表現されている．また，これらは以下のとおり，3 つのパラメタに対して 3 つの数式が立っているので，この連立方程式は

無事に解くことができる．

$$\text{Var}(p) = a^2 + c^2 + e^2 \qquad \text{Var}(p) = a^2 + d^2 + e^2$$
$$\text{Cov}_{\text{MZ}} = a^2 + c^2 \qquad \text{Cov}_{\text{MZ}} = a^2 + d^2$$
$$\text{Cov}_{\text{DZ}} = \frac{1}{2}a^2 + c^2 \qquad \text{Cov}_{\text{DZ}} = \frac{1}{2}a^2 + \frac{1}{4}d^2$$

ここで，MZとDZの共有環境効果が同じc^2で表現されていることに着目したい．これは行動遺伝解析を行う際の前提条件の1つで，等環境仮説 (equal environment assumption) と呼ばれるものである．読んで字のごとく，MZとDZでは環境の影響は同等であることを仮定している．MZのほうがDZよりも類似性の高い環境に暴露されやすいのではないかと思い，この仮定に違和感を覚える読者の方もいるかもしれない．確かに，本来はそれぞれの分析を行う前に逐一確認をしなければならない前提条件である．しかし，これまでの研究蓄積を通して，この等環境仮説は概ね支持されている．また逆に，この仮定が適切に置かれていないと，上記のような単純な分散の分割を行い，遺伝と環境の影響の推定を行うこともできなくなってしまう．

さらには，この仮定以外にも，同類婚 (assortative mating) は起こっていない，いかなる遺伝・環境相関（すなわち，能動的相関，受動的相関，誘発的相関）も生じていない，いかなる遺伝・環境交互作用も生じていない，性別の効果もないなど，この単純化された分散の分割はいくつもの制約の下に成立している (Neale and Maes, 2004)．また，非相加的遺伝効果を適切に検出するためにはそれなりに大きな標本サイズを必要とする．非相加的遺伝効果について検討を行わないことは，相加的遺伝効果を過大に見積もり，共有環境効果を過小に見積もることになりやすいので留意が必要である (Keller and Coventry, 2005)．

本来であれば，表現型分散はA・D・C・Eの4つに分割されることが想定されていた．それにもかかわらず，分析の始発がACEモデルもしくはADEモデルとなってしまうことに疑念を抱く読者の方もいるかもしれない．これは先述のとおり，分散共分散行列（1次のモーメントと2次のモーメントの情報）のみを分析の対象とする場合には避けることのできない数理上の限界点である．この4つを同時に解くためにはさらにもう1つ数式を立てる必要があるのだが，

双生児のデータだけでは不足がある.仮に,双生児のデータに養子のデータを追加することができたとしよう.この場合には,以下のとおり4つのパラメタに対して4つの数式を立てることができるので,A・D・C・Eの4つの効果を同時に推定することが可能となる.

$$\mathrm{Var}(p) = a^2 + d^2 + c^2 + e^2$$
$$\mathrm{Cov}_{\mathrm{MZ}} = a^2 + d^2 + c^2$$
$$\mathrm{Cov}_{\mathrm{DZ}} = \frac{1}{2}a^2 + \frac{1}{4}d^2 + c^2$$
$$\mathrm{Cov}_{\mathrm{adoption}} = c^2$$

この単変量遺伝分析において,ACEモデルから推定を始める場合には,これに包含されるAEモデル,CEモデル,Eモデルの合計4つのモデルについて,適合度指標や情報量基準などの観点からモデル比較を行い,最適モデルを決定することになる.一方,ADEモデルから推定を始める場合には,それに包含されるAEモデル,Eモデルの合計3つのモデル比較を行う.DEモデルは統計的に推定は可能であるが,生物学的な解釈上,意味はないし,非相加的遺伝効果は交互作用なので,主効果に相当する相加的遺伝効果(A)の仮定できないDの効果というのは考慮する必然性はない.また,Eには測定誤差が含まれるため,Eの効果を含まないモデルも統計学的に仮定し得ないなどの理由から,検討すべきモデルが絞られる.

一方,モデル比較の観点だけから最適モデルを決定することには批判もある.仮に数%でも影響の検出された効果を,別のモデルのほうがモデル適合度が良いからという理由だけでその推定値を0と見なすのは,真実に反するのではないかという批判である.そのような恐れがある場合には,ACEモデルやADEモデルなど,フルモデルのまま解釈を行うのが適当であろう.

5.3.2　経済行動の個人差の遺伝と環境

以上を踏まえて,単変量遺伝分析を行って遺伝率を推定している2つの研究を取り上げてみたい.1つ目は,ウォレスら(Wallace et al., 2007)[1]のもので,

---

[1] ウォレス(Wallace)の本研究時の所属機関はスウェーデンのストックホルム経済大学だったが,現在は英国ケンブリッジ大学に移っている.

スウェーデンのカロリンスカ研究所で2006年夏から秋にかけて行われ，1960～1985年生まれで同性の双生児ペアに実験参加者として協力してもらったものである．最終的に分析の対象となったのは324組（MZ 253組，DZ 71組）である．卵性（MZであるかDZであるか）は質問紙によって判断された．

参加者たちが行ったのは最後通牒ゲーム (ultimatum game) という心理経済ゲームである．たとえば，実験者から参加者Aさんに1,500円が手渡されたとしよう．それを別の実験参加者Bさんにいくら分配するかを，Aさんに決めてもらう．もしもBさんがその提案を受け入れたら，AさんもBさんもそのとおりの金額を手にすることができる．逆に，BさんがAさんの提案を拒否したら，2人ともお金を全く受け取ることができない．このゲームのナッシュ均衡はどこにあるだろうか．Aさんは自分の利益を最大化するために，Bさんには最小の配分をしようとするであろう．一方，Bさんは，Aさんからの提案がどのようなものであったとしても，何ももらえないよりかはましと考え，どんな理不尽な提案であってもそれを受諾する，というのがゲーム理論上の均衡点である．すなわち，AさんはBさんに1円渡すという提案をし，Bさんはそれを受諾し，Aさんは1,499円をBさんは1円をそれぞれ獲得するというものである．

しかし，実際に，人々の間でこうしたことが起こるだろうか．Bさんの立場だったら，どのように行動するかを想像してみてほしい．あなた（Bさん）はAさんが1,500円という金額を分配することになっているのを知っている．こうした場合，Aさんから1円の提案があったとしたら，それはあまりに理不尽で不公平だと感じて，多くの人はそれを拒否しようと思うのではないだろうか．提案を拒否すれば，あなたもAさんも何も得られなくなるにもかかわらず，である．こうした場合，不公平な提案をする相手（Aさん）に対しては，自分の獲得金額がゼロになってでも罰する（自分と道連れにして相手の獲得金額もゼロにする）という動機が働くと考えられる．

これまで数多くの研究がなされ，提案額が3割くらいにまで減ると，受け手の過半数はそれを拒否することがわかっている．しかしもちろん，「3割でも不公平だ．もっと寄越せ」と公平さにこだわる人もいるし，「1円や0円でも仕方がない」と諦める人もいる．つまり最後通牒ゲームの提案受諾額の程度には個人差（分散）がある．分散があるということは，この変数は量的形質であり，行

動遺伝解析の対象となることを意味する．

ウォレスらの実験では，参加者はまず，100 スウェーデン・クローナ（100 SEK，約 1,500 円）を架空の相手に配分する分け手として，この心理経済ゲームを経験した．その後，今度は受け手として，架空の相手からの提案を受けるか否かを決定することになった．その際，配分提案額は 10 SEK 刻みで 6 パターン (0 SEK, 10 SEK, 20 SEK, 30 SEK, 40 SEK, 50 SEK) があり，参加者はそれぞれの場合について，自分ならその提案を受け入れるか否かを回答した．

架空の相手からの配分提案額に対する反応の MZ ペアのスピアマンの順位相関は 0.39 (95%信頼区間 [CI]: 0.26〜0.49)，DZ ペアの相関は −0.04 (95%CI: −0.25〜0.18) であった．相関係数だけから判断すると，相加的遺伝効果と非相加遺伝効果の存在が示唆される．しかしながら，今回のデータは数百組しかないので（行動遺伝解析では数百組の標本サイズは小さい部類に入る），非相加的遺伝効果を検出するには十分とはいえない (Keller and Coventry, 2005)．そこで，この研究では ACE モデルをフルモデルとして，AE モデル・CE モデル・E モデルの 4 モデルで適合度比較を行った（表 5.1）．

AIC（赤池情報量基準）で比較すると，AE モデルが最適モデルと考えられた（AIC は，その数値が小さいほうがデータへの当てはまりが良い）．また，念のため，2 番目に当てはまりが良いものを確認するとそれは ACE モデルであるが，C の影響は 0%なのでやはり AE モデルが最適モデルであると考えて差し支えな

表 5.1 最後通牒ゲームの単変量遺伝分析の結果
ウォレスら (Wallace et al., 2007, Table1) を編集した．括弧内の数字は 95%信頼区間．df: 自由度，AIC: 赤池情報量基準．

モデル	a^2	c^2	e^2	χ^2	df	Δdf	p	AIC
ACE	.42	.00	.58	79.44	63	—	—	−46.56
	[.17–.54]	[.00–.21]	[.46–.72]					
AE	.42	—	.58	79.44	64	1	1.00	−48.56
	[.28–.54]		[.46–.72]					
CE	—	.32	.68	86.96	64	1	< .01	−41.04
		[.19–.40]	[.56–.81]					
E	—	—	1.00	109.30	65	2	< .01	−20.70

いと思われる．以上のことから，最後通牒ゲームにおける相手からの配分提案金額に対する反応の個人差の 42%（95%CI: 28〜54%）は遺伝的な影響によって説明されることが明らかとなった．これは，最後通牒ゲームを用いて，人間の公平感に基づく経済行動に関して，初めて行動遺伝的解析を適用した研究であり，その結果は，公正感に基づくと思われる行動形質にも一定の遺伝的影響は存在するということを示唆するものであった．

5.3.3 信頼の個人差の遺伝と環境

もう1つの研究は，チェザリーニたち (Cesarini et al., 2008)[2] のもので，最後通牒ゲームの変化版である信頼ゲーム (trust game) を用いて，遺伝と環境の影響を複数の集団において検討したものである．実験参加者は先に紹介したスウェーデン人の標本と，それに加えてアメリカ人の標本である．スウェーデン人の標本は先と同じなので説明を割愛する．オハイオ州ツインズバーグという人口2万人くらいの小さな町で 1976 年から毎年夏に「ふたご祭り (Twins Days)」が行われている（最近は全米から数千組のふたごが参加する; http://www.twinsdays.org/）が，これがアメリカ人の標本である．2006 年と 2007 年，この祭りの参加者に研究協力を募ったもので，18 歳以上の同性の双生児ペア 353 組（MZ 278 組，DZ 75 組）から同意が得られた．

信頼ゲームも投資者と応答者，2人のプレイヤーがいる．まずAさん（投資者）に 500 円が渡されたとしよう．Aさんはそのうちのいくらかを投資としてBさん（応答者）へ渡すことができる（全く渡さないという選択肢もありうる）．すると，その3倍の額がBさんに渡される．その3倍になった金額の中から，BさんはAさんへ任意の額を返還することができるが，すべてを自分のものとすることもできる．たとえば，AさんがBさんへ 200 円を渡すと，その金額は3倍されて 600 円となる．Bさんがそのうちの 300 円をAさんに戻すと，Bさんの利益は 300 円となるが，一方，Aさんの場合，当初 500 円だった所持金が 600 円となり，Aさんも今回の投資行動によって 100 円の利益を得たことになる．

投資者あるいは応答者の立場に置かれたらどう行動するだろうか．まず，B

---

[2] チェザリーニ (Cesarini) は，本研究時，米国マサチューセッツ工科大学に在籍していたが，現在の所属はニューヨーク大学である．

さん（応答者）の側から考えてみよう．単純合理性に基づく経済学からすると，Bさんは自分のところへきたお金（Aさんの投資額の3倍）はすべて自分のものとし，Aさんには全く返還しないとするというのが単発のゲームにおいて利益を最大化する方略である．これを踏まえてAさん（投資者）はどうするだろうか．Bさんの側がそういう行動に出るということが予測されるのであれば，AさんはBさんに投資をするメリットがない．したがって，AさんはBさんに1円も投資しないという意思決定になり，これによってお金の流れは生まれず，誰も儲からないという結果になるであろう．

しかし実際にゲームをしてみると，お金の動きがないということはほとんどなく，投資者と応答者の間で金銭のやり取りが発生する．Aさんは，Bさんがきっと幾分かは自分に戻してくれるだろうという信頼の下に投資行動を行い，Bさんもそれに応えるという協力行動が起こる．スウェーデン人標本では50 SEKが，アメリカ人標本では1個0.65ドルにあたるトークン10個が投資者に渡されると説明され，参加者には，まず，「投資者だったらいくらを相手に渡すか」と聞かれ，スウェーデンでは0〜50 SEKの10刻みの6段階，アメリカのほうでは0〜10個までの11段階から選ぶよう求められた．次に，応答者側としていくらを相手に戻すか，スウェーデンでは（すでに3倍された）30, 60, 90, 120, 150 SEKが手元にあると仮定して，それら5通りにおいてそれぞれそのうちのいくらを投資者に戻すかを回答し，アメリカのほうでは先に投資者側が実際に配分を行った状況のうちランダムに割り当てられた4つ状況においてそれぞれ手持ちのうちの何枚を投資者に戻すかを回答した．

投資者としての行動を観測したところ，スウェーデン人の標本のMZ・DZ級内順位相関はそれぞれ0.25, −0.01，アメリカ人の標本では0.13, −0.07であった．応答者としての行動については，スウェーデン人のMZ・DZ相関はそれぞれ0.29, 0.18，アメリカ人では0.26, 0.06であった．相関係数だけから判断すると，スウェーデン人標本の応答者の立場の場合を除いて，相加的遺伝効果と非相加遺伝効果の存在が示唆される．しかしながら先と同じ理由で，今回もADEモデルではなくACEモデルをフルモデルとして分析が行われている．そして，それに包含されるAEモデル・CEモデル・Eモデルの合計4モデル間で適合度比較が行われた（表5.2）．

表 5.2 信頼ゲームの単変量遺伝分析の結果 (左：投資者, 右：応答者) チェザリーニら (Cesarini et al., 2008, Tables 2 and 3) を編集した. 括弧内の数字は 95%信頼区間. DIC: deviance information criterion (偏差情報量基準).

投資者：

モデル	a^2	c^2	e^2	DIC
スウェーデン				
ACE	.20 [.03-.38]	.12 [.02-.31]	.68 [.56-.81]	13087.54
AE	.32 [.18-.45]	—	.68 [.55-.82]	13084.79
CE	—	.27 [.14-.41]	.73 [.60-.86]	13096.41
E	—	—	1.00	13143.04
アメリカ				
ACE	.10 [.04-.21]	.08 [.03-.16]	.82 [.72-.90]	13522.55
AE	.16 [.06-.27]	—	.84 [.73-.94]	13521.89
CE	—	.13 [.05-.22]	.87 [.78-.95]	13529.61
E	—	—	1.00	13542.53

応答者：

モデル	a^2	c^2	e^2	DIC
スウェーデン				
ACE	.18 [.03-.30]	.17 [.08-.28]	.66 [.56-.75]	11055.12
AE	.32 [.18-.45]	—	.68 [.55-.82]	11057.50
CE	—	.27 [.14-.41]	.73 [.60-.86]	11064.40
E	—	—	1.00	11130.90
アメリカ				
ACE	.17 [.05-.32]	.12 [.04-.25]	.71 [.60-.82]	10626.82
AE	.28 [.16-.40]	—	.72 [.60-.84]	10625.04
CE	—	.24 [.13-.34]	.76 [.66-.87]	10638.59
E	—	—	1.00	10680.27

DIC（偏差情報量基準）の観点から比較すると，投資者ではAEモデルが，応答者ではアメリカ人の標本でAEモデルが，スウェーデン人の標本ではACEモデルが最適として選択された（AICと同様に，DICも数値が小さいほうがデータ適合度が良い）．また，念のため，2番目にDICの数値が小さいモデルはACEモデル（もしくはAEモデル）であった．いずれの立場においても，少なからず，遺伝の影響が10〜30%程度あることは確かに興味深い知見ではあるが，今回の結果において最も注目すべきは非共有環境効果の大きさであろう．これは，信頼ゲームにおける行動の個人差が，個々人の発達環境によって大きな影響を受けることを示唆するものであるが，それがどのような（非共有）環境であるか，それと遺伝要因の交互作用などの検討には今後の研究を待つ必要がある．

　ここで紹介した2つの研究は，単純合理性の観点から見れば理想的な均衡点が定まるようなものであっても，人間の実際の経済行動はそれから逸脱することが多いことを示している．また，そこには確かに個人差（分散）があるが，その20〜40%程度には遺伝の影響が認められることなども示している．実際の経済行動には様々な状況要因が存在するので，一見不合理な行動をとる人たちがいても，それぞれにとっては欲求や価値観を満たす適応的行動でありうる．全体的として見ると，適応度は各人にとってほぼ等しいものになり，その結果，こうした個人差が維持されているのかもしれない（Penke et al., 2007）．

5.4　多変量遺伝分析

　前節で概説した単変量遺伝分析は，1つの形質の分散に対して遺伝要因と環境要因の寄与の推定を行うものであった．一方，多変量遺伝分析とは，複数の形質間の共変動（相関係数を標準化する前の共分散）を，双生児の遺伝的共有度の違いを利用して，遺伝の影響と環境の影響に分割するものである．この分析では，形質AとBの表現型相関が遺伝と環境によってどのように説明されるか，形質CとDには同じ原因（遺伝・環境の影響）を仮定できるか，形質Eは時点や状況を通じて同じ遺伝・環境的影響によって説明されるか，形質Fの安定性や変容性に対して遺伝・環境はどのように影響しているか，などの課題に取り組むことが可能である．現代の行動遺伝学では，単一形質の遺伝率推定に

留まる単変量遺伝分析ではなく，この多変量遺伝分析が主流になりつつある．

5.4.1　2 変量遺伝分析モデル

図 5.3 は 2 変量遺伝分析のモデルである（論文中では，簡略化して，ふたごのきょうだい片方だけのパス図が掲載されることが多いが，本章では説明のためにきょうだい 2 人を含んだパス図を掲載している）．あわせて，その分析の際に必要な情報となり，推定を行うもとになる分散共分散行列の詳細を表 5.3 に示した．ここでも，先述したパス・トレーシング・ルールに則って説明する．たとえば，表現型 1 の分散成分についてはどうであろうか．これは，MZ であっても DZ であっても同様で，$a_{11}^2 + c_{11}^2 + e_{11}^2$ と書けるのは単変量遺伝分析のときと全く同じである．今回は形質変数が 2 つあるが，これら表現型 1 と表現型 2 の共分散はどのように表現できるだろうか．この共変動部分は a, c, e でそれぞれ 1 カ所ずつあり，MZ・DZ ともに，$a_{11}a_{21} + c_{11}c_{21} + e_{11}e_{21}$ となる．2 変量の際に特徴的なのは，きょうだい間かつ形質間の共分散 (cross-twin cross-trait covariance) である．これも同様にパス・トレースしてみると，MZ の場合には $a_{21}a_{11} + c_{21}c_{11}$，DZ の場合には $\frac{1}{2}a_{21}a_{11} + c_{21}c_{11}$ となる．

この分散共分散行列の情報から，遺伝・環境の効果（すなわち，a, c, e）を求めるために便利なのがコレスキー分解 (Cholesky decomposition) である．これは，正定値対称行列を下三角行列 L とその共役転置行列 $t(L)$ との積に分解することで，フランスの数学者アンドレ＝ルイ・コレスキー (André-Luis Cholesky) にちなんで名づけられた行列演算である．なぜコレスキー分解が行動遺伝解析にとって都合が良いのかを以下のとおり確認する．いま，我々が求めたいのは次のような情報である．

$$\begin{array}{ccc} & \begin{array}{cc} A1 & A2 \end{array} & \\ \begin{array}{c} P1 \\ P2 \end{array} & \begin{pmatrix} a_{11} & 0 \\ a_{21} & a_{22} \end{pmatrix} & \end{array} \quad \begin{array}{c} \begin{array}{cc} C1 & C2 \end{array} \\ \begin{array}{c} P1 \\ P2 \end{array} \begin{pmatrix} c_{11} & 0 \\ c_{21} & c_{22} \end{pmatrix} \end{array} \quad \begin{array}{c} \begin{array}{cc} E1 & E2 \end{array} \\ \begin{array}{c} P1 \\ P2 \end{array} \begin{pmatrix} e_{11} & 0 \\ e_{21} & e_{22} \end{pmatrix} \end{array}$$

次に，表 5.3 から a, c, e それぞれに関連する行列成分だけを抜き出すと，p.135 のようになる．

5.4 多変量遺伝分析　　133

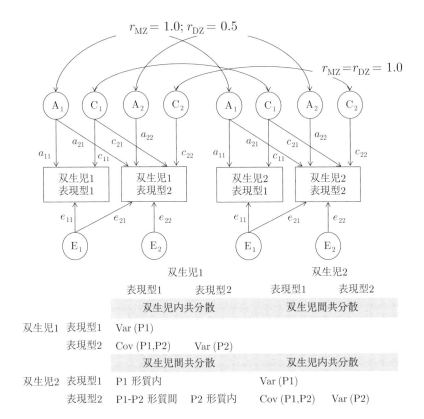

図 5.3 2 変量遺伝分析 (コレスキー分解)
A: 相加的遺伝要因, C: 共有環境要因, E: 非共有環境要因, a: 相加的遺伝効果, c: 共有環境効果, e: 非共有環境効果, r: 相関係数, Var: 分散, Cov: 共分散, P1: 表現型 1, P2: 表現型 2. C を D に置き換えれば ADE モデルになる. 双生児内共分散 (within-twin covariance) とは, ふたごのきょうだい片方の個人内における分散/共分散, すなわち, 双生児きょうだい個人内共分散のことであり, 双生児きょうだい 2 人の間という意味ではない. 双生児間共分散 (cross-twin covariance) とは, ふたごのきょうだい間の分散/共分散, すなわち, 双生児きょうだい個人間共分散のことで, ふたごのペア間という意味ではない.

表 5.3 2 変量遺伝分析における分散共分散行列
MZ: 一卵性双生児，DZ: 二卵性双生児．a: 相加的遺伝効果，c: 共有環境効果，e: 非共有環境効果．

MZ

		双生児 1		双生児 2	
		表現型 1	表現型 2	表現型 1	表現型 2
		双生児内共分散		双生児間共分散	
双生児 1	表現型 1	$a_{11}^2+c_{11}^2+e_{11}^2$			
	表現型 2	$a_{21}a_{11}+c_{21}c_{11}+e_{21}e_{11}$	$a_{11}a_{21}+c_{11}c_{21}+e_{11}e_{21}$ $(a_{21}^2+a_{22}^2)+(c_{21}^2+c_{22}^2)$ $+(e_{21}^2+e_{22}^2)$		
		双生児間共分散		双生児内共分散	
双生児 2	表現型 1	$a_{11}^2+c_{11}^2$	$a_{11}a_{21}+c_{11}c_{21}$	$a_{11}^2+c_{11}^2+e_{11}^2$	
	表現型 2	$a_{21}a_{11}+c_{21}c_{11}$	$a_{11}a_{21}+c_{11}c_{21}$ $(a_{21}^2+a_{22}^2)+(c_{21}^2+c_{22}^2)$	$a_{21}a_{11}+c_{21}c_{11}+e_{21}e_{11}$	$a_{11}a_{21}+c_{11}c_{21}+e_{11}e_{21}$ $(a_{21}^2+a_{22}^2)+(c_{21}^2+c_{22}^2)$ $+(e_{21}^2+e_{22}^2)$

DZ

		双生児 1		双生児 2	
		表現型 1	表現型 2	表現型 1	表現型 2
		双生児内共分散		双生児間共分散	
双生児 1	表現型 1	$a_{11}^2+c_{11}^2+e_{11}^2$			
	表現型 2	$a_{21}a_{11}+c_{21}c_{11}+e_{21}e_{11}$	$a_{11}a_{21}+c_{11}c_{21}+e_{11}e_{21}$ $(a_{21}^2+a_{22}^2)+(c_{21}^2+c_{22}^2)$ $+(e_{21}^2+e_{22}^2)$		
		双生児間共分散		双生児内共分散	
双生児 2	表現型 1	$1/2\,a_{11}^2+c_{11}^2$	$1/2\,a_{11}a_{21}+c_{11}c_{21}$	$a_{11}^2+c_{11}^2+e_{11}^2$	
	表現型 2	$1/2\,a_{21}a_{11}+c_{21}c_{11}$	$1/2(a_{21}^2+a_{22}^2)+(c_{21}^2+c_{22}^2)$	$a_{21}a_{11}+c_{21}c_{11}+e_{21}e_{11}$	$a_{11}a_{21}+c_{11}c_{21}+e_{11}e_{21}$ $(a_{21}^2+a_{22}^2)+(c_{21}^2+c_{22}^2)$ $+(e_{21}^2+e_{22}^2)$

5.4 多変量遺伝分析

$$\Sigma_\mathrm{A} = \begin{pmatrix} a_{11}^2 & a_{11}a_{21} \\ a_{21}a_{11} & a_{21}^2 + a_{22}^2 \end{pmatrix}$$

$$\Sigma_\mathrm{C} = \begin{pmatrix} c_{11}^2 & c_{11}c_{21} \\ c_{21}c_{11} & c_{21}^2 + c_{22}^2 \end{pmatrix}$$

$$\Sigma_\mathrm{E} = \begin{pmatrix} e_{11}^2 & e_{11}e_{21} \\ e_{21}e_{11} & e_{21}^2 + e_{22}^2 \end{pmatrix}$$

この対称行列をコレスキー分解すると以下のようになり，先に示した a, c, e の推定値の行列を得ることができる．

$$\Sigma_\mathrm{A} = X \times t(X) = \begin{pmatrix} a_{11} & 0 \\ a_{21} & a_{22} \end{pmatrix} \times \begin{pmatrix} a_{11} & a_{21} \\ 0 & a_{22} \end{pmatrix}$$

$$\Sigma_\mathrm{C} = Y \times t(Y) = \begin{pmatrix} c_{11} & 0 \\ c_{21} & c_{22} \end{pmatrix} \times \begin{pmatrix} c_{11} & c_{21} \\ 0 & c_{22} \end{pmatrix}$$

$$\Sigma_\mathrm{E} = Z \times t(Z) = \begin{pmatrix} e_{11} & 0 \\ e_{21} & e_{22} \end{pmatrix} \times \begin{pmatrix} e_{11} & e_{21} \\ 0 & e_{22} \end{pmatrix}$$

コレスキー分解はあくまで遺伝環境相関を求める途中過程の行列計算であり，縦断的データなどの特徴的な場合を除いては，（仮説的な）モデルではないことに注意が必要である．2変量遺伝分析の具体的な目標は，表現型相関を遺伝相関と環境相関に分離することであることが多い．これらの相関を求めるためには，相関因子モデル (correlated factors model) を仮定する．コレスキー分解（図5.3）と相関因子モデル（図 5.4．論文中では簡略して，ふたごのきょうだい片方だけのパス図が掲載されることもある）は完全に同値である (Loehlin, 1996)．2変量遺伝分析におけるコレスキー分解のパラメタ数を数えると，4形質変数（2つの形質変数がふたごのきょうだい分ある）の下三角行列に 10 個，それぞれの変数の平均値が 4 個，それらがすべて MZ・DZ 両方にあるので，2倍して $(10+4) \times 2 = 28$ 個となる．一方の相関因子モデルでは，4形質変数について相関が 6 個，平均・標準偏差が 4 個ずつ，それらすべてが MZ・DZ 両方にあるの

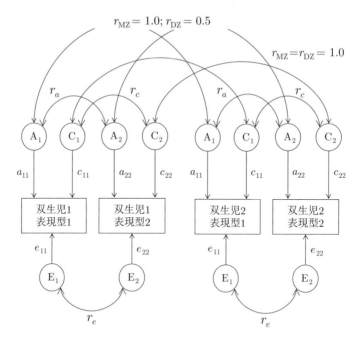

図 **5.4** 2 変量相関因子モデル
A: 相加的遺伝要因，C: 共有環境要因，E: 非共有環境要因，a: 相加的遺伝効果，c: 共有環境効果，e: 非共有環境効果，r: 相関係数，r_a: 遺伝相関，r_c: 共有環境相関，r_e: 非共有環境相関．C を D に置き換えれば ADE モデルになる．

で 2 倍すると，やはり，$(6+4+4) \times 2 = 28$ 個となる．

　遺伝相関は（共有環境相関も非共有環境相関も同様に考えればよい），表現型相関と同じように，遺伝・環境共分散をそれぞれの変数の遺伝・環境標準偏差の積で除すれば求まる．

$$r_a = \frac{a_{21}a_{11}}{\sqrt{a_{11}^2} \times \sqrt{a_{12}^2 + a_{22}^2}}$$

$$r_c = \frac{c_{21}c_{11}}{\sqrt{c_{11}^2} \times \sqrt{c_{12}^2 + c_{22}^2}}$$

$$r_e = \frac{e_{21}e_{11}}{\sqrt{e_{11}^2} \times \sqrt{e_{12}^2 + e_{22}^2}}$$

これを求めるためには，コレスキー分解後の結果から以下のとおり計算する．

まず，分散共分散行列に対して，単位行列の内積（ドット積：要素同士で掛け算すること，下記 1 行目）をとり，平方根をとって逆行列にする（下記 2 行目）．その逆行列を両方から挟む形で元の分散共分散行列に対して積をとると（二次積 [quadratic product] という），相関係数を求めることができる（下記 3 行目）．

$$\begin{pmatrix} 1 & 0 \\ 0 & 1 \end{pmatrix} \circ \begin{pmatrix} a_{11}^2 & a_{11}a_{21} \\ a_{21}a_{11} & a_{21}^2 + a_{22}^2 \end{pmatrix} = \begin{pmatrix} a_{11}^2 & 0 \\ 0 & a_{22}^2 \end{pmatrix}$$

$$\begin{pmatrix} a_{11}^2 & 0 \\ 0 & a_{22}^2 \end{pmatrix}^{-1/2} = \begin{pmatrix} 1/a_{11} & 0 \\ 0 & 1/a_{22} \end{pmatrix}$$

$$\begin{pmatrix} 1/a_{11} & 0 \\ 0 & 1/a_{22} \end{pmatrix} \times \begin{pmatrix} a_{11}^2 & a_{11}a_{21} \\ a_{21}a_{11} & a_{21}^2 + a_{22}^2 \end{pmatrix} \times \begin{pmatrix} 1/a_{11} & 0 \\ 0 & 1/a_{22} \end{pmatrix} = \begin{pmatrix} 1 & r_{a12} \\ r_{a21} & 1 \end{pmatrix}$$

5.4.2 先延ばし傾向の個人差の遺伝と環境

この 2 変量遺伝分析を用いて興味深い知見を提供している研究を紹介する．グスタフソンら (Gustavson et al., 2014)[3] の研究は，アメリカ合衆国コロラド州で縦断的に行われている双生児研究プロジェクトの一環として行われたものである．

この研究で取り上げられている 2 つの形質は，先延ばし傾向と衝動性である．先延ばし傾向とは，しなければならない仕事や課題があるのに，取り組むのに相当時間がかかったり，関係のない別のことをして時間を費やしてしまったりする行動である．一方の衝動性とは，行動の結果，どのような事態が引き起こされるのかを十分に考えず行動してしまう特性である．前者はダラダラ，グズグズと時を過ごすのに対して，後者は思いつきでパッと行動することなので，これらは一見正反対の特徴のように見える．しかし，目標や課題に要する時間管理という観点から見ると，両者には関連性がある．すなわち，目の前の快に振り回され，長期目標を軽んじている点では共通している．たとえば，宿題を終わらせなければいけないのに，ついそばにある漫画を読んで貴重な時間を潰してしまったなどの行為は，先延ばしでもあるし衝動性でもある．実際，両者

---

[3] グスタフソン (Gustavson) の本研究時の所属機関は米国コロラド大学ボルダー校だったが，現在はカリフォルニア大学サンディエゴ校に異動．

の特性間には中程度の正の相関がある ($r = .41$ [95%CI: .37, .46]; Steel, 2007).

『先延ばしの方程式 (*The Procrastination Equation*)』という著書において, スチール (Steel, 2010) は, 先延ばし傾向は衝動性の進化的副産物であると述べた. いつ獲物が手に入るかわからなかった農耕以前の狩猟採集社会においては, 目の前の獲物を見逃さず, 即座の報酬に飛びつかなければ生き延びることが難しかった. 不確実な長期目標のために時間や労力を割く余裕はなかったのである. しかし, 農耕社会になりこの構図は一変した. とりわけ現代社会においては, 将来の成功のために, 一連の短期・中期目標に時間や労力を適切に配分する必要がある. 社会構造は中長期的な目標重視へと移行したが, 狩猟採集社会において適応的であった衝動性は進化の過程を経ても, いまなお人間性に深く根づいて残っているのではないか, というのがスチールの主張である. 彼によると, 我々人間は進化論的には先延ばし屋さんである (それなら, 宿題を放ったらかして漫画に手を伸ばすのも仕方がない).

もしも先延ばし傾向が衝動性の進化的副産物だということであれば, この両形質間には遺伝的共有関係があるという仮説が導かれる. 具体的には, 先延ばし傾向と衝動性の表現型相関は環境相関よりも遺伝相関によって説明される割合が大きいという仮説が立てられる. 現在も継続中であるコロラド双生児縦断的研究プロジェクトの一環として, 同性の双生児ペア (MZ 181 組, DZ 166 組) がこの研究に参加した. 平均年齢は 22.66 歳 (標準偏差 1.12 歳) であった. 先延ばし傾向を測定するために, 一般先延ばし尺度 (General Procrastination Scale; Lay, 1986), 意志力質問紙 (Volitional Components Inventory; Kuhl and Fuhman, 1998) の一部, そしてアクション・コントロール尺度 (Action Control Scale; Kuhl, 1994) の一部が用いられた. また, 衝動性を測定するためには, UPPS-P 衝動的行動尺度 (UPPS-P Impulsive Behavior Scale; Lynam *et al*., 2006) と自己統制尺度 (Self-Control Scale; Tangney *et al*., 2004) がそれぞれ部分的に用いられた. 先延ばし傾向の下位尺度と衝動性の下位尺度の間には.30〜.51 の表現型相関が確認された. さらに, 確認的因子分析を用いて推定を行った結果, 希薄化の修正を加え, 先延ばし傾向と衝動性の表現型レベルにおける因子間相関は.65 (95%CI: .58〜.71) が認められた.

この表現型相関を 2 変量遺伝分析ではどのように遺伝要因由来の相関と環境

5.4 多変量遺伝分析

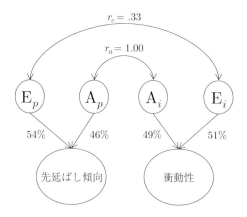

図 5.5 先延ばし傾向と衝動性の 2 変量遺伝分析の結果
グスタフソン (Gustavson *et al.*, 2014) の Figure 1b を筆者が簡略化して編集した．A_p: 先延ばし傾向の遺伝要因，A_i: 衝動性の遺伝要因，E_p: 先延ばし傾向の非共有環境要因，E_i: 衝動性の非共有環境要因，r_a: 遺伝相関，r_e: 環境相関．

要因由来の相関に分けて考えるのか，図 5.5 にその結果を簡略に示した．C の影響は検出されなかったので，AE モデルとなっている．先延ばし傾向の背後に仮定できる遺伝要因 (A_p) によって先延ばし傾向の表現型（因子得点）の分散の 46%が説明され，同様に，衝動性の背後に仮定できる遺伝要因 (A_i) によって衝動性の表現型（因子得点）の分散の 49%が説明された．これら 2 つの表現型はおおよそ半分が遺伝要因によって，残り半分は非共有環境要因に説明されることがわかる．

先延ばし傾向と衝動性のそれぞれに寄与する遺伝要因同士の相関（遺伝相関：r_a）は 1.00 という結果になった．行動遺伝解析においては，推定された相関係数の絶対値が 1.00 となることはしばしばある．すなわち，この両者の個人差を生む遺伝的基盤は，少なくとも，この集団においては，完全に重複していたという非常に興味深い結果が示された．一方の非共有環境要因同士の相関（非共有環境相関：r_e）は 0.33（95%CI: .14〜.50）と低かった．先延ばし傾向と衝動性のそれぞれに寄与する非共有環境要因には幾分共通性があるものの，その違いが，この 2 つの特性を表現型的に分かつ主たる要因となっていると考えられる．

最後に，表現型相関.65 がどのように遺伝・環境由来に分割されたのか手計算

でも確認しておこう．下記のように，表現型相関のうちの 73% が遺伝的共変関係によって説明された．

$$r_a = \sqrt{.46} \times 1.00 \times \sqrt{.49} = .48\ (73\%)$$
$$+)\ \ r_e = \sqrt{.54} \times .33 \times \sqrt{.51} = .17\ (27\%)$$
$$\text{表現型相関} = .65\ (100\%)$$

この研究結果は，先延ばし傾向と衝動性という 2 つの行動形質間には共通の遺伝的基盤が仮定しうることを示唆している．しかしながら，この結果はあくまで相関係数に基づく推論であり，因果関係を示す証拠としては弱い．そのため，どこまで進化論的意味づけが可能かは，衝動的にならず，いったん立ち止まって結論を先延ばしにしなければならないであろう．

また同年，早速この研究知見に対する他の研究グループからの追試報告がなされている (Loehlin and Martin, 2014)．この研究はオーストラリアの双生児標本を対象としたもので，標本サイズはコロラドのものよりも 9 倍以上大きい．結果は，先延ばし傾向と衝動性との間の表現型相関は.16（この値は筆者が論文に掲載されている情報から推定した），遺伝相関は.21，非共有環境相関は.06 となり，先の研究のような完全に遺伝的基盤を共有するという結果にはならなかった．ただし，表現型相関の 68% が遺伝媒介の効果によって説明されているので，この点については追認されたといえる．

本節では，2 変量を対象とした行動遺伝解析を例にとって，コレスキー分解と相関因子モデルの説明を行った．これが 3 変量以上になった場合も基本的には同じことであるが，コレスキー分解に基づく相関因子モデルだけではなく，それに加えて，独立経路モデル (independent pathway model)，共通経路モデル (common pathway model) といったより倹約的で生物学的・心理学的にも示唆に富むモデルに関する検証を行うことが可能となる．

5.5 遺伝・環境交互作用

遺伝の影響と環境の影響がそれぞれどの程度かを示すことだけが行動遺伝学の目的ではない．行動遺伝学の第 1 原則にあるように，確かに人間行動のほぼ

すべてに遺伝の影響は存在する．遺伝というと，遺し伝わるという漢字の印象からか，全く変えられないものと捉えられることが多い．しかし，遺伝の影響は実は非常に可変的である．対象とする集団が変われば遺伝（と環境）の影響する度合いは変わるし，時間経過や測定時点によっても，また，状況や環境によっても変化する．本節の最後に取り上げるのが，統計的遺伝・環境交互作用 (gene × environment interaction) である．

5.5.1　素因ストレス・モデルと生物生態学的モデル

　行動遺伝学で考える統計的遺伝・環境交互作用とは，状況や環境に応じて，遺伝の影響（もしくは環境の影響）が異なる現象一般のことを指す．その場合，素因ストレス・モデルと生物生態学的モデルという2つの理論枠組みを使った仮説構築が行われることが多い．素因ストレス・モデルとは，ある環境（とりわけ，ストレスフルなライフ・イベントなどを含む高リスク環境）を多く経験すると遺伝的な影響が大きくなる，すなわち，ある環境は遺伝的素因の影響を強めるように働くというタイプの交互作用を仮定するものである (Shanahan and Hofer, 2005)．生物生態学的モデルとは，ある環境を多く経験したほうが環境的な影響が大きくなるというタイプの交互作用を仮定するもので (Bronfenbrenner and Ceci, 1994)，先ほどの素因ストレス・モデルとは環境影響の強まり方について反対の見方をとる．

　たとえば，マセニーら (Matheny and Dolan, 1975) は，9〜30カ月児の行動観察を行い，子どもたちの環境順応性を評価した（図5.6左）．その結果，自由遊び場面では順応性の遺伝率は65%程度であったのに対して，検査場面では環境への順応性の遺伝率は約15%程度へと低下し，共有環境効果を含む環境の影響がその個人差の大部分を説明した．この結果は，行動に制約のない自由遊び場面のほうが子どもたちの行動の個人差に遺伝的資質の影響が出やすい一方で，検査場面という状況が統制された場面では環境の影響が検出されやすいことを示している．人間は自由度の大きい状況下にあるほうが遺伝的に素の特徴が表出しやすく，環境的な制約が入ると逆にその遺伝分散は抑制される傾向にあるという結果は非常に示唆的で興味深いものがある．この遺伝・環境交互作用は，環境が環境要因の働きを規定しているので，生物生態学モデルで予測する交互

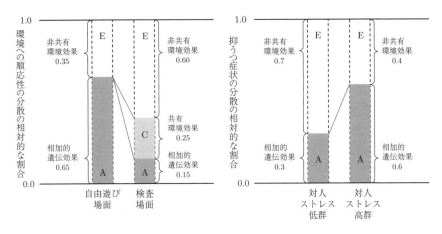

図 5.6 遺伝・環境交互作用の例
左図はマセニーら (Matheny and Dolan, 1975, Table 2) に基づいて筆者が作成．
右図は筆者が模式的に作成した架空の例．

作用といえる．

もう1つ，架空の例を考えてみよう．対人ストレスを多く受けた人たちとあまり受けなかった人たちを仮定し，それぞれのグループの抑うつ症状の遺伝率を推定したとする（図5.6右）．前者の遺伝率が60%，後者が30%と推定されたとすると，これは対人的ストレスを受けた度合いの差異によるものではないかと推測される．そうだとすると，対人ストレスという環境によって抑うつ症状の発症にかかわる遺伝的な影響の度合いが高まったということになる．この遺伝・環境交互作用は，対人ストレスという環境が遺伝要因の働きを規定しているので，素因ストレス・モデルが予測する交互作用と解釈される．

しかし本来，対人ストレスは高群・低群などに分割できるものではない連続変数である．養育態度など，心理学でしばしば検討対象となる環境要因もまた連続変数であることが多く，それを2分割して用いるのは必ずしも合理的とはいえないであろう．そこで，こうした環境要因などの連続変数を調整変数とする遺伝・環境交互作用モデルが提案された (Purcell, 2002)．この分析は，基本的には，5.3節で概説した単変量遺伝分析モデル（図5.2）に依拠するもので，その拡張版と考えることができる（図5.7）．単変量遺伝分析では，表現型分散を

5.5 遺伝・環境交互作用　143

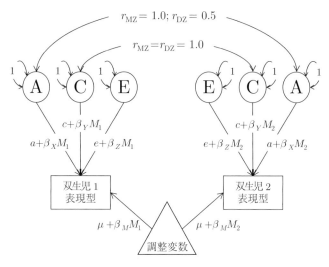

図 5.7　連続変数の調整効果を含む単変量遺伝分析
MZ: 一卵性双生児，DZ: 二卵性双生児，A: 相加的遺伝要因，C: 共有環境要因，E: 非共有環境要因，a: 相加的遺伝効果，c: 共有環境効果，e: 非共有環境効果，β_X, β_Y, β_Z: 調整変数による表現型に対する調整効果（交互作用効果），μ: 切片，β_M: 表現型に対する調整変数の主効果.

$\mathrm{Var}(p) = a^2 + c^2 + e^2$ といったように，それぞれの効果の分散に単純に分割することを考えていたが，今回の遺伝・環境交互作用モデルにおける平均・分散・共分散は以下のように定義される．

双生児 i に関して，

平均：$\mu + \beta_M M_i$

分散：$\mathrm{Var}(p_i) = (a + \beta_X M)^2 + (c + \beta_Y M)^2 + (e + \beta_Z M)^2$

$i = 1, 2$ に関して，

MZ 共分散：$\mathrm{Cov}(p_1, p_2) = (a + \beta_X M_1)(a + \beta_X M_2) + (c + \beta_Y M_1)(c + \beta_Y M_2)$

DZ 共分散：$\mathrm{Cov}(p_1, p_2) = 0.5(a + \beta_X M_1)(a + \beta_X M_2) + (c + \beta_Y M_1)(c + \beta_Y M_2)$

図 5.7 において最も特徴的なのは，調整変数 (M) の存在である．これらの式は，調整変数の値に応じて，表現型の個人差に与える遺伝と環境の分散共分散

が線形に増えたり減ったりすることを示しているが，この部分がまさに交互作用を表している．

5.5.2 喫煙行動の個人差の遺伝と環境

本項で紹介する遺伝・環境交互作用に関する2つの研究は，いずれもフィンランドで行われたもので，FinnTwin12 という青少年の健康リスクに関する双生児縦断研究からの報告である．初めに紹介するディックたち (Dick *et al.*, 2007b)[4]のものは，1983～1987年にフィンランドで生まれた双生児が12歳に到達した際に順次悉皆的に協力依頼をして構築されたコホート研究からの報告である．参加者は，2回目の調査が実施された14歳時点の1,642組の同性の双生児ペアであった（MZ 812組，DZ 830組）．未成年者の喫煙は百害あって一利無しであるが，残念なことにフィンランドの14歳の喫煙経験率は約40％にもなる（安心してよいのかどうかわからないが，日本の中学生の喫煙経験率は約5％である）．フィンランドでは，18歳から喫煙が法律で認められている．

喫煙に至るきっかけは友人が吸っているのを見たり単なる興味本位であったりするが，いずれ親（あるいは教員）の目の届かないところでの行為ということになるであろう．もしも親が適切に監視して行動規制をするなら，子どもたちの物質使用に関する問題は起こりにくいことが知られている．こういった親の養育態度は，子どもの喫煙行動に対する遺伝と環境の影響にどのような効果を与えているだろうか．

親の養育態度は，11～12歳の初回調査時点で，ふたご本人たちに対して，「ふだん親とどれくらい話をしているか」とか「自分が家にいない時に，誰とどこにいるか親は知っているか」など3項目で尋ねている．また喫煙に関しては，過去に1本でも煙草を吸ったことがあるかを尋ね，「はい」と回答した子どもにはどれくらい吸ったのかを，1本，2～10本，11～50本，それ以上と4段階に分けてその量を尋ねた．

分析結果は図5.8のとおりである．横軸に親の監視・管理的な養育態度の z 得点をとり，縦軸には14歳時点の未成年喫煙に対する遺伝と環境の影響の相対的な

---

[4] ディック (Dick) の本研究時の所属は米国ワシントン大学だったが，現在はバージニア・コモンウェルス大学である．

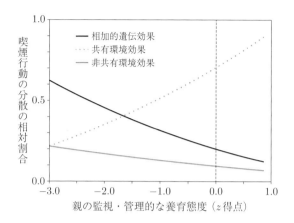

図 5.8 14 歳の喫煙行動の遺伝・環境的影響に対する親の養育態度の調整効果
ディックら (Dick Viken et al., 2007b, Figure2) を編集した.

割合を表示した．まず，喫煙行動に対する遺伝の影響は 21% (95%CI: .13〜.30) であった．これは，図 5.8 の横軸の z 得点が 0 つまり平均値のところを見て，おおよそこの付近であることからも確認できる．そして，もし何の交互作用も起こっていないということであれば，遺伝と環境の割合に変化はないはずなので，それぞれの効果はすべて横軸に対して水平になる．しかし実際には，親の監視・管理的な養育態度の得点が高いほど子どもの喫煙にかかわる共有環境の影響の度合いが増え，その養育態度の得点が低いほど子どもの喫煙にかかわる遺伝の影響の度合いが増えるという交互作用の存在が示された．この研究結果は，親の監視が子どもの喫煙行動の遺伝的素因を抑制する働きがあることを示唆している．逆に，子どもに対する親の監視・指導が緩い場合ほど，遺伝の影響が誘発されやすい傾向がある．制約の少ない自由な環境にあるほど，子どもの喫煙行動の遺伝的素因の影響は出やすいともいえよう．

5.5.3 飲酒行動の個人差の遺伝と環境

次に紹介するディックら (Dick et al., 2007a) の研究も同様に FinnTwin12 からのものであるが，その後の追跡データを分析したもので，参加者の年齢は 17 歳であった．実際に解析対象となったのは同性の双生児ペア 2,422 組である（MZ

146　第 5 章　人の行動はどこまで遺伝の影響を受けているのか

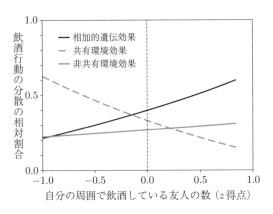

図 5.9　17 歳の飲酒行動の遺伝・環境的影響に対する周囲の友人の飲酒の及ぼす調整効果ディックら (Dick *et al.*, 2007a, Figure 3) を編集した.

1,195 組，DZ 1,227 組）．先の未成年の喫煙と同様に，未成年の飲酒も百害あって一利無しである．フィンランドでは，18 歳から飲酒が法律で一部認められている．この研究参加者たちは 17 歳であるが，彼らの周囲に法律違反をして，飲酒をしている友人や同級生がいたとしたら，そうした環境が彼らの飲酒行動を促すということはないだろうか．

　飲酒に関しては，フィンランドで隔年実施されている青年期健康習慣調査に基づいて「どれくらい飲酒していますか」という単項目で尋ね，回答は 0（全く飲んでいない）〜8（毎日）の 9 件法である．ただし，「毎日」と回答した人はいなかったので，最大値は 7（週に 2 回以上）であった．また，飲酒している仲間の存在に関しては「あなたの友達には飲酒をしている人はいますか」と単項目で尋ね，回答は 1（全くいない）〜4（5 人以上）の 4 件法であった．

　結果は図 5.9 のとおりである．横軸に飲酒をしている友人の数の z 得点をとり，縦軸には 17 歳時点の飲酒行動に対する遺伝と環境の影響の相対的割合を表示した．図 5.8 と同様に，横軸の z 得点が 0 つまり平均値のところを確認すると，未成年飲酒行動の遺伝率は約 40% であることがわかる．さらに，自分の周囲に法律違反を犯して未成年飲酒をしている仲間が多いという環境に暴露されるほど，未成年飲酒の個人差に寄与する遺伝の影響は増大するという遺伝・環

境交互作用が示唆された．この結果を逆方向から見ると，未成年飲酒をしない仲間が周囲に多い場合には，そういった環境が未成年飲酒の遺伝的素因に対する抑制因として機能しているとも考えられる．

以上のとおり，行動遺伝学における統計的な遺伝・環境交互作用モデルは，遺伝の影響は固定的で変わらないとか共有環境の影響はどこにも存在しない（家族や親の影響などない）といったようなことが全くの間違いであることを我々に教えてくれる．しかしながら，この統計的遺伝・環境交互作用の研究の難しさの1つは，環境をどのように定義し，どのように測定するかという点にある．調整変数となる環境要因を調査票のような自記式で回答を求める場合には，そこには必然的に人間の認知が介在し，その結果，環境変数には遺伝の影響が入り込み (Plomin et al., 2016, 知見 7)，その分析結果が果たして遺伝・環境交互作用を適切に確認できているのかどうか危ういものとなってしまうという問題点がある．

また，この統計的遺伝・環境交互作用の結果を提示する際には，分散の相対割合と絶対分散の違いにも注意を払うべきである．図 5.8，図 5.9 はいずれも表現型分散の相対的な割合の連続的な変化を図示したものであり，絶対分散の情報は論文中にも報告はない．図 5.10 は，相対割合は図 5.6 のままにして，絶対分散の異なる 2 パターンを仮想的に示したものである．左図は，対人ストレスを受けたことによって全体的な個人差が増大するというケース，右図は，全体の分散が減少したというケースだが，いずれも，分散内に占める遺伝の影響割合は同じである．これら 2 つの図を見比べてみると，対人ストレスと抑うつの発症の関連の背景に同じメカニズムを仮定することが妥当かどうか疑わしく思われることから，遺伝・環境交互作用の結果を適切に提示するためには相対割合だけではなく絶対分散も示したうえで，結果の解釈を試みる必要がある．

さらに，このモデルにおいて調整変数が誤差を含むものを用いるのは適切ではないという指摘があり，誤差を含む変数を用いる場合には，混合効果モデルを適用するなどの方法をとる必要があるとされる．これらを考慮すると，調整変数の効果を確認するのに適しているのは，年齢，学歴，遺伝子の塩基配列の繰り返し回数など，測定誤差の含まれることの少ない変数のみとなるであろう．

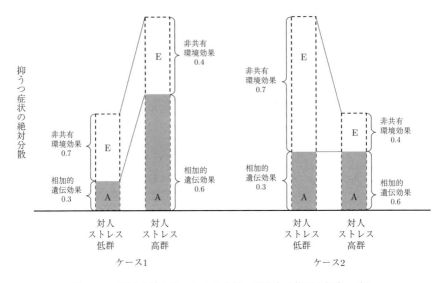

図 5.10　絶対分散の違いによる遺伝・環境交互作用の解釈の違い
遺伝と環境の相対割合は図 5.6 から変わっていない.

5.6　結語

双生児法を用いた行動遺伝学は，氏か育ちか，遺伝か環境かという古くて新しい問題に対して，技法の革新を伴いながら挑み続けている応用統計学である．そして，遺伝子を直接的に観測することなくして，表現型データのみから遺伝と環境の影響の交絡を解くことのできる唯一の方法でもある．

本章の前半では，双生児法を用いた人間行動遺伝学の基本的な考え方と実際に分析を行う際に用いられるモデルを紹介した．さらに後半では，それらを実際に適用した研究例をいくつか取り上げたが，それらは不平等に対する拒否や信頼などに関する人間の経済行動，先延ばしや衝動性，喫煙や飲酒などの適応リスク行動など，多岐にわたる変数の個人差に関するものであった．大規模なメタ分析によれば，人間行動の分散のほぼ半分は遺伝の影響によるものとされているが (Polderman et al., 2015)，本章で紹介した研究の知見も概ねこれに沿う結果を示している．

遺伝の影響を総体的に（＝マクロに）分析する行動遺伝学では，遺伝の効果は

このように確かに頑健に検出される．しかし同時に，遺伝の効果をミクロなレベルで解明しようとする分子遺伝学では，複雑な人間行動に対する遺伝子単体の効果は小さいことを明らかにしている．これを，失われた遺伝率問題 (missing heritability problem) と呼ぶ (Maher, 2008)．この失われた遺伝率の問題を解消するために有効な手立てとなるのは，双生児のみの標本に依拠することなく，その他の血縁関係を有する家系データを収集することであり，それらの遺伝的共有関係をも同時にモデルで表現する拡大双生児家族法 (extended twin family design) やふたごの人たちから生まれた子どもたちを対象とする研究デザイン (children of twins [CoT] design) が有望視されている．

また，遺伝・環境交互作用に関する分析からは，ふたごのきょうだいを類似させる家庭環境などの共有環境やふたごのきょうだいそれぞれに独自な非共有環境は，より極端な環境下でそれらの影響は強まる可能性があることが示されている．行動遺伝学という学問は，遺伝も環境も重要であるという，ともすれば至極当たり前とも思えるような事柄を，科学的論拠をもって確認すると同時に，遺伝の影響を考慮に入れたうえでの環境の影響，あるいは環境の影響を通して見た遺伝の影響の出方の違いといったような，異なるけれども輻輳的な視点を提供できる点において優れているといえるであろう．

最後に，行動遺伝解析は，基本的には多母集団の構造方程式モデリングであるが，双生児という出現頻度の低い特殊な標本を用いた分析である．そのため，その行列計算に特化した OpenMx という R パッケージが用意されている．Mx とはまさに matrix の意であり，2000 年代までは Mx という独自のソフトウェアが用いられることが多かったが，これは開発が停止されているため，現在は R のプラットフォーム上で分析されることが多くなった（Mplus を用いて分析されることも多い）．OpenMx に関しては https://openmx.ssri.psu.edu/ に，そのスクリプトの具体例に関しては https://ibg.colorado.edu/dokuwiki/doku.php?id=workshop:start に詳しいので参照されたい．また，行動遺伝学一般については，ミネソタ大学ツイン・シティー校で長きにわたり双生児研究プロジェクトを牽引してきたマット・マグー (Matt McGue) 教授が，コーセラ (Coursera) 上でオンライン講義を配信している．こちらもぜひ参照されたい (https://www.coursera.org/learn/behavioralgenetics)．

引用文献

[1] Bronfenbrenner, U., Ceci, S. J.: Nature-nurture reconceptualized in developmental perspective: A bioecological model. *Psychological Review*, **101**, pp. 568–586 (1994).
[2] Cesarini, D., Dawes, C. T., Fowler, J. H. *et al.*: Heritability of cooperative behavior in the trust game. *Proceedings of the National Academy of Sciences in the United States of America*, **105**, pp. 3721–3726 (2008).
[3] Chabris, C. F., Lee, J. J., Cesarini, D. *et al*: The fourth law of behavior genetics. *Current Directions in Psychological Science*, **24**, pp. 304–312 (2015).
[4] Dick, D. M., Pagan, J. L., Viken, R. *et al.*: Changing environmental influences on substance use across development. *Twin Research and Human Genetics*, **10**, pp. 315–326 (2007a).
[5] Dick, D. M., Viken, R., Purcell, S. *et al.*: Parental monitoring moderates the importance of genetic and environmental influences on adolescent smoking. *Journal of Abnormal Psychology*, **116**, pp. 213–218 (2007b).
[6] Gustavson, D. E., Miyake, A., Hewitt, J. K., Friedman, N. P.: Genetic relations among procrastination, impulsivity, and goal-management ability: Implications for the evolutionary origin of procrastination. *Psychological Science*, **25**, pp. 1178–1188 (2014).
[7] Keller, M. C., Coventry, W. L.: Quantifying and addressing parameter indeterminacy in the classical twin design. *Twin Research and Human Genetics*, **8**, pp. 201–213 (2005).
[8] Knopik, V. S., Neiderheiser, J., DeFries, J. C., Plomin, R.: *Behavioral genetics (7th ed.)*. Worth (2016). 550p.
[9] Kuhl, J.: Action versus state orientation: Psychometric properties of the Action Contral Scale (ACS–90). In: *Volition and Personality: Action Versus State Orientation* (eds. Kuhl, J., Beckman, J.). Hogrefe & Huber Publishers, pp. 47–59 (1994). 510p.
[10] Kuhl, J., Fuhrmann, A.: Decomposing self-regulation and self-control: The volitional components inventory. In: *Motivation and Self-Regulation Across the Life Span* (eds. Heckhausen, J., Dweck, C. S.). Cambridge University Press, pp. 15–49 (1998). 470p.
[11] Lay, C. H.: At last, my research article on procrastination.*Journal of Research in Personality*, **20**, pp. 474–495 (1986).
[12] Loehlin, J. C.: The Cholesky approach: A cautionary note. *Behavior Genetics*, **26**, pp. 65–69 (1996).
[13] Loehlin, J. C., Martin, N. G.: The genetic correlation between procrastination and impulsivity. *Twin Research and Human Genetics*, **17**, pp. 512–515 (2014).
[14] Lynam, D. R., Smith, G. T., Whiteside, S. P., Cyders, M. A.: *The UPPS-P: Assessing five personality pathways to impulsive behavior*. West Lafayette: Purdue University (Technical Report) (2006).
[15] Maher, B.: Personal genomes: The case of the missing heritability. *Nature*, **456**, pp. 18–21 (2008).

[16] Matheny, A. P., Jr., Dolan, A. B.: Persons, situations, and time: A genetic view of behavioral change in children. *Journal of Personality and Social Psychology*, **32**, pp. 1106–1110 (1975).
[17] Neale, M. C., Maes, H. H. M.: *Methodology for Genetic Studies of Twins and Families*. Kluwer Academic Publishers. B. V. (2004).
[18] Penke, L., Denissen, J. J. A., Miller, G. F.: The evolutionary genetics of personality. *European Journal of Personality*, p. 21, pp. 549–587 (2007).
[19] Plomin, R., DeFries, J. C., Knopik, V. S., Neiderhiser, J. M.: Top 10 replicated findings from behavioral genetics. *Perspectives on Psychological Science*, **11**, pp. 3–23 (2016).
[20] Polderman, T. J. C., Benyamin, B., de Leeuw, C. A. *et al.*: Meta-analysis of the heritability of human traits based on fifty years of twin studies. *Nature Genetics*, **47**, pp. 702–709 (2015).
[21] Purcell. S.: Variance components models for gene-environment interaction in twin analysis. *Twin Research*, **5**, pp. 554–571 (2002).
[22] Shanahan, M. J., Hofer, S. M.: Social context in gene-environment interactions: Retrospect and prospect. *The Journals of Gerontology: Series B: Psychological Sciences and Social Sciences*, **60**, pp. 65–76 (2005).
[23] Steel, P.: The nature of procrastination: A meta-analytic and theoretical review of quintessential self-regulatory failure. *Psychological Bulletin*, **133**, pp. 65–94 (2007).
[24] Steel, P.: *The Procrastination Equation: How to Stop Putting Things Off and Start Getting Stuff Done*. Pearson Education Limited (2010). 368p.
[25] Tangney J.P., Baumeister, R. F., Boone, A. L.: High self-control predicts good adjustment, less pathology, better grades, and interpersonal success. *Journal of Personality*, **72**, 271–322 (2004).
[26] Turkheimer, E.: Three laws of behavior genetics and what they mean. *Current Directions in Psychological Science*, **9**, pp. 160–164 (2000).
[27] Wallace, B., Cesarini, D., Lichtenstein, P., Johannesson, M.: Heritability of ultimatum game responder behavior. *Proceedings of the National Academy of Sciences in the United States of America*, **104**, pp. 15631–15634 (2007).

6

犯罪者の更生は可能か：性犯罪者処遇プログラムの効果をめぐって

6.1 はじめに

　犯罪者を更生させ，再犯を防ぐことは可能か．これは生活の安全と安寧を願う一般市民の関心事であるとともに，犯罪対策を考える専門家にとっても重要な問いであるが，答えは容易ではない．この問いについて考える下準備として，最初に我が国では一体どのくらいの割合で犯罪者が再犯しているのか，実態を見てみることにしよう．

　再犯率の1つの指標は，刑務所に入所した犯罪者が釈放されて社会に戻った後に，再び犯罪をして刑務所に再入してくる割合である．表6.1は『平成29年版犯罪白書』（法務総合研究所，2017）を元に作成したものだが，これを見てまず目につくのは，覚せい剤取締法違反の再犯率の高さである．覚せい剤への依存が進行すると，覚せい剤に対する渇望に基づく焦燥，易怒性が強まるとされ（岩下・米元，1996），このことが出所後わずか5年以内に半数近くが再度，刑務所に戻るという再犯率の高さに結びついているものと思われる．また，窃盗の再犯率も高い．窃盗には劣等感，周囲との不適合感・違和感，自己不全感，将来に対する閉塞感，悲観的気分など，情緒的不安定さに根ざして常習性を強める場合があるとの指摘がある（安香，2008）．一方，社会に衝撃を与える重大事件である殺人は，再犯率という点から見れば比較的低い．本章で中心的な話題として取り上げる強制性交等（強姦）・強制わいせつといった性犯罪では，概ね4人に1人弱が再犯をしている．これは決して低い値ではないが，この数値の

表 6.1 刑務所を出所した受刑者の再犯率
平成 29 年版犯罪白書を元に作成.

罪種	平成 24 年に刑務所を出所した人員	平成 28 年までに再び刑務所に入所した人員	再犯率
殺人	428	42	9.8%
強盗	1175	249	21.2%
傷害・暴行	1562	522	33.4%
窃盗	9296	4150	44.6%
強姦・強制わいせつ	748	164	21.9%
覚せい剤取締法違反	6649	3254	48.9%

みを見れば一般に流布している「性犯罪は必ず繰り返される」という言説を支持するほど高いものではないだろう.

6.2 再犯防止プログラム

犯罪に及んだ者に対して何らかの働きかけを行うことで, その者が再び犯罪をしなくなるようにすることが可能かどうかを考えてみると, 残念ながら, 現在の矯正技術では再犯を完全に防ぐことは不可能である. しかし, 再犯の可能性を減らすことはできるであろう. たとえば, 何もしないで刑務所の犯罪者100人を出所させたとき30人が再犯をしたとして, 再犯防止プログラムを実施して出所させた100人では再犯者の数を20人まで減らすことができたとしたなら, それは再犯率を10%減少させる効果を持ったことになる.

以下では, 性犯罪者に対する再犯防止プログラムの効果について科学的に検証した研究を取り上げて解説していく. 犯罪には窃盗などの財産犯, 覚せい剤などの薬物犯, 放火・殺人などの凶悪犯, 自動車事故のような交通犯など様々な種類の犯罪があり, その心理社会的発生機序は罪種によって異なるとする考え方がある. これを受けて, 処遇プログラムもそれぞれの罪種に特化した取り組みが行われている. これら多様な再犯防止プログラムを一括りで論じることは適切ではないため, 本章では性犯罪に的を絞って話を進める.

性犯罪は最も一般市民の不安を喚起する犯罪の1つであり, 人々は性犯罪者が社会にもたらす害悪について強い懸念を持っていることが示されている (Hanson,

2006).それゆえ,人々は国家の犯罪対策において性犯罪は最も重要なものの1つであるとも考えており,再犯防止プログラムへの期待も高い (Mears *et al.*, 2008).

6.3 性犯罪の態様と処遇プログラム

ひとくちに性犯罪といっても,その態様は事件によって異なる.『犯罪白書（平成28年版）』を参照しながら,我が国の法体系に基づいてその実態を概観していこう.

まず,性犯罪と聞いて多くの人が思い浮かべるのは強制性交等であろう.これは刑法第177条に「13歳以上の者に対し,暴行又は脅迫を用いて性交,肛門性交又は口腔性交（以下「性交等」という.）をした者は,強制性交等の罪とし,5年以上の有期懲役に処する.13歳未満の者に対し,性交等をした者も,同様とする」と規定されている.なお,強制性交等罪は,平成29年に強姦[1]から改正された.よって,平成28年までの犯罪統計は,旧罪名である強姦で計上されている.平成28年の1年間で,我が国の強姦の認知件数は989件であった.態様としては,たとえば,たまたま通りかかった被害者に暴力を振るって路地に連れ込み,手足を押さえつけて騒ぐと殺すなどと脅して姦淫（性交）するといった事件がある.大学生が飲み会で被害者を酒に酔わせて集団で行うタイプのものもあれば,一人暮らしをしている被害者のマンションに侵入して行う場合もある.児童を拉致して姦淫した後に殺害するといった事件が世間を騒がせたこともある.

もう1つの性犯罪の代表的タイプは強制わいせつである.これは,刑法第176条に「13歳以上の男女に対し,暴行又は脅迫を用いてわいせつな行為をした者は,6月以上10年以下の懲役に処する.13歳未満の男女に対し,わいせつな行為をした者も,同様とする」と規定がある.強姦との違いは性交を伴わないことである.しばしば見られる強制わいせつの事例としては,通行中の被害者に近寄ってスカートに手を差し入れ,陰部および臀部を触るというものがある.

---

[1] 強姦は改正前の刑法第177条で「暴行又は脅迫を用いて十三歳以上の女子を姦淫した者は,強姦の罪とし,三年以上の有期懲役に処する.十三歳未満の女子を姦淫した者も,同様とする」と規定されていた.

平成28年の強制わいせつの認知件数は6,188件であった.

我が国の法務省法務総合研究所 (2016) では,成人性犯罪者を類型化する試みを行っており,単独強姦型,集団強姦型,強制わいせつ型,強制わいせつ（共犯）型,小児わいせつ型,小児わいせつ（共犯）型,小児強姦型,小児強姦（共犯）型,痴漢型,盗撮型の10類型を上げている.また,やはり法務省のデータを用いた研究として,大江ら (2008) は性非行少年を対象にクラスター分析を行い,反社会的・衝動群,非社会的・性固執群,一過的・潜伏群といったグループを抽出している.反社会的・衝動群は非行性が進んでおり,多種多様な非行に及ぶ中で重大な性非行に及ぶ傾向があり,性格面では衝動的な行動に出やすく,認知の歪みが大きい群である.非社会的・性固執群は,神経質で内向的だが,自己顕示的でもあり,物事を歪んで受け止めて不満を強めやすく,一貫して性的逸脱行動を反復させる群である.一過的／潜伏群は,その他の群に比べて人格的に大きな偏りがなく,状況的な要因が性非行の発現を促した可能性があり,性非行への固執性は当面は乏しいものの,今回の性非行によって性的関心・行動が強化され,のちに非社会的・固執群に移行する可能性が否定できない群である.

性犯罪に結びつく加害者側のリスク要因（犯罪促進的に働く要因）には,子どもに対する性的関心,性嗜好異常に対する関心,衝動性・無謀さ,就労の不安定さ,性犯罪に対する寛容な態度,親密さの欠如などが挙げられる (Hanson, 2006).これらは後から処遇プログラムによって変えることができる性質であることから動的リスク要因[2]と呼ばれている.性犯罪者の再犯を防ぎ,更生させるための方策としては,このような動的リスク要因を標的に認知行動的アプローチを行い,変容を促すといった方法がとられることが多い.

6.4 効果検証の実際

このセクションでは性犯罪者を更生させる目的で行われるプログラムにどの

---

[2] 再犯に結びつくリスク要因である犯因論的リスク要因 (criminogenic risk factor) は,年齢や過去の有罪判決回数などのように後から変化させることができない静的リスク要因 (static risk factor) と,学校や職場への適応状態や反社会的な認知パターンなど変化させることができる動的リスク要因 (dynamic risk factor) の2つに分けられる.

程度の再犯防止効果があるかについて実証研究の知見を見ていく．プログラム内容の例については，6.4.4「我が国における性犯罪者処遇プログラムの効果検証」で概要を紹介する．

6.4.1 カナダにおける検証研究

まず，オリバーら (Olver et al., 2012)[3] によるカナダにおける性犯罪者処遇プログラムの効果検証を見てみよう．なぜ，カナダなのかと疑問に思われる方もいるかもしれないが，実はカナダは科学的根拠（エビデンス）に基づく犯罪防止施策の先進国である．一方，我が国では，再犯防止の働きかけで何が有効かに関するエビデンスはほとんどないといってよいくらい，蓄積は乏しい．我が国の司法・行政機関の中には，再犯防止の研究を抑制しようとする動きすらある．筆者自身も欧米では一般的に行われているような非行少年に関する再犯防止研究を，国から差し止められた経験がある．このようなことが起こる背景には，研究によって得られた科学的な知見が，政府の施策との間で不一致を生じた場合に，施策そのものが社会からの批判にさらされることを懸念している面があると推測される．本来は，科学的な根拠を積み重ねて，施策に活用していかなければならないが，研究そのものの禁止を公的機関が打ち出すことは，エビデンスに基づく犯罪防止を阻害する，憂慮すべき問題といえよう．

さて，オリバーらの研究で対象者となったのは，連邦刑務所に収容された性犯罪受刑者で，記録上で1997～2000年に刑期が終了する者のうち，分析に必要な情報が得られた男性受刑者732名であった．彼らを出所後約15年間追跡し，再犯したかどうかを調べた．この間に732名のうち性犯罪者処遇プログラムを受講した625名を処遇群，受講しなかった107名を対照群とし，両群の再犯率を比較することによってプログラムの有効性を検証しようとした．

処遇群の受刑者が受けた性犯罪者処遇プログラムは，対象者を性犯罪へと方向づける動的リスク要因を特定し，認知行動的なアプローチによってその改善を促すものであった．処遇のターゲットとなったリスク要因は，逸脱した性的関心，性犯罪に対する寛容な態度，社会的能力の乏しさなどである．処遇プログラムは心理専門職によって主としてグループで行われ，また，個々の性犯罪

---
[3] オリバーの所属は，カナダ サスカチュワン大学である．

者に固有の事情に応じて個別に対応する機会も設けられた．

さて，プログラムを受けた処遇群と受けなかった対照群のデータを収集し，性犯罪受刑者が釈放されて社会に戻った後の両群の再犯率を調べて比較すれば処遇効果の検証ができるわけであるが，実はもう1つ考慮しておかなければならない重要なことがある．それは，処遇群と対照群とで性犯罪の再犯リスクがもともと等質であったかどうかを確認することである．一方の群に他方の群よりももともと再犯リスクの高い性犯罪者が多く含まれているとしたら，公平な比較ができなくなってしまうからである．

こうした選択バイアスの問題は，対象者をランダムに処遇群と対照群に割りつける無作為化比較対象試験 (randomized control trial: RCT) と呼ばれる方法を用いれば，かなりのところまで回避することができる．RCT は，ヘルスケア，教育，刑事司法，その他の公共政策領域において想定された変化を評価する最善の方法である (Torgerson and Torgerson, 2008)．しかし，実際に RCT を用いた検証は少なく，欧米においても評価研究の 15%程度を占めているに過ぎない (Weisburd, 2010)．オリバーらの研究でも RCT は用いられておらず，その代わりにバイアスを回避する方法として，対象となった性犯罪者がもともと持っていた再犯リスク要因の量を調べるという手続きを踏んでいる．検討されたリスク要因は，① 過去に結婚したことが一度もない，② 被害者と面識がない，③ 被害者が男性を含む，④ 刑務所釈放時の年齢が 35 歳未満である，⑤ 過去に 4 回以上有罪判決を受けた，⑥ 過去に性犯罪で有罪判決を受けた，の 6 つである．対象となった性犯罪受刑者が各項目に該当するごとに 1 点を与えて対象者ごとに合計したものを簡易保険統計学的リスク尺度 (Brief Actuarial Risk Scale: BARS) としている．

表6.2 は，釈放時の年齢とリスク要因等について受講群と対照群の内訳を示したものである．これを見ると，①～⑥ の再犯リスク要因のうちで，③ の被害者が男性であることを除く他の全項目で，受講群よりも対照群のほうが有意に該当者の割合が高かった．BARS 得点も同様の傾向を示している．つまり，受講群よりも対照群のほうに性犯罪再犯リスクの高い受刑者が多かったのだが，どうしてこのような差異が生じるかというと，処遇プログラムの対象者には，職員の指示に従順で，刑務所内で問題行動を起こすことが少ない，いわば質の良

表 6.2 受講群と対照群別に見た対象者の釈放時の年齢とリスク要因の分布
オリバーら (Olver et al., 2012) の Table 1 を一部改変して作成.

性犯罪リスク要因	性犯罪者処遇受講群 ($n = 625$)		対照群 ($n = 107$)		
	%	n	%	n	
① 婚姻歴なし	35.5	222	50.5	54	**
② 被害者と面識なし	68.5	428	79.4	85	*
③ 被害者が男性	18.2	114	15.9	17	
④ 刑務所釈放時の年齢が 35 歳未満	30.9	193	46.7	50	**
⑤ 過去に 4 回以上の有罪判決歴あり	1.8	11	2.8	3	**
⑥ 過去に性犯罪で有罪判決歴あり	29.6	185	40.2	43	*
	平均	SD	平均	SD	
追跡期間	11.7	1.3	11.5	1.7	
釈放時年齢	42.2	11.7	37.5	11.6	**
簡易保険統計学的リスク尺度 (BARS)	1.8	1.2	2.4	1.2	**

$^*p < .05,\ ^{**}p < .01.$

い受刑者が選ばれやすいこと（選択バイアス），質の悪い受刑者は処遇プログラムが進行するにつれ，指示を無視したり，その他の問題から脱落したりしていき，最終的に受講群には性質の良い受刑者が残りやすいこと（ドロップアウト・バイアス）などが挙げられる[4]．

さて，性犯罪の再犯リスクが受講群と比べて対照群のほうがもともと高いわけであるから，釈放後の再犯率を調べて対照群のほうが受講群よりも高かったとしても，それが性犯罪者処遇プログラムによる処遇効果であるとはいえない．この問題を解決する 1 つの方法として，この研究では，再犯指標を従属変数とする多変量線形回帰モデル（ここではコックス (Cox) の比例ハザード・モデルが用いられている）において，再犯リスクを示す BARS 得点を共変量として投入することで，受講群と対照群にもともと存在している再犯リスクの差を統制しようと試みている．

---

[4] 処遇プログラムの効果検証を行う際に生じる各種のバイアスについては，Shadish et al. (2002) に詳しい説明がある．我が国の実情を踏まえた各種バイアスの解説は，森 (2016, 2017) を参照されたい．

6.4.2 生存分析による効果検証

処遇効果の検証に用いられた分析は生存分析（第1章参照）の一種であるコックスの比例ハザード・モデル (Cox proportional hazards model) である．従属変数は再犯の有無を示す2値変数と観測期間を示す連続変数の組となる．ある対象者が刑務所を釈放されてから再犯をした場合には「再犯あり」ということで2値変数は1をとり，釈放されてから再犯までの期間が観測期間となる．このデータはイベント発生のあるデータと呼ばれる．再犯をしなかった場合には「再犯なし」ということで2値変数は0をとり，釈放されてから最後に再犯の有無が確認された時点までの期間が観測期間となる．このデータは中途打ち切りデータと呼ばれる．

観測される時間はマイナスの値をとらないので，正規分布を用いたモデリングが望ましくないこと，再犯をするまでの期間および観測の最後までを追跡して，再犯がないことが確認されるまでの期間が対象者によって異なることから，この形式のデータのモデリングに特化した手法として生存分析と呼ばれている手法が開発されており，コックスの比例ハザード・モデルはその一手法である[5]．

コックスの比例ハザード・モデルは，以下の式で表される．

$$h(t, x_1, x_2, \cdots, x_n) = h_0(t) \cdot e^{(\beta x_1 + \beta x_2 + \cdots + \beta x_n)}$$

ここで関数 $h(t, x_1, x_2, \cdots, x_n)$ と $h_0(t)$ は，ハザード関数 (hazard function) と呼ばれるものである．ハザード関数は以下のように定義される．

T を，生存時間を表す連続な実数値確率変数とすると，時点を示す，非負の実数 t が与えられた時に，ハザード関数 $h(t)$ は，

$$h(t) = \lim_{\Delta t \to 0} \frac{P(t \leq T < t + \Delta t | T \geq t)}{\Delta t}$$

で定義される．

これは，ある時点 t において再犯をしなかった受刑者が次の瞬間に再犯をする確率の単位時間当たりの密度を示している．この数値の意味は以下のように

---

[5] 生存時間分析の詳細は大橋・浜田 (1995) を参照されたい．また，再犯分析への応用については，森 (2015a, 2015b, 2017) に解説がある．

表 6.3 コックスの比例ハザード・モデルによる処遇効果検証結果
オリバーら (Olver *et al.*, 2012) の Table 2 を一部改変して作成.

変数	β	標準誤差	95% C.I.	e^β	p 値
性犯罪再犯					
BARS 得点	0.549	0.083	[1.472, 2.036]	1.731	.000**
性犯罪者処遇プログラムを受講	−0.357	0.246	[0.432, 1.134]	0.700	.147
暴力犯罪再犯					
BARS 得点	0.434	0.053	[1.391, 1.712]	1.544	.000**
性犯罪者処遇プログラムを受講	−0.531	0.158	[0.431, 0.801]	0.588	.001**

**$p < .01$

注：性犯罪者処遇プログラムの受講は，受講した場合には 1，受講していない場合には 0 をとる 2 値変数である．

なる．たとえば，ある犯罪者が 2 年間再犯をしなかったとしよう．その 2 年間再犯をしなかった犯罪者は，3 年目に再犯をするかもしれないし，4 年目に再犯をするかもしれないし，もっと先に再犯するかもしれない．ここで，この 2 年間再犯をしなかった犯罪者が，次の 1 年以内に再犯をする確率がいくらになるかを算出することが可能である．同様に，同じ対象者が次の半年以内に再犯する確率も算出可能である．このようにして，次の 1 カ月以内に，0.5 カ月以内に，0.1 カ月以内にと，次々と期間を縮めて再犯確率を計算することができる．もちろん，再犯までの期間が短くなるにつれて，その確率は 0 に近づいていくが，その確率を期間の長さ Δt で割るという操作を行い，その期間を 0 に限りなく近づけて極限を求めたものがハザード関数 $h(t)$ となる．ある時点まで再犯をしなかった対象者が次の瞬間に再犯をする確率の単位時間当たりの密度というのは，このような意味である．比例ハザード・モデルでは，共変量 $x_1, x_2, \ldots, x_n$ によって表される属性を持つ対象者のハザード関数 $h(t, x_1, x_2, \ldots, x_n)$ を，基準ハザード関数 (baseline hazard function) と呼ばれる $h_0(t)$ と，自然対数の底 e を共変量 $x_1, x_2, \ldots, x_n$ と係数 β との線形結合で累乗したものとの積で表現している．各共変量の影響がこの線形結合で表現されているのである．

比例ハザード・モデルによる分析の結果は表 6.3 のようになった．再犯は性犯罪再犯と暴力犯罪再犯に分けられているが，性犯罪再犯は，対象者が釈放後に再び性犯罪に及ぶという事象であり，暴力再犯は性犯罪を含めて他者に対し

て身体的な被害を負わせる犯罪に及ぶという事象である．β は線形回帰モデルにおける偏回帰係数であるが，比例ハザード・モデルでは，この β が再犯に与える影響の大きさは e^{β} で評価できる．この値は投入した共変量（独立変数）が1単位変化したときに，ハザード関数，すなわち，ある時点において再犯をしなかった受刑者が次の瞬間に再犯をする確率の単位時間当たりの密度が何倍になるかを示している．表 6.3 を見ると，性犯罪の再犯では BARS 得点が 1 点上昇するごとに，ある時点まで再犯をしなかった受刑者が次の瞬間に再犯をする確率の単位時間当たりの密度が 1.731 倍であったことがわかる．これは BARS 得点が高くなると，再犯をしやすくなることを意味している．

さて，一番の関心事である性犯罪者処遇プログラムの再犯防止効果だが，性犯罪再犯については性犯罪者処遇プログラムの受講 ($\beta = -.357$) が有意になっておらず，性犯罪者処遇プログラムを受講したことが性犯罪再犯を防止する効果を持たなかったことがわかる．他方，暴力犯罪再犯では性犯罪者処遇プログラムの受講が有意になっており，処遇プログラムを受講することによって，暴力犯罪再犯を防止する効果があったことがわかる．すなわち，性犯罪者処遇プログラムを受講した受刑者は受講しない受刑者と比べて，暴力犯罪再犯をしなかった者が次の瞬間に暴力犯罪再犯をする確率の単位時間当たりの密度が 0.588 倍になっている．この値の意味するところも先に解説したものと同様である．

この分析では，生存関数 (survival function) を用いた効果検証も行われている．生存関数は図 6.1，図 6.2 に示されるような非増加関数であり，横軸は時間の経過を，縦軸は再犯をしないでいる受刑者の割合（累積生存率）を示している．グラフからは時間の経過とともに，累積生存率が低下していく様子が見て取れる．生存関数の定義は以下のようになる．

T を，生存時間を表す非負の実数値の確率変数とする．非負の実数値である時点 t が与えられた時に，生存関数 $S(t)$ は，$S(t) = P(T \geq t)$ と定義される [6]．

統計学では，

$$F(t) = P(T \leq t)$$

で定義される分布関数 (cumulative distribution function) のほうが一般的である

---

[6] この式は，ある犯罪者が時点 t を超えて再犯をしないでいる確率，と表現すると数式からイメージしやすい．

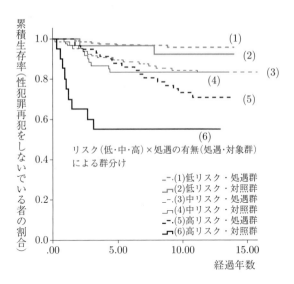

図 6.1 性犯罪再犯についての生存関数
オリバーら (Olver *et al.*, 2012) の Figure 1 を一部改変して作成.

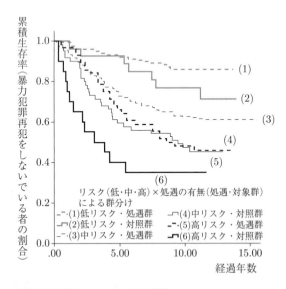

図 6.2 暴力犯罪再犯についての生存関数
オリバーら (Olver *et al.*, 2012) の Figure 2 を一部改変して作成.

が，この2つの関数は

$$S(t) = 1 - F(t)$$

という関係にある．なお，T の確率密度関数 (probability distribution function) を $f(t)$ とすれば，先に解説したハザード関数 $h(t)$ と $S(t)$ との関係は，

$$f(t) = S(t) \cdot h(t)$$

となる．時点 t まで対象者が再犯をしない確率に，時点 t まで再犯をしなかったときに次の瞬間に再犯する確率の単位時間当たりの密度を掛けたものが，密度関数 $f(t)$ になる．

さて，生存関数の推定であるが，先にも述べたように再犯分析のデータは観測期間が一定ではなく（個々の対象者によってそれぞれ異なる），中途打ち切りが生じることから，単純に時点 t に対して，

$$S(t) = \frac{\text{時点 } t \text{ で再犯していない受刑者の数}}{\text{全体の受刑者の人数}}$$

という割合を計算すればいいということにはならない．生存関数の推定には，カプラン・マイヤー推定 (Kaplan-Meier estimation) と呼ばれる推定法が最もよく用いられている（Aalen et al. (2008)．数理的基盤については Kalbfleisch and Prentice (2002) を参照）．これは最尤推定で，与えられた生存時間のデータ・セットに対して，そのデータ・セットが生じる確率が最も高くなるような生存関数を求めるものである．図 6.1 は性犯罪再犯の，図 6.2 は暴力犯罪再犯の生存関数だが，対象者は BARS 得点によって低リスク群（得点 0～1），中リスク群（得点 2～3），高リスク群（得点 4 以上）という，再犯リスクの異なる 3 群に分けられた．それぞれのリスク群に処遇群と対照群があるので合計 6 群が構成された．対象者の持つ再犯リスクによって，処遇の効果が異なる可能性があるので[7]，このようにリスクの異なる群分けをしたうえで，それぞれの群で生存関数を求めて比較を行うことが再犯分析の一般的な手法である．

---

[7] 我が国の再犯分析では，森ら (2016) が非行少年を低リスク群と高リスク群に分けて分析を行い，高リスク群には社会内処遇と比べて少年院で教育を受けたほうが再犯が抑制される一方，低リスク群には社会内処遇と少年院処遇とで再犯率の違いが見られないといった知見を見出している．

さて，図6.1は性犯罪再犯についての生存関数である．グラフの一番下方に位置しているのが高リスク・対照群である．すなわち，もともと再犯のリスクが高い性犯罪受刑者が，性犯罪者処遇プログラムを受講しないと再犯率が最も高くなった．統計的検定の結果，この群は他の5つの群と比べていずれも有意に再犯率が高いことが示されている．一方で，中リスクおよび低リスクの群では，処遇群と統制群には有意な差が見られなかった．つまり，再犯リスクの高い性犯罪受刑者に対しては性犯罪者処遇プログラムを実施することが再犯率を低下させることができるものの，再犯リスクが比較的低い性犯罪受刑者の場合には，性犯罪者処遇プログラムを実施してもしなくてもその後の再犯率に差が見られないということである．

次に，図6.2は性犯罪を含めたすべての暴力犯罪再犯の分析である．この場合でも，一番下方に位置して再犯率が最も高い群は，高リスクで処遇を受けなかった対照群であるが，先の性犯罪再犯の場合とは異なり，高リスク・処遇群との間で統計的に有意な差は認められなかった．一方で，中リスク群においては，処遇群と対照群で有意な差が認められており，このリスク水準に性犯罪者処遇プログラムの効果が示された．

ここまでの結果をまとめると，もともと性犯罪受刑者が持っている再犯リスクを統制した回帰モデルによる分析では，性犯罪者処遇プログラムは，性犯罪を含めた暴力犯罪再犯を防止する効果は持つものの，性犯罪そのものを防止する効果が認められない．また，高・中・低のリスク群に分けて分析すると，高リスク受刑者の性犯罪再犯を防止する効果が確認できるものの，暴力犯罪再犯を防止する効果は認められない．高リスク受刑者の暴力犯罪再犯を防止する効果は認められず，一方，中リスク受刑者の暴力犯罪再犯を防止する効果が確認されるということになる．読者の中には，性犯罪を防止する処遇プログラムを行えば，すべての受刑者に再犯を防止する効果があると考えていた方もいるのではないだろうか．実際には，受刑者の再犯リスクの程度が異なったり，再犯の種類といった条件を変えると再犯の防止効果があったりなかったりするというのが分析結果の示すところである．性犯罪者処遇プログラムには，再犯防止効果が期待できる部分があることは確かであるが，いかなる場合にも安定した再犯防止効果が認められるわけではない．

6.4.3 保護的因子の再犯防止機能

オリバーらの研究で行われていたような,性犯罪者の再犯リスクを特定し,認知行動療法的な処遇技法によって再犯を防止するというやり方はRNRモデル,もしくはリスク管理モデルとも呼ばれている[8]。ボンタら(Bonta and Andrews, 2016)によって提唱されたこのモデルは,20世紀の後半から精力的に実証研究が行われ,また犯罪者処遇現場での実践も行われた。このモデルは実証的な根拠に基づいた犯罪者処遇を行うにあたって,今日,最も影響力のある指針と見なされている(Ward and Maruna, 2007)。しかし,現状の再犯防止処遇の効果がいまだ不確実な部分を有していることを見れば,このモデルをさらに拡充し,あるいは補完し,発展させていく余地があるといえる。

次に紹介する研究は,犯罪者を再犯へと方向づけるリスク要因ではなく,再犯を抑制することが期待される保護的因子(protective factor)に焦点を当てた研究である。保護的因子は,その機能や作用機序の解明等がいまだ研究の途上にあり,現段階では以下に示すように様々な定義が提案されている。リスク要因の否定的な影響を引き下げたり,または暴力的なアウトカムが起こる可能性を減らしたりする働きを持つ要因(Borum et al., 2006),将来の暴力行為のリスクを軽減する,個人の特性,環境および状況(de Vogel et al., 2014),あるリスクを持つ集団において犯罪に及ぶ確率が低くなることを予測するような変数(Farrington and Ttofi, 2012)などの定義である。いずれにせよ,保護的因子は犯罪行動を抑える機能を持つことが想定されている。

デ・フリース・ロッベら(de Vries Robbé et al., 2014)[9]の研究は,オランダで性犯罪のために司法精神病院(forensic psychiatric hospitals)への入院を裁判所によって宣告された83名の男性犯罪者を対象とするものである。この83名は重篤な精神病理のため完全責任能力を持たないとして,司法精神病院でのリハビリテーションを受けることを裁判所によって命じられた。そこでは,精神医学的な支援が行われ,個別心理療法,集団心理療法,心理教育,職業スキルの開発等が行われ,認知行動療法的なリラプス・プリベンション・モデル(relapse

---

[8] RNRモデルの我が国における解説は森(2017)を参照.
[9] 著者のそれぞれの所属は,オランダ,ユトレヒト市バン・デル・ヘーベン・クリニック,バン・メスターク・クリニックティルブルフ市ティルブルフ大学,ポールトゥガール市キエフランデン司法精神医学センターである.

prevention model) に基づく介入が行われている．リラプス・プリベンションはリラプス（再発）を生じやすいハイリスク状況を同定し，認知的・行動的双方のコーピング方略を用いて，将来同様な状況に陥ったときにリラプスが生じるのを防止しようとするものである（Marlatt and Witkiewitz, 2005）．

　対象者の45％はパーソナリティ障害，3％は統合失調症などの精神病，14％は小児性愛などの性的異常の診断を受けていた．被害者の25％は児童，残りは成人であった．また，ほぼ半数は今回の事件以前に性犯罪ではない暴力事犯で有罪判決を受けていた．彼らは平均して5.4年間の治療を受け，社会へ釈放されたときの年齢の中央値は30歳であった．83名のうち，56名は釈放後に裁判所の管理を受けることがなかったが，26名は釈放後も裁判所の管理下に置かれた．なお，1名は釈放後に短期間で再犯に及んで別の施設に収容されている．

　この研究において対象者の保護的因子測定に用いられたのは，デ・フォーヘルら(de Vogel et al., 2014) が開発したSAPROFと呼ばれるツールである．SAPROFは，内的要因（知能，幼年期の安定した愛着形成，共感性など保護的に働きうる個人の特性を示す5項目），動機づけ要因（仕事，金銭管理，治療への動機づけなど前向きな方法で社会参加することへの個人の動機づけを表す7項目），外的要因（親密な人間関係，専門的ケア，外部からの監督など保護的に働く外的要素を示す5項目）の計17項目から構成されている．評定者は各項目の内容を明らかに持っている場合には2点，ある程度持っている場合には1点，明らかにない場合は0点とスコアリングする．再犯リスクの査定においては，SAPROFを単独で用いるのではなく，リスクを測定するツールを併用する必要があり，この研究では暴力リスクを測定するHCR-20 (Webster et al., 1997)[10]と性犯罪に特化したリスクを測るSVR-20 (Boer et al., 1997)[11]が用いられた．

　表6.4はHCR-20, SVR-20という再犯リスク要因とSAPROFで測定された保

---

[10] HCR-20は生活史項目10項目（過去の暴力，サイコパシーなど），臨床項目5項目（主要精神疾患の活発な症状，衝動性など），リスク・マネージメント項目（計画が実行可能性を欠く，ストレスなど）からなる全20項目の暴力に関するリスク・アセスメント・ツールである．項目への当てはまり度合いに応じて0点，1点，2点でスコアリングする．

[11] SVR-20は，性的暴力に特化して測定を行うリスク・アセスメント・ツールである．心理・社会的な適応状態に関する11項目（児童虐待経験の有無，薬物使用の問題，就労の問題など），性犯罪に関する7項目（犯罪に対する極度の矮小化・否認など），将来の設計に関する2項目（現実的な計画を欠いているなど）の合計20項目からなる．スコアリングは0点，1点，2点の3件法で行う．

表 6.4 釈放後の再犯に対する SAPROF, HCR-20, SVR-20, 合成変数の得点の AUC 値 デ・フリース・ロッベら (de Vries Robbé et al., 2014) の Table 3 を一部改変して作成.

	暴力犯罪再犯			性犯罪再犯	
	1年後	3年後	長期 (平均15年)	3年後	長期 (平均15年)
SAPROF	.83**	.77***	.74***	.76*	.71**
	[.72, .95]	[.64, .91]	[.63, .85]	[.51, 1.00]	[.56, .86]
HCR-20	.91***	.81***	.67**	.65	.59
	[.82, .99]	[.66, .95]	[.55, .79]	[.39, .92]	[.44, .74]
HCR − SAPROF	.89**	.80***	.72***	.71	.66*
	[.81, .97]	[.66, .95]	[.61, .83]	[.44, .97]	[.51, .81]
SVR-20	.78**	.77**	.60	.63	.58
	[.63, .93]	[.64, .89]	[.47, .72]	[.41, .86]	[.42, .74]
SVR − SAPROF	.89***	.81***	.70**	.72	.65
	[.80, .97]	[.68, .94]	[.59, .81]	[.46, .97]	[.49, .82]

**$p < .01$, ***$p < .001$.
注：下段の [ ] は 95%信頼区間を示す.

護的因子が将来の再犯をどの程度正確に予測できるかを，AUC(area under the curve) と呼ばれる指標を用いて示したものである．AUC は値が 1 に近づくほど再犯を正確に予測できていることを意味する．AUC が 0.5 の時はいわゆるチャンス・レベルであり，無作為に再犯の有無を予測したときの値となる[12]．HCR − SAPROF という変数は，HCR-20 の得点から SAPROF の得点を減じたものである．すなわち，HCR-20 が示す再犯リスクから SAPROF が示す保護的因子が存在する分だけ再犯リスクが下がるのではないか，という仮説をもとに構成された合成変数である．SVR − SAPROF も同様で，SVR-20 の得点から SAPROF の得点を減じたものである．

先ほど取り上げたオリバーらの研究と同様に，再犯は暴力犯罪（性犯罪を含む）と性犯罪の 2 種類を指標としている（いずれも有罪判決）．1 年後，3 年後という記載は釈放されてからその時点までの再犯を，長期というのは観測デー

---

[12] AUC は，ROC 曲線と呼ばれる関数の下側の部分の面積である．ROC 曲線は横軸に 1− 特異度，縦軸に敏感度をプロットしたものであり，検査の精度を分析したり，カット・オフ・ポイントを決めたりする際に用いられる．詳細は，森實 (2016) を参照.

タから追える範囲でできるだけ長い期間再犯を追跡した結果である（長期の場合の平均追跡期間は 15 年）．性犯罪再犯の欄に 1 年後という期間がないのは，性犯罪の再犯はもともと数が少なく，ベース・レートが低くなっており，1 年後では分析をするのに十分な再犯の数が揃わないためであった．

　まず，表 6.4 で暴力犯罪再犯の結果を見ると，SAPROF と HCR-20 はいずれの追跡期間においても AUC が有意となった．この検定は，チャンス・レベルである AUC＝0.5 を帰無仮説として検定を行ったものである．いずれの追跡期間においても，暴力犯罪再犯リスクの高さが暴力犯罪再犯の発生を予測し，保護的因子を持っていることが暴力犯罪再犯の発生を抑えることを予測している．

　続いて，追跡期間の違いによる影響を見ていこう．1 年後，3 年後の暴力犯罪再犯を見ると，SAPROF および HCR – SAPROF と比べて HCR-20 のほうが AUC 値は高い．つまり，この期間では HCR-20 が単独で暴力犯罪再犯を予測するほうが高い精度で予測できるということである．HCR-20 は，もともと暴力リスクの測定に特化して作られたものであるから，この結果は理解しやすい．しかし，追跡期間が平均して 15 年という長期間の予測になると，HCR-20 によって測定された暴力リスクよりも，SAPROF によって測定された保護的因子のほうがより高い精度で暴力犯罪再犯を予測している．つまり，長期的な予測では，暴力リスクが高いことよりも，保護的因子を多く持つことが，暴力犯罪再犯に影響を与えるところが大きいといえる．

　デ・フリース・ロッベらは，このような結果は意外であると述べている．一般に長期的予測では，動的リスク要因が外的要因やライフ・イベントによって変化してしまい，短期的予測と比べて精度が落ちることは不思議なことではない．しかし，HCR-20 では生活史関連項目として項目総数の半数に当たる 10 項目が静的リスク要因であるのに，その多くを動的要因によって構成された SAPROF のほうが長期的な予測で優っているというのは不思議である．なぜ不思議かというと，一般に再犯リスクの予測精度は静的リスク要因によって主として担保されており，動的リスク要因の影響度は相対的に低いとされるからである (Caudy et al., 2013)．デ・フリース・ロッベらの分析結果はこの見解と矛盾しており，このことは動的リスク要因の再犯予測における重要性を検討していく必要性を示唆している．ところで，SVR-20 は暴力犯罪再犯については総じて HCR-20 お

よび SAPROF よりも予測の精度が低くなっているが，SVR-20 が一般的な暴力犯罪ではなく，性犯罪リスクを測定するために特化したツールであることを考えれば，こちらは不自然な結果ではない．

一方，性犯罪再犯を予測する場合には，SAPROF が 3 年後と長期の両方で AUC が有意となる一方で，SVR-20 はこの 2 つの期間のどちらも AUC が有意になっていない．つまり，保護的因子を有していることが性犯罪再犯を抑える方向でその予測に寄与するが，性犯罪のリスク自体は性犯罪の再犯予測に寄与をしていないということになる．また，暴力リスクや性犯罪リスクを保護的因子が抑えるという，いわば自然な仮説が分析では検証されなかった（SVR – SAPROF の効果が非有意）．リスク要因を含んだアセスメント・ツールは，再犯予測において十分な妥当性を持つというエビデンスが示されて久しいが (Grove *et al.*, 2000)，こうした確定的な知見と整合性をもって解釈することが難しい結果が出ていることは，この知見にもいまだ不安定な部分があることを示唆している．少なくとも，保護的因子とリスク要因の関係に関しては残された未知の課題があるといえよう．

6.4.4 我が国における性犯罪者処遇プログラムの効果検証

ここまで紹介した 2 つの研究はいずれも欧米のものであった．犯罪者の再犯防止について，実証的な検討を加える研究は我が国では欧米と比べて非常に数が少なく，今後，研究を積み重ねていく必要がある．本章の最後に，筆者らが分析を行った，我が国の性犯罪受刑者に対する性犯罪者処遇プログラムの効果検証 (Yamamoto and Mori, 2016) を紹介する．

(1) 性犯罪者処遇プログラムの概要

性犯罪者処遇プログラムは，日本の刑事施設において行われる特別改善指導の 1 つであり，性犯罪再犯防止指導と呼ばれる再犯防止のための処遇プログラムである．以下は，法務省のホームページ (http://www.moj.go.jp/content/001224612.pdf) に基づいて，このプログラムの概要を述べたものである．

このプログラムは，強制わいせつ，強姦その他これに類する犯罪または自己の性的好奇心を満たす目的をもって人の生命もしくは身体を害する犯罪につな

がる自己の問題性を認識させ，その改善を図るとともに，再犯しないための具体的な方法を習得させるものである．指導は刑事施設の職員（法務教官，法務技官，刑務官），処遇カウンセラー（認知行動療法等の技法に通じた臨床心理士等）によって行われ，グループ・ワークおよび個別に取り組む課題を中心とし，必要に応じカウンセリングその他の個別対応を行う．実施頻度は，1単元を100分とし，週1回ないし2回，標準実施期間は3〜8ヵ月である．再犯リスク，問題性の程度，プログラムとの適合性等に応じて，高密度（8ヵ月）・中密度（6ヵ月）・低密度（3ヵ月）のいずれかのプログラムを実施することになる．

　対象となる受刑者には，オリエンテーションを講義形式で行い，指導のプログラムの構造，実施目的について理解させ，あわせて対象者の不安を軽減することから始める．次いで，準備プログラムとしてグループ・ワークを実施し，受講の心構えを養い，参加への動機づけを高めさせる．この後，本科と呼ばれる第1科から第5科までのセッションを，グループ・ワークと個別課題を設定して実施する．第1科のテーマは「自己統制」であり，① 事件につながった要因について幅広く検討して特定させ，② 再発を防ぐための介入計画（自己統制計画）を作成させ，③ 効果的な介入に必要なスキルを身につけさせる．第2科のテーマは「認知の歪みと変容方法」であり，① 認知が行動に与える影響について理解させ，② 偏った認知を修正し，適応的な思考スタイルを身につけさせ，③ 認知の再構成の過程を自己統制計画に組み込ませる．第3科のテーマは，「対人関係と親密性」であり，① 望ましい対人関係について理解させ，② 対人関係に係る本人の問題性を改善させ，③ 必要なスキルを身につけさせる．第4科のテーマは「感情統制」であり，① 感情が行動に与える影響について理解させ，② 感情統制の機制を理解させ，必要なスキルを身につけさせる．第5科のテーマは「共感と被害者理解」であり，① 他者への共感性を高めさせ，② 共感性の出現を促す．

　この第1〜5科の本科は，先に述べた高・中・低の密度によって内容を選択するようになっている（高密度はすべてを実施する）．最後に，メンテナンスのセッションを行い，受刑者にこれまでに学んだ知識やスキルを復習させ，再犯しない生活を続ける決意を再確認させ，作成した自己統制計画の見直しをさせて，刑務所出所前に社会内処遇への円滑な導入を図る．本プログラムの実際の

運用については，門本・嶋田 (2017) を参照されたい．なお，我が国では，この他の特別改善指導として，薬物依存離脱指導，暴力団離脱指導，被害者の視点を取り入れた教育，交通安全指導，就労支援指導が実施されている．

(2) 効果検証研究

調査対象は，2007 年 7 月 1 日～2011 年 12 月 31 日に性犯罪で確定判決を受けて我が国の刑務所に入所した男性受刑者のうち，刑務所で行われる性犯罪者処遇プログラムを受講した処遇群 1,198 名（プログラムを 90%以上の出席率で受講した者）とそれ以外の非処遇群 949 名であった．この両群の再犯率を比較することで，性犯罪者処遇プログラムの再犯防止効果を検証しようとしたものである．ここでの再犯の定義は，検察庁において事件処理されるという事象であり，再犯イベントが発生した時点はその処理が行われたときとした．再犯は，性犯罪での再犯と全罪種の再犯の 2 種類を調査した．追跡期間の平均値は処遇群で 604.2 日，非処遇群で 620.2 日となっている．

性犯罪者処遇プログラムは，法令によって性犯罪受刑者の全員に対して実施することが義務づけられているため，本来は処遇を実施しない非処遇群を設定することはできない．そこで，この研究では我が国で初めて本格的な性犯罪者処遇プログラムが導入された時点に着目することでこの問題を克服した[13]．すなわち，プログラムが導入されることが法律で決まる前に刑務所で受刑していた性犯罪者が性犯罪者処遇プログラムを非受講であることを利用して比較対照群を構成した．具体的には，性犯罪者処遇プログラムは平成 18 年 5 月 23 日に施行されたので，それ以前に刑務所に在所していた受刑者と，その後に刑務所に入所した受刑者を比較する方法をとった．

表 6.5 が性犯罪者処遇プログラムの再犯防止効果をコックスの比例ハザード・モデルを用いて検証した結果である．分析の枠組みは先に紹介したオリバーら (Olver et al., 2012) の研究とほぼ同じであり，共変量には RAT (Risk Assessment Tool) 得点と呼ばれる，対象となった性犯罪受刑者がもともと持っている再犯リスクを示す変数を投入した．このツールは，若年であること，性犯罪の前歴があることなど静的リスク要因の項目から構成されている．また，処遇の有無は

[13) 偶発コーホートによる準実験と呼ばれる手法である．

表 6.5 コックスの比例ハザード・モデルによる処遇効果検証結果
山本ら (Yamamoto and Mori, 2016) の Table 6, Table7 を一部改変して作成.

	全罪種再犯 (性犯罪を含む)			性犯罪再犯		
	β	e^{β}		β	e^{β}	
RAT 得点	0.34	1.40	**	0.41	1.51	**
処遇の有無	−0.22	0.80	*	−0.02	0.98	

処遇群 1, 非処遇群 0 の 2 値変数である.

　対照群を構成する際, 選択バイアスやドロップアウト・バイアスによって処遇群よりも再犯リスクの高い対象者が集まりやすいことは先に述べた. この分析でも, 各群の RAT 得点を調べたところ, 平均値は処遇群が $3.9(SD = 2.0)$, 非処遇群が $4.4(SD = 2.0)$ で, 非処遇群に再犯リスクの高い受刑者が多く含まれていた. このため, 両群の再犯率をそのまま比較すると, 処理群が処遇効果の面で有利となりやすい. そこで共変量に RAT 得点を投入して統制し, このバイアスを回避することにした.

　表 6.5 の結果を見ると, RAT 得点は有意に対象者の再犯を増加させており, その影響を表す e^{β} は全罪種再犯において 1.40 となっている. この数値の意味するところは, オリバーらの研究について先に述べたように, この得点が 1 上昇するごとに, ある時点まで再犯をしなかった者が次の瞬間に再犯をする確率の単位時間当たりの密度が 1.40 倍になることを意味している. 性犯罪再犯でもほぼ同様レベルの影響で 1.51 倍となっている.

　さて, 処遇効果は全罪種再犯において有意だったが, $e^{\beta} = 0.80$ だったことから, これは RAT の影響を考慮しても, 性犯罪者処遇プログラムを受講することが再犯を低減させる効果があることを意味している. 一方, 性犯罪再犯に対しては処遇プログラムの効果が見られなかった. 先に紹介したオリバーらの研究でもそうだったが, 処遇プログラムの効果が検出されない場合はしばしば見られる. こうしたことが生じる理由としては, 処遇によって性犯罪に結びつく性犯罪者自身の性質が変容したとしても, それが実際に社会内での行動変容に結びついて再犯が抑止されるまでには至らなかったという可能性が考えられる. ただし, 全罪種再犯に抑制効果が見られたことは, このプログラムを受講する

ことによって対象者の犯罪に向かう一般的志向性が弱められたとはいえよう．

6.5　結語

本章では犯罪者の更生は可能かという問いを掲げ，性犯罪者の再犯防止研究を取り上げて解説したが，読者の方々はどのような感想を持たれただろうか．性犯罪者の再犯を防止する特効薬のような方法があり，その方策を用いれば100%確実に性犯罪をやめさせることができる，そうした期待を持たれた方には，本章の内容は期待外れだったかもしれない．現実に性犯罪者の再犯を 100%抑止することは，現状我々が手にしている技術では不可能であり，刑務所出所後，再び性犯罪に及んで被害者を増やす性犯罪者は必ず存在することになる．

性犯罪受刑者の再犯を完全に抑止することは残念ながら不可能であるため，検討すべき課題は，性犯罪者の再犯を処遇プログラムによってどの程度食い止めることが可能かに焦点を当てたものとなる．本章で紹介した研究は，いずれもそのような観点から検討されたものである．性犯罪者の再犯をどの程度食い止められるか，その具体的な数値を近年行われたメタ分析で算出された処遇効果で見ると，5つの性犯罪者処遇プログラムによって性犯罪者の再犯率が平均22%下げられていたことが報告されている (Kim et al., 2015)．この程度まで再犯を防止できれば，現状の処遇プログラムとしては成功を収めたといえる1つの目安になるであろう．

重要なことは，1つの検証結果で再犯防止効果が見られないからといって，性犯罪者の矯正そのものを否定するべきではないということである．検証した結果，効果が見られないとなると，「犯罪者への介入はやっても意味がない」，「予算を投入するのは無駄である」といった論調に一気に流れる可能性があるが，本来一朝一夕に効果が出るたぐいのものではないということは，現場で犯罪者・非行少年に対峙している専門家に共通の感覚である（山本，2017）．また，高橋・西原 (2017) は，我が国の性犯罪受刑者について犯行の否認・責任最小化との関連を調べ，否認・最小化傾向が再犯の予測に寄与しなかったという新しい知見を報告している．これは1つの例であるが，性犯罪者の性質は多様であり，個々の犯罪者の特徴と再犯の関連を調べる研究には未知の部分が多く残されている．

再犯の防止は一筋縄ではいかない困難な課題である．そのような認識を社会の中で広く共有して，我が国でも再犯についての研究を行って知見を積み重ね，それを生かした形で処遇プログラムの開発を行い，実施，評価，改良を行いながら，より効果のある処遇プログラムを科学的に探索していく姿勢が求められる．

引用文献

[1] 安香 宏：犯罪心理学への招待 犯罪・非行を通して人間を考える．サイエンス社 (2008). 252p.
[2] Aalen, O. O., Borgan, Ø., Gjessing, H. K.: *Survival and Event History Analysis, A Process Point of View*. New York: Springer (2008). 557p.
[3] Bonta, J., Andrews, D. A.: *The Psychology of Criminal Conduct (6th ed.)*. Routledge (2016). 470p.（原田隆之 訳：犯罪行動の心理学．北大路出版 (2018). 527p）
[4] Boer, D. R., Hart, S. D., Kropp, P. R., Webster, C. D.: *Manual for the Sexual Violence Risk-20(SVR-20)*. Mental Health, Law, and Policy Institute (1997). 96p.
[5] Borum, R., Bartel, P., Forth, A.: *SAVRY Structured Assessment of Violence Risk in Youth*. PAR (2006).
[6] Caudy, M. S., Durso, J. M., Taxman, F. S.: How well do dynamic needs predict recidivism? Implications for risk assessment and risk reduction. *Journal of Criminal Justice*, **41**, pp. 458–466 (2013).
[7] de Vogel, V., Ruiter, C., Bouman, Y. *et al*.: *Structured Assessment of Protective Factors for Violence Risk*. Van Der Hoeven Kliniek (2014).（平林直次・菊池安希子・池田 学 監訳：SAPROF 暴力リスクの保護要因評価ガイドライン．国立精神・神経医療研究センター病院）
[8] de Vries Robbé, M., de Vogel1, V., Koster, K., Bogaerts, S.: Assessing Protective Factors for Sexually Violent Offending With the SAPROF, *Sexual Abuse: A Journal of Research and Treatment*, **27**, pp. 51–70 (2014).
[9] Farrington, D. P. Ttofi, M. M.: Protective and promotive factors in the development of offending. In: *Antisocial Behavior and Crime* (eds. Bliesener, T., Beelmann, A., Stemmler, M.). Hogrefe Publishing, pp. 71–88 (2012). 382p.
[10] Grove, W. M., Zald, D. H., Lebow, B. S. *et al*.: Clinical versus mechanical prediction: A meta-analysis. *Psychological Assessment*, **12**, pp. 19–30 (2000).
[11] Hanson, R. K.: Stability and change: Dynamic risk factors for sexual offenders. In: *Sexual Offender Treatment: Controversial Issues* (eds. Marshall, W. L. *et al*.). Chichester: John Wiley & Sons, pp. 17–32 (2006). 304p.（ハンソン，R. K.：安定性と変化—性犯罪者の動的リスク要因—．小林万洋・門本 泉 監訳：性犯罪者の治療と処遇．pp. 21–40，日本評論社 (2010), 396p）
[12] 岩下 覚・米元利彰：薬物療法（依存物質別）（福井 進・小沼杏坪 編：薬物依存症ハンドブック）．金剛出版，pp. 77–98 (1996). 257p.
[13] 法務総合研究所：平成 29 年版犯罪白書．日経印刷 (2017).
[14] 法務総合研究所：性犯罪に関する総合的研究．法務総合研所研究部報告，**55**, pp. 1–178

(2016).
[15] 門本 泉・嶋田洋徳：性犯罪者への治療的・教育的アプローチ．金剛出版 (2017). 275p.
[16] Kalbfleisch, J. D. Prentice, R. L.: *The Statistical Analysis of Failure Time Data (2nd ed.)*. Wiley-Interscience (2002).
[17] Kim, B., Benekos, P. J., Merlo, A. V.: Sex offender recidivism revisited: Review of recent meta-analyses on the effects of sex offender treatment. *Trauma, Violence, & Abuse.* pp. 1–13 (2015).
[18] Marlatt, G. A. Witkiewitz, K.: Relapse prevention for alcohol and drug problems. In: *Relapse Prevention: Maintenance Strategies in the Treatment of Addictive Behaviors* (2nd ed.) (eds. Marlatt, G. A., Donovan, D. M.). The Guilford Press, pp. 1–44 (2005). 416p.（原田 隆之 訳：リラプス・プリベンション―依存症の新しい治療―．pp. 1–52, 日本評論社 (2011). 448p）
[19] Mears, D. P., Mancini, C., Gertz, M., Bratton, J.: Sex Crimes, Children, and pornography: Public views and public policy.*Crime and Delinquency*, **54**, pp. 532–559 (2008).
[20] 森實敏夫：新版 入門 医療統計学―Evidence を見いだすために―．東京図書 (2016). 347p.
[21] 森 丈弓：司法・矯正分野での犯罪研究に必要な統計的手法について（前）．刑政，**126**, pp. 90–103. (2015a).
[22] 森 丈弓：司法・矯正分野での犯罪研究に必要な統計的手法について（後）．刑政，**126**, pp. 78–87. (2015b).
[23] 森 丈弓：司法・矯正分野におけるプログラム評価と効果検証（後）．刑政，**127**, pp. 76–89. (2016).
[24] 森 丈弓：犯罪心理学―再犯防止とリスクアセスメントの科学―．ナカニシヤ出版 (2017). 239p.
[25] 森 丈弓・高橋 哲・大渕憲一：再犯防止に効果的な矯正処遇の条件―リスク原則に焦点を当てて―．心理学研究，**87**, pp. 325–333 (2016).
[26] Olver, M. E., Nicholaichuk, T. P., Gu, D., Wong, S. C. P.: Sex offender treatment outcome, actuarial risk, and the aging sex offender in Canadian corrections: A long-term follow-up. *Sexual Abuse: A Journal of Research and Treatment*, **25**, pp. 369–422 (2012).
[27] 大江由香・森田展彰・中谷陽二：性犯罪少年の類型を作成する試み―再非行のリスクアセスメントと処遇への適用―．犯罪心理学研究，**46**, pp. 1–13 (2008).
[28] 大橋靖雄・浜田知久馬：生存時間解析―SAS による生物統計―．東京大学出版会 (1995). 277p.
[29] Shadish, W. R., Cook, T. D., Campbell, D. T.: *Experimental and Quasi-Experimental Designs for Generalized Causal Inference (2nd ed.)*. Wadsworth Publishing (2002).
[30] 高橋 哲・西原 舞：性犯罪者の犯行の否認・責任の最小化と再犯との関連の検討．心理学研究, doi.org/10.4992/jjpsy.88.16060 (2017).
[31] Torgerson, D. J. Torgerson C. J.: *Designing Randomised Trials in Health, Education and the Social Sciences: An Introduction.* Palgrave Macmillan (2008). 225p.

（原田隆之他 監訳：ランダム化比較試験 (RCT) の設計―ヒューマンサービス，社会科学領域における活用のために―．日本評論社 (2010). 262p）
[32] Ward, T., Maruna, S.: *Rehabilitation*. Routledge (2007). 220p.
[33] Webster, C. D., Douglas, K. S. Eaves, D., Hart S. D.: *HCR-20 Assessing Risk for Violence Version 2*. Mental Health, Law, and Policy Institute, Simon Fraser University (1997).（吉川和男 監訳：HCR-20 暴力のリスク・アセスメント 第 2 版．星和書店 (2007), 112p）
[34] Weisburd, D.: Justifying the use of non-experimental methods and disqualifying the use of randomized controlled trials: Challenging folklore in evaluation research in crime and justice. *Journal of Experimental Criminolgy*, **6**, pp. 209–227 (2010).
[35] Yamamoto, M., Mori, T.: Assessing the effectiveness of the correctional sex offender treatment program. *Online Journal of Japanese Clinical Psychology*, **3**, pp. 1–13 (2016).
[36] 山本麻奈：犯罪・非行と効果検証（川島ゆか 編：犯罪・非行臨床を学ぼう）．臨床心理学，**17**, pp. 768–772 (2017).

7
民族紛争の解決は不可能なのか

7.1 集団間紛争解決の心理学：理論的枠組み

　紛争解決研究の専門家たちが使う用語の1つに「解決困難な紛争」(intractable conflict) というものがある．長年にわたる努力にもかかわらず解決できない厄介な暴力的紛争で，インド北西部のカシミール，中東のパレスチナの民族紛争などがその代表例とされる (Coleman, 2000)．しかし，かつての南アフリカ共和国のアパルトヘイトや，近年終息しつつある北アイルランド紛争などのように，解決困難と見られていた紛争も粘り強い努力の結果，解決の方向が見出されたケースも少なくない．民族紛争の解決に影響する要因は多様であり，そこには歴史的経緯，経済的利害，国内の社会・政治状況，国際関係などが含まれる．こうした広範な要素を含む民族紛争という複雑な現象に，社会心理学者はどのように取り組んできたのであろうか[1]．

　社会心理学的研究の中では，集団間紛争の解決にいくつかのステップがあることが指摘されている (Bar-Tal, 2011)．紛争を物理的に停止させる段階，問題の具体的・心理的解決のための交渉などを含む紛争鎮静化 (settlement) の段階，相手の受容や相手への赦し，関係の再構築を含む究極的な和解 (reconciliation) の段階などが代表的なものである．いったん，物理的な意味で紛争を停止させ

---

[1] 民族紛争を含む集団間関係に関する社会心理学系の専門誌に *Group Processes & Intergroup relations* がある．また，日本心理学会では，2016–2017 年度に公開シンポジウム「紛争問題を考える」が大渕憲一氏・熊谷智博氏を中心に続けて企画された．その中で，紛争解決のプロセスでは，当該地域での政権の安定が前提条件となるなどの重要な指摘（武内進一氏）がなされた．

たとしても，和解の段階を経ない限り，再び紛争が繰り返される恐れがあると考えられる（これらの各段階については，熊谷 (2016) に詳しい）．

紛争解決プロセスと関連して，紛争原因に関する研究は次の2つの理論枠組みを中心に行われてきた．まず，キャンベル (Campbell, 1965) が現実的葛藤理論と名づけた枠組みでは，食料，エネルギー，それらを生産するための土地や設備，その他の限られた実際の資源の取得・保持をめぐる対立が集団間にある場合，それが紛争を引き起こすとされる．たとえば，シェリフら (Sherif et al., 1961) は，サマーキャンプに参加した少年たちの現場実験により，勝者に与えられる賞品をめぐり2つの集団間に紛争が生じる様子を観察している．その後，盛んになった社会的アイデンティティ・アプローチ (Tafjel and Turner, 1979; Turner et al., 1987; Hogg and Abrams, 1988) では，現実的葛藤のみならず，集団の持つ象徴的価値への脅威によって集団間の対立が発生すると仮定される．社会的アイデンティティとは集団所属に基づく個人の自己概念で，自尊心の維持・高揚，自己概念の明確化のため内集団の価値を高めようとする動機が集団間の対立を引き起こすというのがこのアプローチの主張である．

これらの理論的アプローチの主張は互いに矛盾するわけでなく，現実の紛争の異なる2つの側面を描いたものと捉えることができる．現実の各種資源をめぐる対立が心理的対立を生む側面と，社会的アイデンティティにまつわる心理的闘争が現実の対立を生む側面が，ともに存在することは間違いない．

7.2 民族紛争理解の視点

民族紛争の具体的な現れ方は，その深刻さの度合いに応じていくつかの水準に分けられる．名著『偏見の心理』の中でオールポート (Allport, 1954) は偏見対象の集団に対する敵対的行為について次の5水準を挙げている．

1. ひぼう（対象集団に関する偏見を口に出して述べること）
2. 回避（対象集団の成員を避けること）
3. 差別（対象集団の成員すべてを社会生活の諸領域からしめ出す．隔離も含む）
4. 身体的攻撃（対象集団成員の身体・財産に対する物理的な攻撃．脅迫も含む）
5. 絶滅（対象集団成員に対するリンチ，虐殺，集団虐殺）

リストの下ほど費やされるエネルギーが大きく，深刻度が強くなるように並べられている．全体としては敵対的行為としてまとめられるが，各段階間には偏見を抱く側にとっても，偏見の対象になる側にとっても，大きな質的差異が認められる．2つ目以下のものは偏見対象の集団にとって具体的な不利益をもたらすし，4つ目以下は不利益という言葉で済まない激烈さを伴っている．

社会心理学ではさらに，差別や身体的攻撃などの具体的な敵対的行為に至るまでの内的プロセスにもいくつかの区別を設けている．まず，敵対的な知識・印象・評価といった認知的・評価的側面であるステレオタイプ (stereotype) や，敵対的に行動する心的準備状態であり，行為として表出される前段階の態度 (attitude) としての偏見 (prejudice) が区別される．ステレオタイプや偏見は，具体的な敵対的行動と連動することが多いが，1対1に対応するわけではない．それはある知識が即，具体的な態度につながるわけでなく，また具体的態度がそのまま具体的行動として表出されるわけでもないことと同様である．とはいえ，表面化した民族間対立の背後には対象集団への敵対的態度（偏見）があり，さらにその背後にはその集団への敵対的知識・印象・評価（ステレオタイプ）が存在すると理解されている．

さて，こうした複数のレベルを含む民族紛争に関し，以下では4つの具体的研究について，どのような概念と論理が使われ，どのような仮説がいかなる実証方法と統計分析により検証されているのかを紹介する．最初の研究は，異民族間で好意的な関係が生じるプロセスに関する研究で，そこに道徳性評価の問題が絡むことをエレガントな実験研究により示したものである．2つ目の研究は，民族紛争を含む集団間関係研究の中で長い歴史のある偏見低減に関するものである．上で取り上げたオルポートが同書の中で提唱する接触仮説 (contact hypothesis) が，因果関係の方向に留意しつつ大規模なパネル・データを用いて検討される．3つ目の研究もやはり接触仮説に関する研究で，「友達の友達」効果（間接的接触の効果）を捉えようとしたものである．4つ目の研究は，視点が変わり，民族紛争の解決に及ぼす国家レベルでの政策と社会規範の影響を検討したものである．

道徳性評価といった個人の認知レベルの問題（研究例1）から，異民族の友人（の友人）との関係と偏見とのかかわりを扱うもの（研究例2, 3）を経て，最後

にマクロな国家レベルの意思決定と民族紛争との関係を考えるものまで，これらの研究を通して，この問題への社会心理学のアプローチの幅の広さを見てほしい．

7.3 異民族集団成員への道徳性評価と脅威の知覚，接触回避（研究例 1）

道徳性 (morality) の研究はピアジェやコールバーグ等による子どもの道徳性発達の研究 (Haidt, 2008; Kohlberg, 1969; Piaget, 1968) に見られるように，心理学の重要なテーマであり続けてきた．社会心理学の中でも，他者に対する認知が道徳性評価によって影響されること，自らの道徳性についての判断が集団レベルでの自尊心・イメージの維持に重要な働きをすること等が見出されている (Leach et al., 2007)．近年，イタリア，ミラノ市ビコッカ大学のブランビッラら (Brambilla et al., 2013) は，この道徳性が民族間関係にいかに影響するかを実験的に検討した．

すでに彼ら自身の先行研究で，相手集団やその成員の印象が，その社交性，友好度，知性，有能さなどの情報よりも，道徳性次元の情報（正直さと信頼できる度合い）によって強く影響されることが見出されている (Brambilla et al., 2011; Brambilla et al., 2012)．本研究では，それを一歩進め，道徳性評価の影響が社会的判断や行動意図，さらには行動レベルでいかに現れるかを実証的に検討することが試みられた．検討された仮説は次のとおりである．

仮説 1： 対象人物が外集団成員であれ内集団成員であれ，その道徳性を低く知覚すると，参加者は脅威を感じ，また友好的接触意図を弱めるであろう[2]．

対象人物に脅威を感じた参加者は対象人物への接触を回避することが予測されるが，対象人物が外集団成員であるか内集団成員であるかで，接触回避をも

---

[2] 社会心理学や社会学では，自集団（自分が所属する集団）を内集団，それ以外の集団を外集団という．なお，ブランビッラらの研究には研究 1, 2, 3 の 3 つが含まれるが，本稿ではそのうち研究 1 の仮説を中心に，研究全体を代表するように仮説の表現を一部改めた．仮説 2 と 3 についても同様である．

たらす脅威の種類が異なると考えられる．まず，非道徳的な外集団成員は，内集団の安全を脅かす現実的な脅威と考えられる (Cottrell and Neuberg, 2005)．

仮説2： 非道徳的外集団成員に対しては集団の安全面への脅威を感じ，それが友好的接触意図を弱めるであろう．

一方，内集団成員の道徳性は社会的アイデンティティを脅かすと考えられる．それが内集団の象徴的価値，具体的には内集団のイメージにとってダメージとなるからである (Leach et al., 2007)．

仮説3： 非道徳的な内集団成員に対しては集団イメージへの脅威を感じ，それが友好的接触意図を弱めるであろう．

これらの仮説を検証するため，3つの研究がイタリア国内で実施された．イタリア人学生27人が参加した予備研究によって，社会的地位がイタリア人と同程度であると判定されたインド系移民（5点尺度上での評定平均が2.93で，イタリア人の2.92と有意差がなかった）が検討対象の外集団（異民族）として選択された．外集団（異民族）の社会的地位が，ある種の脅威を引き起こすことがわかっているため (Cottrel and Neuberg, 2005)，対象集団の社会的地位を同等に保つ必要があったのである．

一般に，実験研究でデータを取得する目的は，独立変数（本研究の場合は対象集団成員に対する道徳性の知覚）が従属変数（同，脅威の知覚他）に与える効果を調べることである．そのためには，従属変数に影響しそうな他の要因をコントロールする必要がある．社会的地位の違いによる影響がないようにブランビッラらが配慮したのはこのためである．他に，別の20人のイタリア人学生サンプルに，イタリア人とインド系移民それぞれの有能さ，社交性，道徳性の3特性について評定させた結果，いずれの特性についても両者に差がないことが確認できた．したがって，これらの3変数もコントロールできていたことになる．

7.3.1 方法

上記の仮説を検証するため，研究1ではイタリア人とインド系移民のそれぞ

れが道徳的だと知覚される度合いが，後で述べるような方法で実験的に操作された．実験に参加したのは83名のイタリア人学生で，彼らは，対象人物の道徳性（高 vs. 低）× 対象人物の成員性（内集団 vs. 外集団）で作られた4条件のいずれかに無作為に割り当てられた．

事前に民族集団への同一視の度合いが測定された．内集団（つまりイタリア人）としての同一視の度合いを統制するためと，民族性についての意識を高めるためであった．次に人物写真（20代男性のイタリア人またはインド系移民いずれか1名）が示され，そこに氏名・年齢・民族名の追加情報（ダニエーレ・28歳・イタリア人，またはドゥリヤーナ・28歳・インド系移民）も示されていた．写真は先行研究 (Brambilla et al., 2011) で好ましさに違いがないことがわかっているものが使われた．

道徳性の操作として，先行研究で道徳性を表すことがわかっている3つの特性（「正直さ」，「まじめさ」など）が用いられた．具体的には，3つの特性それぞれについて対象人物が得たとされる評点（「高得点」または「低得点」のいずれか）を表にしたものが，実験条件に応じて参加者に示された．

その後，対象人物が集団の物理的安全面での脅威をもたらすと思うかについて（「対象人物はイタリア人の物理的安全にかかわる危険人物だ」，「対象人物は公共の秩序にとっての脅威をもたらす」など3項目 $\alpha = .94^{3)}$)，および集団イメージにとっての脅威をもたらすと思うかについて（「対象人物はイタリア人のイメージにとって脅威である」，「……評判にとって脅威である」など3項目 $\alpha = .96$) に回答した．前者から安全面での脅威得点が，後者から集団イメージへの脅威得点が算出された．

続いて，参加者は対象人物に対する友好的接触意図について，7項目に回答した（「私は対象人物に協力したい」，「……と対決したい」（逆転項目）など $\alpha = .95$)．逆転項目の反応を正方向に揃えたうえで，これら7項目への回答から対象人物への友好的接触意図得点が作成された．チェック項目として対象人物の道徳性が測定された（「対象人物が道徳的である度合いはどのくらいか」）．反応形式は

[3) 「クロンバックの α 係数」と呼ばれる指標があり，複数の項目から合成得点を算出する際，それら項目全体の内的整合性（同じ特性を測定している度合い）の高さを判断する基準として使われる．合成得点の信頼性を示す指標の一種である．通常.80程度以上であれば十分とされる．

すべて7点尺度であった（1. 全く違う〜7. とても当てはまる）．なお，統計値は省略するが，道徳性測定において期待される方向で条件間に有意な差があったことから，道徳性の実験操作は有効であったことが確認されている．

7.3.2 結果

道徳性2水準（高 vs. 低）× 対象人物の成員性2水準（内集団 vs. 外集団）で分けられた4条件間において友好的接触意図得点が異なるかどうかを調べるために2要因分散分析（第1章参照）を行った．その結果，道徳性の主効果にのみ有意性が認められ（$F(1, 78) = 89.02, p < .001, \eta_p^2 = .53$[4]），予想どおり，道徳性高条件の参加者は（$M = 6.30, SD = .70$）道徳性低条件の参加者よりも（$M = 3.87, SD = 1.48$）強い友好的接触意図を示した．対象人物の主効果，道徳性 × 対象人物の交互作用効果はいずれも非有意だった．

次に，安全面での脅威とイメージへの脅威について，道徳性 × 対象人物によって構成された4条件間に差があるかどうか調べるために分散分析を行った．表7.1が各条件の平均値と標準偏差（SD）である．ここでは，脅威測度の違いを要因に加える多変量分散分析が行われている．すなわち，道徳性2水準（高 vs. 低）× 対象人物の成員性2水準（内集団 vs. 外集団）× 脅威測度2水準（安全面の脅威 vs. イメージの脅威）の3要因混合計画分散分析（最後の要因のみ参加者内要因）が実施されている．その結果，道徳性の主効果が見られ（$F(1, 75) = 58.37, p < .001, \eta_p^2 = .43$），参加者は道徳性低条件（$M = 3.39, SD = 1.46$）で，道徳性高条件（$M = 1.54, SD = .82$）よりも大きな脅威を感じていた（表7.1）．また，2次の交互作用も有意だったが（$F(1, 75) = 37.55, p > .001, \eta_p^2 = .33$），これは，内集団成員の低い道徳性が内集団へのイメージ脅威を強め（道徳性低条件のみで，イメージ脅威（$M = 4.43, SD = 1.76$）は安全面での脅威（$M = 3.57, SD = 1.28$）よりも大きかった（$t(20) = 2.61, p = .01, d = .56$[5]），一方，外集団成員の低い道徳性は内集団に対する安全面での脅威をもたらすこと（道徳性低条件のみで，安全面への脅威（$M = 3.91, SD = 1.52$）はイメージ脅威（$M = 1.66, SD = 1.31$）より

---

[4] η_p^2（偏イータ2乗）値はサンプル数に左右されない効果量を示す指標の1つで，分散分析の評価に使われる．.53は効果が十分大きいことを示す．

[5] d 値はサンプル数に左右されない効果量を示す指標の1つで，t 検定等の評価に使われる．.56は効果が中程度であることを示す．

表 7.1 道徳性(高・低)と対象集団(内集団・外集団)ごとに示した安全面への脅威と集団イメージへの脅威の平均値(標準偏差)

対象集団		道徳性	
		低	高
内集団	安全面への脅威	3.57 (1.28)	1.85 (0.89)
	イメージへの脅威	4.43 (1.76)	1.67 (0.93)
外集団	安全面への脅威	3.91 (1.52)	1.41 (0.94)
	イメージへの脅威	1.67 (1.31)	1.21 (0.50)

も大きかった ($t(18) = 6.90$, $p < .001$, $d = 1.58$))を示す.このことが確認されたので,仮説2と3を検証するために媒介分析(第4章参照)に進んだ.

　対象人物が内集団成員である場合と外集団成員である場合に分けて,2種類の脅威を2つとも媒介変数として仮定し,道徳性評価の直接効果と間接効果を推定した.この分析ではブートストラップ法が用いられている (Hayes, 2013; Preacher and Hayes, 2008).これは,標本データから重複を許したサンプリング(普通は標本数と同じだけ)を繰り返し行い,統計値の信頼区間を推定して有意性検定を行う方法である.本研究の分析結果が図 7.1a と b に示されている.

　対象人物が内集団成員の場合(図 7.1a),集団イメージへの脅威のみが対象人物の道徳性評価から内集団成員への行動意図(友好的接触意図)への効果を媒介していた(媒介効果 = 1.29).一方,対象人物が外集団成員の場合には(図 7.1b),今度は,集団の安全面への脅威のみが,道徳性から外集団成員への友好的接触意図への効果を媒介していた(媒介効果 = 1.15).これらの結果は,仮説2および仮説3の予測と一致し,道徳性評価は内集団成員と外集団成員では与える脅威の種類が異なるが,それぞれが接触意図に影響を与えていることを示している.

7.3.3　研究2と3の結果

　研究1で見出された効果が,道徳性以外の観点から解釈できるかどうかを検討するため行われたのが研究2と3であった.具体的には,社会的判断研究 (Cuddy et al., 2008; Judd et al., 2005) において人物評価の基本次元であることがわかっている対象人物の能力 (competence) と道徳性を同時に操作する実験を

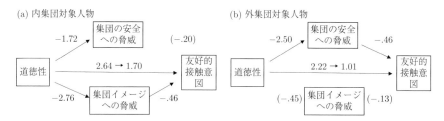

図 7.1 対象人物の道徳性から友好的接触意図への効果に及ぼす集団の安全への脅威と集団イメージへの脅威の媒介効果（数値は非標準偏回帰係数）
(a) 内集団対象人物の場合，集団の安全への脅威の媒介効果は有意でなく，集団イメージへの脅威の媒介効果は 1.29 であった．媒介効果により道徳性の直接効果は有意に減少した (2.64 → 1.70)．(b) 外集団対象人物の場合，集団の安全への脅威の媒介効果は 1.15 で，集団イメージへの脅威の媒介効果は有意でなかった．媒介効果により道徳性の直接効果は有意に減少した (2.22 → 1.01)．(a), (b) ともにブランビッラら (Brambilla *et al.*, 2013) の論文を元に作成．

実施したのが研究 2 であり，社交性 (sociability) を道徳性と区別して操作する実験を行ったのが研究 3 であった．

上の目的を達するため，165 人のイタリア人学生が参加した研究 2 では，研究 1 の 2 要因（対象人物の道徳性と成員性）に，能力（高・低）を参加者間要因として直交させるデザインが採用された．108 人のイタリア人学生が参加した研究 3 では，同様に，直交する第 3 の要因として社交性（高・低）が参加者間要因として追加された．

その結果，能力や社交性とは独立に，道徳性そのものが対象人物から感じる脅威と対人的かかわりへの行動意図に効果をもつことがわかった．研究 2 と 3 で行われた媒介分析の結果も，研究 1 の結果を再確認するものであった．

7.3.4 考察

総合すると，注意深く設計された 3 つの実験研究により，イタリア人のインド系移民に対する道徳性評価が，イタリア人のインド系移民に感じる脅威と対人的かかわりに関する行動意図（友好的接触意図）に影響することが明確に示された．また，道徳性のこの効果は，能力評価や社交性の効果とは独立のものであることも明らかにされた．すなわち，あるインド系移民が道徳的だと認識

されるとそのインド系移民に感じる脅威が小さくなり友好的接触意図が高まり，逆に道徳性が低いと認識されると脅威を強く感じるようになり友好的接触意図が抑制されるのである．また，道徳性の友好的接触意図に及ぼす効果はインド系移民に対する安全面への脅威（物理的脅威）の評価に媒介されていた．つまり，非道徳的と判断されたインド系移民は物理的に脅威であると見なされることを通じて回避されるのである．

　道徳性は，「解決困難な紛争」という概念の中で重要な位置を占める．対立集団との間で道徳的に妥協できないと感じる差異が大きいことが解決を困難にする主要要素の1つと考えられているからである (Coleman, 2000)．本研究は，解決困難な紛争の概念に基本的に合致するものであり，対象集団（の成員）を道徳的に受容できるかどうかが，民族間（を含む集団間の）紛争において極めて重要な次元であることが確認されたことになる．

　統計手法という観点から眺めると，実験研究の枠組みの中で独立変数を実験的に操作することを通して，注目する変数（ここでは対象集団の成員に対する道徳性の評価）が従属変数（ここでは脅威の知覚と友好的接触意図）に与える因果的な効果を，多変量分散分析という基本的統計手法を用いて説得的に示していると評価できる．さらに実験デザインを工夫した実験（研究2と3）を加えることにより，この効果が研究者の意図していなかった他の変数によって生じた可能性も排除している．影響が予想される内集団（イタリア人）への同一視の度合いについては実験手続きの中で統制しつつ，さらに統計手法的にも分散分析の中の共変量として投入することで統制している．媒介効果の分析に少数サンプルでも使えるブートストラップ法を用いたところにも特徴がある．

　こうした説得力のある研究は印象形成，社会的判断，集団間脅威などに関する先行研究の蓄積の上に成し遂げられたものである．どういう変数が統制されなければいけないか，どういう対象を設定すべきか，何が媒介変数となりうるのかが予想できないと，実験デザインにそれらを組み込むことができないからである．対象集団の社会的地位を統制し，脅威の種類を実験デザインに組み込むことなども，実験的研究の王道をいくような注意深い配慮が施されているといえる．

7.4 外集団との接触が偏見を減らすのか,偏見が接触を減らすのか(研究例2)

　国内の多数派民族と少数派民族の間の緊張緩和は多くの西洋諸国にとって政治的な課題になっており,各国で政策的な対応のための部署が設置されている.これに関して,社会心理学ではオルポート (Allport, 1954) の接触仮説 (contact hypothesis) に基づき,集団間接触に関するいくつかのモデルが提出されている.オルポートの次の命題はこれまで多くの研究で実証的な支持を得てきた.その命題とは「集団間の接触が,制度的な支持の下での平等な立場での接触であり,協力と親しい人間関係の形成を育むようなものである場合,偏見低減に有効である」というものである (Amir, 1969; Brown and Hewstone, 2005; Hewstone and Brown, 1986; Pettigrew, 1998; Pettigrew and Tropp, 2006). 偏見は,しばしば,他者に関する社会集団の成員性に基づいた否定的な信念または情動,行動意図と定義される.英国サセックス大学のビンダーら (Binder *et al.*, 2009) により行われたヨーロッパ3カ国での少数派と多数派の接触仮説に関する時系列研究でも,このやや広い,複数の要素を含む定義が採用された.ここで「接触」というのは,先行研究に倣い,「友人としての接触」と「外集団との友人関係」を指すものとされた.

　それに先立つペティグリューら (Pettigrew and Tropp, 2006) のメタ分析では500件を超える研究が検討されたが,多くの文献の中で次のようないくつかの点に偏りが認められる.まず,横断的な調査データに依存した分析が圧倒的に多いため,因果性の方向が曖昧である.そこには逆方向の,偏見をもつことが接触を回避させるという「偏見効果」も含まれているはずである.また,多数派集団の少数派集団に対する態度に注目した研究が多く,少数派集団の態度を扱ったものがほとんどない.さらに,接触効果が生じるメカニズムについてはあまり研究が進んでいない.外集団成員との肯定的な接触経験は接触への不安を低減させるのに役立ち,翻ってそれが偏見を減少させるはずだという不安低減の媒介効果仮説が提唱され,これを支持する横断的研究がいくつかあるが,時系列的研究でそれを検証したものはまだない.

　さらに,接触の効果が直接接触した外集団成員以外にも般化されるのかとい

う難問が，時系列的研究デザインを用いた研究では比較的軽視されてきた．接触した外集団成員が外集団の典型的代表例であると認識されると，接触効果が強まるという典型性の調整効果を示す研究結果が一部で得られているが，時系列的研究はごく限られたものしかなく，かつ結果は一貫していない．ビンダーらの研究ではこれらの問題すべてに答えるべく，ヨーロッパの3カ国（ベルギー，イングランド，ドイツ）の，国ごとに異なる幅広い少数派民族集団を含む1,600人以上の参加者からのデータが分析された．

仮説は次のとおりであった．

1. 集団間の接触は，（時系列的に）後の偏見を低減させる（接触効果）．
2. 偏見は（時系列的に）後の接触を減少させる（偏見効果）．
3. 接触効果は少数派集団よりも多数派集団でより大きい．
4. 外集団の友人の典型性が高いと知覚されると，接触効果が大きくなる．
5. 接触効果は集団間接触がもたらす不安低減によって媒介される．

7.4.1　方法

第1波のデータ収集対象は，ヨーロッパ3カ国（ベルギー，イングランド，ドイツ）の33の中等学校の生徒3,667人で，内訳はベルギー1,034人，イングランド1,124人，ドイツ1,509人で，全員無報酬の参加である．このうち1,655人(45.1%)が第2波の調査にも参加した．第1波，第2波ともに学校の教室で6カ月の間隔をあけてデータ収集が行われた．本研究の関心は交差時間差(cross-lagged)効果なので，この第2波に残ったデータの分析結果のみが報告された．このうち512人が少数派民族集団の，1,143人が多数派民族集団の成員であった．外集団の友人が1人もいない参加者を除いた数は1,383人であった．全体の男性，女性，性別不明の割合は48.5%，50.7%，0.8%であった．

全変数が，多数派民族集団用と少数派民族集団用の2つのパートからなる調査表で測定された．項目の提示順とページのレイアウトはどちらのパートでも同じである．最初に集団地位（少数派か多数派か）が測定された．参加者は，次の選択肢のどちらかを選択するよう求められた．「私の家族はずっとベルギー/イングランド/ドイツ*に住んでいたし，私は大抵『この土地の人間』だと感じ

7.4 外集団との接触が偏見を減らすのか，偏見が接触を減らすのか（研究例 2） 189

る」（*実施国に応じていずれかを使用．以下同じ），または，「私の家族は他の国からベルギー/イングランド/ドイツに来たし，私は元からのベルギー人/白人のイングランド人/ドイツ人ではない．」その後，参加者はその選択に合わせて，少数派用か多数派用のいずれかのパートに記入するよう求められた．少数派用も多数派用も，質問項目は次の点を除いてほぼ同じであった．少数派用では質問対象がベルギー人/白人のイングランド人/ドイツ人についてであったのに対して，多数派用では，質問対象が少数派民族集団の成員についてであった．

　質問項目に対する回答は，すべて 5 点尺度（1〜5点）で測定された．複数項目の合計を指標とする場合は，その信頼性を確認するために内的整合性が計算され，また第 1 波と第 2 波の間の再テスト信頼性も計算された．

　集団間の友人接触については先行研究のものがほぼそのまま採用された．友人接触の量について次の 2 つの質問が用いられた．「[外集団] の中に友人は何人いますか？」（1. いない，2. 1〜3人，3. 4〜6人，4. 7〜9人，5. 10人以上），「あなたは [外集団] の友人とどれくらい頻繁に一緒の時間を過ごしますか？」（1. ほとんど過ごさない〜5. とても頻繁に）．この 2 項目を平均して指標が作成された．接触の質は次の 3 つの質問で測定された．参加者は外集団の友人との関係が自分にとって近いか遠いか，平等か不平等か，協力的か対立的か，について尋ねられ，いずれも 1〜5 点で評定した（関係が近い場合ほど，平等であるほど，協力的であるほど高得点）．これら 3 評定値を平均し，数値が大きいほど友人との接触が肯定的であるように指標化された．外集団の友人の典型性は次の 1 項目で尋ねられた．「一般にあなたのベルギー人/白人のイングランド人/ドイツ人の友人は，典型的なベルギー人/白人のイングランド人/ドイツ人ですか？」[6]．

　集団間接触への不安について，外集団成員と一緒に働く場面であなた一人があなたの集団成員だった場合にどう感じるかを，「神経質になる」，「不安だ」などの 6 つの感情項目について評定するよう求められた．数値が大きいほど不安が大きいように指標化された．

　偏見については，感情的側面と行動的側面の両方を測定した．否定的な集団

---

[6] ビンダーらの論文中に記載はないが，多数派の参加者が典型性について回答するパートでは「一般にあなたの少数派民族の友人は，典型的なその少数派民族の人ですか？」と尋ねたものと推測される．

間感情は,「一般に [外集団] に対してどう感じますか」というリード文に続いて次の 6 項目で測定した.「彼らを尊敬しますか」,「……信頼しますか」,「……好きですか」,「……に怒りを感じますか」,「……いらいらしますか」,「……を迷惑に感じますか」. 数値が大きいほど否定的な感情を示すように指標化された.

行動的側面についてはボガーダス (Bogardus, 1933) の社会的距離尺度のうち 5 項目が用いられ, 平均値を指標としたが, ここでは数値が大きいほど距離をとりたい気持ちが強いことを表す.

7.4.2 結果

時系列効果の基本モデルは図 7.2 に示すとおりである. 交差時間差効果を示すこのパス図は, 重回帰分析を使って検討された. その際, 接触は「量」と「質」に分け, それぞれ別に分析された. すなわち, 第 2 波 (図中の T2) の偏見は, 第 1 波 (同 T1) の接触の質と偏見, または第 1 波の接触量と偏見から予測され, 同様に, 第 2 波の接触量は第 1 波の接触量と偏見から, また第 2 波の接触の質は第 1 波の接触の質と偏見から予測された. 接触の質を扱う際には, 1 人も外集団の友人がいない参加者のデータは除外された.

表 7.2 は交差時間差分析の結果だが, これを要約すると, 仮説 1 (接触効果) と 2 (偏見効果) はともに支持された. すなわち, 外集団の友人との接触の量と質は, どちらも (時系列的に) 後の偏見を低減させた. 偏見は (時系列的に) 後の接触の量と質を減少させた.

集団地位 (少数派 vs. 多数派) の効果 (仮説 3) を検討するため, 先行研究に倣い, 多数派を 0, 少数派を 1 とコード化し, この集団地位, 接触, 両者の

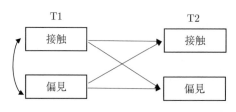

図 7.2 時系列効果の基本モデル
T1 は第 1 波, T2 は第 2 波.

表 **7.2** 偏見の 2 側面(社会的距離と否定的感情)ごとの全体の接触効果と偏見効果 元の文献より抜粋.表記法を一部組換えて加筆.

効果の種類		偏見の 2 側面	
		社会的距離	否定的感情
接触 → 偏見 (接触効果)	接触の量	−.05** (−.07, −.01)	−.08*** (−.08, −.03)
	接触の質	−.08*** (−.14, −.04)	−.12*** (−.16, −.06)
偏見 → 接触 (偏見効果)	接触の量	−.10*** (−.17, −.08)	−.06** (−.14, −.04)
	接触の質	−.21*** (−.21, −.13)	−.17** (−.23, −.13)

**$p < .01$, ***$p < .001$.
注:数値は標準偏回帰係数.括弧内は 95%信頼区間の上限と下限を示す.

表 **7.3** 偏見の 2 側面(社会的距離と否定的感情)を指標とした多数派・少数派成員ごとの接触効果

	社会的距離		否定的感情	
効果の種類	多数派	少数派	多数派	少数派
接触の質	−.10***	−.08	−.14***	−.05
接触の量	−.05*	−.06	−.10***	−.05

*$p < .05$, ***$p < .001$.
注:数値は標準偏回帰係数.

交互作用を独立変数とし,第 2 波の偏見を従属変数とする重回帰分析に投入した.さらに,第 1 波 (T1) での偏見を統制した.その結果,表 7.3 に見られるように,偏見の 2 つの側面(社会的距離と否定的感情)の両方に対して,集団地位と接触との有意な交互作用が見られた.そこで少数派と多数派のそれぞれで重回帰分析を行ったところ,少数派の接触効果は一貫して弱かった.

仮説 4 は,知覚された典型性が接触効果の大きさを調整するというものであった.第 1 波 (T1) での偏見を統制したうえで,第 1 波 (T1) での外集団友人の典型性,接触,両者の交互作用を独立変数,第 2 波 (T2) での偏見を従属変数とする重回帰分析に投入したところ,少数派集団と多数派集団を合わせた分析で,接触の質が偏見(のうちの否定的感情)に及ぼす効果への典型性の調整効果が認められた(交互作用 $\beta = -.06$, $p < .01$).友人の典型性が高い場合には接触効果が否定的感情を明瞭に減少させたが ($\beta = -.18$, $p < .001$),低い場合にはその度合いは小さかった ($\beta = -.06$, $p = .06$).多数派集団と少数派集団を分けた分析では,多

数派集団で典型性の調整効果が偏見の2つの側面（社会的距離と否定的感情）の両方に認められたが（それぞれ交互作用 $\beta = -.05$, $p = .04$; $\beta = -.07$, $p < .01$），少数派集団では否定的感情についてのみ調整効果を示唆する結果が得られただけだった（交互作用 $\beta = -.08$, $p = .056$）．

仮説5は，集団間不安が接触効果の潜在的媒介変数であるというものであった．集団間不安の媒介効果とは，接触が集団間不安を減少させることを通して偏見を低減させるという効果を指す．ここでは時系列媒介効果の検討のため，先行研究を拡張して図7.3に示すようなモデルを構築した．第1波 (T1) での偏見の効果を統制したうえで，集団間不安低減は第1波 (T1) と第2波 (T2) の両方で偏見を弱め，また，第1波の集団間不安を統制したうえで第2波の集団間不安低減が第2波の偏見を弱めることを予測するモデルであった．

媒介効果があることは，(a) 接触から不安低減と，不安低減から偏見低減への両方のパスが有意で，さらに (b) 外集団友人との接触が不安低減を経由して偏見低減に至る間接効果も有意である，つまりソーベル (Sobel) 検定が有意である場合に確定できる．上で述べた多数派集団・少数派集団の結果に基づき，多数派集団のデータのみを使って分析した結果，集団間不安の媒介効果は2つの接触測度（質と量）のいずれについても見られた．さらに，集団地位（多数派集団か少数派集団か）による接触効果の違いが，部分的に集団間不安に基づくものであることを示す結果も得られた．接触が偏見の否定的感情部分を低減させるのは，多数派集団の場合には集団間不安が接触により緩和される媒介効果によるが，少数派集団には媒介効果が見られなかったのである．

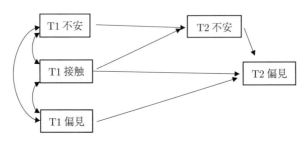

図 **7.3** 接触の偏見に対する時系列媒介効果モデル
T1は第1波，T2は第2波．

7.4.3 考察

本研究からわかった諸事実は，外集団の友人を持つことの効果に関するこれまでの研究結果を支持し，また拡張するようなものであった．友人として外集団成員と接触することが偏見低減に与える効果と，逆に，偏見が接触回避を促す効果が時系列的なデザインによって確認できた．さらに時系列的な媒介効果と調整効果に関しても実証的な支持を得ることができた．接触効果は外集団友人がその集団の典型例である場合に強められた．さらに，接触効果は集団間不安の低減によって部分的に媒介されることが確認できた．加えて，多数派集団と少数派集団の違いがいくつも確認できた．多数派集団では接触効果が見られるが，少数派集団では見られなかった．これらの結果が，3 カ国からの非常に大きなサンプルの 2 波からなる時系列的研究から得られた．

少数派集団の成員には接触仮説の効果が弱いという結果は，学校現場その他での具体的な政策立案の際に考慮されるべき要素であると著者のビンダーらは指摘している．

ビンダーらのこの研究は，偏見低減に関する接触仮説について，大規模パネルからの 6 カ月の間隔を空けた 2 波の調査データを使った交差時間差分析を行うことで，原理的に因果関係として理解できる結果をもたらした点において高く評価できる．彼らが用いた方法は，因果関係といえるかどうか怪しい場合が多い横断的研究の結果と比べて説得力があり，社会調査データから因果関係を探るための理想的な方法といえる．ただし，偏見低減に関する接触効果が成立する前提条件（制度的な支持の下での平等な立場での接触であり，協力と親しい人間関係の形成を育むようなものである）が調査対象となった生徒たちの環境で満たされていたのかについて情報がないことは，接触仮説に関する研究として疑問が残る．また，そもそも接触による偏見低減（そして今回，新たに検討された偏見による接触回避）が，一定の条件の下では一方向に単調に生じるという前提で調査が設計されているが，その根拠が不明である．接触（友人関係）の開始から一定の期間に一定のレベルで偏見低減が生じ，その後，変化が止まる（ないし逆転する）というような過程も予想できる．異文化間接触研究や対人関係研究などでは，時間経過に伴って異なるフェーズが生じるモデルが

いくつか提案されている．時間軸を考慮した複雑なモデルは，実証面で大きな困難を伴うことは確かだが，冒頭で述べたとおり民族紛争の解決という難しい課題には時間的に異なるフェーズが想定されるため，偏見研究にもその面での理論的・実証的展開が望まれる．

7.5 偏見低減に及ぼす直接的接触と間接的接触の効果（研究例3）

研究例2でも取り上げた接触仮説では，偏見対象となっている集団との友好的接触が，一定の条件を満たす場合に偏見低減に有効であると仮定し，実際，それを支持する実証的知見が蓄積されている．その条件とは平等な立場での協力関係，目標の共有などであり，偏見対象の集団成員を友人に持つことは，その条件を満たすと理解される．友人関係では様々な状況で相手と何度も接触し，打ち解けた会話や友人同士のつながりの拡大・発展が望めるからである．接触仮説は当初，人種・民族集団に対する偏見を対象としていたが，障害者集団などの他の集団に対しても適用できることがわかってきた．また，外集団多様性や外集団への信頼・寛容性など，偏見低減以外の効果があることも示されている．

接触が偏見を低減させるメカニズムについては，接触が外集団についての知識や外集団への共感性を高めること，視点取得 (perspective taking) を促すこと，外集団に対する恐れ (threat) や不安 (anxiety) を減少させることなどにかかわることが，実証的に示されている．

さらに，ライトら (Wright *et al.*, 1997) は，「外集団の友人をもつ内集団の友人がいる」という間接的接触でも，偏見低減が起こるという「拡張」接触 ("extended" contact) のプロセスを提唱し，その相関的および実験的証拠を示している．

この間接的接触の効果は，いくつかの研究で支持されているが，まだそれほど研究は進んでいない．本研究 (Pettigrew *et al.*, 2007) は，著者のペティグルー（米国カリフォルニア大学サンタクルーズ校教授）らが，2004年に実施されたドイツ人成人1,383人の無作為サンプルに対する電話調査データを使い，直接と間接の2種類の接触効果を比較したものである．この調査データはドイツ，ビルフェルト大学のハイトマイヤーが主導する大規模な10年間のプロジェクトで得られたものである．

7.5 偏見低減に及ぼす直接的接触と間接的接触の効果（研究例3） 195

ライトらによれば，間接的接触では外集団に対する不安が小さくて済み，外集団の一事例に対する好意的な見方が外集団全体に般化しやすいという特徴をもつ．集団をまたいだ友情の知覚は，好意的な集団間規範の知覚につながり，それが翻って外集団への好意的態度をもたらすのだとする．ペティグルーらは，さらに，この間接的接触効果を直接的接触現象につなげる規範による説明の拡張モデルを提唱する．寛容な集団間規範が存在する社会環境では，直接と間接の友人関係のプロセスの両者が生じると主張する．そうした社会的ネットワークと規範の枠組みの下では，次のような仮説が成立するであろう（一部省略）．

1. 直接的な友人関係と間接的な友人関係は高い正の相関を持つ．
2. 外国人との集団間友人関係のこの2指標は，ともに偏見と負の相関を持つ．
3. 直接的・間接的接触は相互に関連しつつ，互いに偏見低減を促進する．
4. 寛容な集団間社会規範は集団間友人関係の指標と正の関連をもつ．
5. これらの集団間接触の効果は，集合的および個人的恐れ(threat)の低減の両者により媒介される．

7.5.1 方法

16歳以上のドイツ人無作為サンプル1,383人に対して以下の内容の電話調査が行われた．

集団間にまたがる友人関係の測定項目は「あなたの友人や親しい知人に外国人は何人いますか？」（回答選択肢：1「いない」，2「数人いる」，3「たくさんいる」，4「非常にたくさんいる」[7]）であった．間接的接触項目は「あなたのドイツ人の友人には，外国人の友人が何人いますか？」（回答選択肢：1「いない」，2「数人いる」，3「たくさんいる」，4「非常にたくさんいる」）であった．この調査でいう「外国人」は外国人一般でなく，ドイツ在住の外国人を指している．

偏見を測定するため2つの尺度が作成された．1つは外国人に関するもの，もう1つはイスラム教徒に関するものであった．ドイツにおけるトルコ人移民労働者はドイツ在住の外国人の典型例であり，その多くがイスラム教徒である．

---

[7] ペティグリューらの論文には回答選択肢への得点割付の記載がないが，Appendix A に範囲が1～4との記載があるので，こうした割付だと思われる．間接的接触項目も同様．

2003年には，ドイツ在住者の8.9%（734万人）が制度上，外国人と見なされており，そのうちトルコ出身者が最も多かった（188万人）．

2つの尺度のうち，反外国人尺度は次の2項目からなっていた ($r = 59, p < .01$)．回答者は「ドイツに住む外国人は多すぎる」と思うか，「仕事が減ったときには外国人は母国に戻るべきだ」と思うかについて回答した（回答選択肢：1「全く賛成しない」，2「どちらかというと反対」，3「どちらかというと賛成」，4「全面的に賛成する」）．反イスラム教徒尺度には次の4項目を用いた ($\alpha = .75$)．回答選択肢は同様であった．それは「『自分の土地なのに時々よそ者のように感じる』ほどに，ここにはイスラム教徒が多すぎるか」，「イスラム教徒のドイツへの移住は禁止すべきか」，「イスラム教の人々の信仰にあなたは疑念をもつか」，「イスラム教徒の文化は我々の西洋世界にもうまく馴染むか」（逆転項目）である．

集団規範を測定するための項目は「あなたの友人や親しい知人のうちで，外国人の国内移住に賛成する人はどれくらいいますか？」（回答選択肢：1「ほぼいない」，2「半数以下」，3「半数以上」，4「ほぼ全員」）であった．

ステファンらの研究 (Stephan et al., 2002) に従い，他に2つの尺度で外国人に感じる恐れを測定した．まず，個人的恐れを次の2項目で測定した ($r = 67, p < .01$)．「ここに住む外国人は私個人の自由と権利を脅かしている」と「……は私個人の経済環境を脅かしている」である．集合的恐れについては「ここに住む外国人は我々の自由と権利を脅かしている」，「……は我々の財産を脅かしている」，「……は我々の文化を脅かしている」，「……は我々の安全を脅かしている」の4項目である ($\alpha = .85$)[8]．

統制要因として，性・年齢・学歴などが測定された．他に統制のため，偏見と相関の高い回答者のパーソナリティ特性として，権威主義と社会的支配性が測定された．

本研究では，構造方程式モデリング (SEM) を分析に用いているが，それに先立って，回答者の半数を用いてモデルを構築し，次にそのモデルを残りの半数の回答者に対して適用し検証を試みた．2つの分析結果に差がなかったため，両者を合わせた分析を行った．本研究ではこれが全分析に適用されている．

---

[8] ペティグリューらの論文の Appendix A に範囲が 2~8 と 4~16 との記載があるので，これらは 1~4 の4点尺度と思われる．

7.5.2 結果

表 7.4 に変数間の相関を示している．これを見ると，仮説 1 で予測したように，集団間にまたがる友人関係の 2 つの測度間にはやや高い相関が見られ，それは性・年齢・学歴・権威主義・社会的支配性という，鍵となる 5 つの変数を統制した後でも同様だった．本研究では，さらに，鍵となる媒介・従属変数である個人的恐れ，集合的恐れ，外国人への偏見の 3 つを加えて確証的因子分析を実施している．因子分析は第 1 章で説明したように，複数項目間の相関関係に基づいて，それらの背後に存在する概念的なまとまりを抽出する統計的手法であるが，これは探索的因子分析と呼ばれる手法である．一方，確証的因子分析とは，項目間構造についてあらかじめ仮説モデルが作られている場合，それがデータ構造にどれくらい適合するかを検証する手法で，本研究の場合，友人関係の 2 測度からなる集団間の友人関係因子を 3 個の媒介・従属変数とは異なる潜在因子と仮定して分析が行われた．仮説モデルの妥当性は種々の適合度指標 (χ^2, CFI, GFI, RMSEA など) から判定されるが，本研究の場合，主要指標である CFI, GFI が 0.9 を上回っており ($\chi^2 = .179$, $df = .29$; CFI $= .971$; GFI $= .969$; RMSEA $= .068$)，集団間友人関係を測定する 2 測度間には他に還元できない実質的な結びつきがあることが確認された．

また，表 7.4 が示すとおり，外国人の友人を持つことは反外国人，反イスラム教徒どちらの偏見とも負の相関があった．偏相関についても同様であった．この関係は，外国人の友人をもつドイツ人の友人がいることについても同様であった．これより，集団間友人関係の 2 測度がともに偏見と負の相関を持つことを予測する仮説 2 は，相関と偏相関のいずれに関しても支持されたといえる．

表 **7.4** 5 つの統制変数を適用した場合としない場合の相関

	FFF	反外国人	反イスラム教徒
外国人の友人（統制後）	.62 (.57)	−.34 (−.26)	−.31 (−.25)
外国人の友人のいる友人（統制後）[FFF]		−.34 (−.23)	−.30 (−.20)
反外国人（統制後）			.65 (.53)

$p < .001$, $N = 1060$.
注：括弧内の偏相関は性，年齢，学歴，権威主義，社会的支配性の 5 つの変数を統制したもの．すべての相関は有意．

直接的接触と間接的接触が偏見との負の関係を互いに強め合うという仮説3を検証するために，参加者を，外国人との友人関係が直接と間接の両方ある者，直接の友人関係しかない者，間接的な友人しかいない者，どちらもいない者の4グループに分けて偏見の強さを比較した．これら4群の反外国人の偏見の平均は 4.38，5.00，5.22，5.98，反イスラム教徒の偏見の平均は 8.56，9.28，9.86，10.89 となり，t 検定の結果，4群間には第2と第3のグループ間を除いていずれも有意差が認められた．この結果は，仮説3を支持するもので，直接・間接に友人関係がある者はそれがない者よりも偏見が弱いことを示しているが，ここでは t 検定を繰り返すやり方がとられており，検定間で有意水準の扱いが一定でないことなどから，やや説得力に欠けた結果になっている．

　外国人の国内移住に関して友人がどう考えるかを尋ねた集団間規範の項目は，間接的な友人関係と正の相関を持ったことから（$r = .37, p < .001$），集団間友人関係は寛容な集団間社会規範と関連を持つと予測した仮説4は支持された．

　最後に，仮説5では，これらの集団間接触の効果は，集合的および個人的恐れの低減によって媒介されると予測した．反外国人偏見を従属変数として，この媒介性を図7.4に示す構造方程式モデリングによって検討した．これは重回帰分析，因子分析，パス解析などの機能をあわせ持つ統合的解析法で，変数間の関連性を仮説に従ってモデル化したものが実際のデータ構造とどれくらい適合するかを検証するものである．先述の確証的因子分析も同じ手法によっているので，適合度指標にはやはり CFI や GFI が用いられる．

　図7.4の分析結果は，適合度指標が十分高く，このモデルが妥当であることを示している．また，パス係数が表す変数間の関連性は，仮説5で予想されたように，外国人との友人関係が個人的恐れと集合的恐れを低減させ，その結果，偏見が弱められることを示している．つまり，友人関係は，外国人に対する恐れの低減によって媒介され，偏見低減効果をもたらしたのである．さらに，反イスラム教徒を従属変数にした場合でも同様の結果が得られた．

　なお，直接と間接の2つの接触指標の適合度指標は同一であり，パス係数のうち3つもほぼ同じであった．2つの接触指標の違いは，直接的接触が個人的恐れと集合的恐れを同様に減少させるのに対して，間接的接触は集合的恐れを大きく減少させる一方で，個人的恐れを減少させる度合いが有意に小さいこと

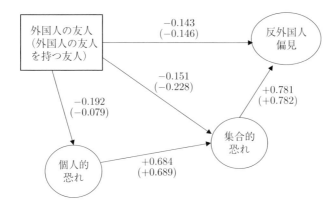

図 7.4 集合的および個人的恐れが媒介する，直接的・間接的接触の反外国人偏見との関係．円は潜在変数を示す．個別項目と誤差項，撹乱要因は省略されている．「外国人の友人を持つ友人」から個人的恐れへのパスが5%水準である以外は，すべてのパスは0.1%水準で有意．2つのモデルの適合性指標は，$\chi^2 = 151$, $df = 23$; CFI = .972; GFI = .971; RMSEA = .070.

であった ($t = 3.68$, $p < .001$).

最後の点を確認するため，(1) 外国人の友人はいるが，外国人の友人を持つ友人はいない者 ($N = 60$) と (2) 外国人の友人を持つ友人はいるが，外国人の友人はいない者 ($N = 125$) を比較したところ，予想どおり，前者の個人的恐れ（平均は 2.65）は後者（平均は 2.96）よりも有意に小さかった（$t = 1.73$, $p < .05$ 片側検定）．これら 2 つの分析結果は，個人的恐れの大幅な低減には直接的接触が必要であることを示唆している．

この他，ペティグルーらは，ビンダーらの研究で取り上げられた「接触から偏見への効果」と「偏見から接触への効果」のどちらが強いかという因果方向に関する問いを，構造方程式モデリングを用いて検討している．横断的データで因果方向を検討することの限界を認めつつ，どちらの因果関係もあるが，前者のほうがやや強いことを示唆する結果が得られたと述べている．

7.5.3 考察

ライトら (Wright et al., 1997) の研究などと同様，本研究でも間接的接触，す

なわち外集団の友人をもつ内集団の友人がいることは，偏見の度合いと負の関連があった．間接的接触の効果は直接的なそれとほぼ同程度であった．さらに，この2種類の接触は相互に影響し，強め合う形で偏見の低減をもたらすことが示唆された．接触は，いずれも外集団への恐れ（特に集合的恐れ）の低減によって媒介されていた．これは，先行研究で示されてきた一般的傾向と一致する．

これらの知見パターンは，接触が友人関係のネットワークの広がりという共通の社会的文脈で生じることによるとペティグルーらは論じる．さらに，寛容な社会規範をもつ職場や近隣では，それなりに教育レベルが高く，若い男性ドイツ人（いずれも偏見の少ない層）のネットワークが存在するのだろうとも推測している．

偏見低減に関する接触仮説の前提である「制度的支持の下での平等な接触」について「寛容な集団間社会規範」という形で検討されている点で，本研究はビンダーらの研究よりも用意周到である．しかし，著者らも認めるとおり，本研究が，ビンダーらが因果関係を扱ううえで問題があるとしていた横断的研究である点で，その知見に対する限界は免れえない．

7.6 ダイバーシティ政策と社会規範，集団間関係（研究例4）

この研究の筆頭著者であるギモンド (Guimond, S.) は，フランスのブレーズ・パスカル大学に所属する研究者であるが，研究対象が4カ国の異なる国民統合政策にかかわることもあり，本研究 (Guimond, et al., 2013) はイギリス，フランス，ドイツ，アメリカ，カナダの5カ国にまたがる研究者たちからなる多国籍チームで実施された．

現実的葛藤理論，社会的アイデンティティ理論，社会的支配性理論などの集団間関係に関する代表的な社会心理学理論は，国ごとの違いを超えた一般原理で偏見を説明しようとする．こうした「普遍性アプローチ (global approach)」(Chiu and Hong, 1999) は，人間行動に関する普遍原則を明らかにするという科学的目標に沿ったものである．一方，そうした理論が文化の違いや変化しつつある歴史的・政治的文脈を超えて適用できるものであるかどうかが，現在，大きな問題となっている．本研究で，著者のギモンドらは，偏見を説明する際，そう

した変化しつつある社会政治的文脈の重要な要素を取り入れたモデルを提唱する．それは偏見の説明要因として，次のように一般的な社会–心理的規定因と，特定の国ごとに異なる特殊要因の両者を組み込んだものである．

7.6.1 集団間関係の普遍的要因と文化固有要因

最近の研究で，社会的支配性志向 (social dominance orientation: SDO) が多くの国々で有力な偏見の予測因の 1 つであることが示されている．たとえばプラットら (Pratto et al., 2000) はカナダ，台湾，イスラエル，中国（上海）で，社会的支配性の度合いが民族的偏見，女性蔑視，差別の度合いを予測できることを見出している．一方で，特定文化に固有のプロセスに注目するような「焦点アプローチ (focal approach)」(Chiu and Hong, 1999) は，集団間関係に関する代表的理論の中でこれまで軽視されてきており，研究もほとんどされていない．

世界的な移民の増大に伴い，各国で政治問題となっているのが民族的・宗教的多様性（ダイバーシティ）にまつわる問題である．そこで議論されているのは，同化主義（assimilation, 以下 AS と略称する）と多文化主義（multiculturalism, 以下 MC と略称する）という，多様性に対する正反対の理念についてである．AS は政策としては人々を均質化し，多様性を減じようとする政府の施策を後押しする．MC は国内の文化的多様性を承認し，さらには積極的な特徴として奨励しようとするものである．前者を支持する国々はダイバーシティ政策（以下，多様性政策）の程度が「低い」と分類され，後者を支持する国々はそれが「高い」と分類される．社会心理学では，人々のこれらの政策への態度が「集団間イデオロギー」として研究されており，AS への支持が偏見や自民族中心主義の強さと関連し，一方，MC への支持は友好的集団間態度と関連することが見出されている（Ryan et al., 2007 ほか）．

7.6.2 多様性政策の集団間関係への影響

文化差は突き詰めると，しばしば文化的規範の差と見なすことができる (Becker et al., 2012)．これを受け，ギモンドらは AS や MC のような多様性政策の効果を図 7.5 に示すようなモデルとして提唱した．

ギモンドらは，まず，各国に見られる多様性政策が国民統合に関する文化的

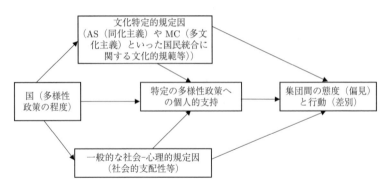

図 7.5 集団間の態度と行動の普遍的規定因と文化特定的規定因の候補のかかわりについての概念枠組み

規範を生み出すと仮定する．この規範とは，様々な多様性政策への支持の程度についての一般的期待を意味する．そして，個々人の特定の政策への支持度が集団間の態度や行動を予測できる度合いを，この規範が左右すると仮定する．この命題は，特定の多様性政策に対する個人的態度と文化的規範とを区別することを前提にしている．

このモデルでは，公式の多様性政策に違いがある国からの参加者には，AS と MC に関する規範の認識に体系的な違いがあることを予測するが，個人的態度については必ずしもそうではない．同様に，AS と MC に関する個人的態度が偏見の大きさを説明できる度合いは，特定の国の多様性政策と規範に応じて変わることを予測する．

先行研究に従い，このモデルでも，各国の多様性政策の違いにかかわらず，社会的支配性志向などの一般的な心理–社会的規定因が偏見・差別の予測因となると仮定するが，そこに各国の多様性政策がどのようにかかわるかについては，次のように述べられている．

普遍的原理の1つである社会的支配性が偏見とかかわる度合いに影響を与える要因として，正当化神話（legitimizing myths，以下 LMs と略称）という概念が提唱されている（Sidanius and Pratto, 1999）．LMs には2種類あるとされ，その1つは，集団を基準とした不平等を強化するイデオロギーを意味する階層性拡大型正当化神話（hierarchy-enhancing LMs，以下 HE-LMs と略称）と呼ばれ

7.6 ダイバーシティ政策と社会規範，集団間関係（研究例 4）

る．もう1つは，反対に，集団を基準とした平等を強化するイデオロギーを意味する階層性緩和型正当化神話（hierarchy-attenuating LMs，以下 HA-LMs と略称）と呼ばれる．LMs は，集団を基準とした支配性欲求を，HE（階層性拡大）型または HA（階層性緩和）型の社会政策支持へと媒介する信念とされる．

文化特定的な AS や MC が偏見を媒介する効果は，研究が実施された国の文化的状況に依存するはずである．多様性政策の程度が低く，AS が優勢な国では，AS への態度が社会的支配性志向と偏見との関係を，特に統合の文化的規範が顕著なときに媒介するはずである．しかし，多様性政策の程度が高く，MC が優勢である国では，MC への態度が社会的支配性志向と偏見との関係を，特に統合の文化的規範が顕著なときに媒介するはずである．

ギモンドらは，AS と MC への支持が偏見に及ぼす効果を，異なる 4 カ国からの参加者を使って検証した．その 4 カ国は多様性政策の度合いが低い（ドイツ），中程度（イギリスとアメリカ），高い（カナダ）の 3 つに分類された．この分類は，先行研究 (Banting and Kymlicka, 2003; Berry *et al.*, 2006) に倣い，各国の政策を分類する 9 個の「客観的」基準（MC 促進の国家政策があるか，学校カリキュラムに MC を採用しているか，マスメディアにおける民族的バランスなど）に基づいたものであった．仮説は次のとおりである．

仮説 1：民族・宗教的な外集団への偏見は，多様性政策の程度が高い国では低くなる．

仮説 2：MC への社会的支持度の知覚（知覚された規範）の水準は，多様性政策の程度が高いと分類されたカナダで最も高く，低いと分類されたドイツで最も低くなる．中程度と分類されたイギリスとアメリカでその中間となる．

仮説 3：図 7.5 に示したモデルは，規範が顕著な条件で特に結果の説明力が高くなる．

仮説 4：多様性政策の程度が低いときには（つまりドイツでは），社会的支配性志向の偏見に及ぼす効果を個人的な AS が媒介するが，多様性政策の程度が高いときには（つまりカナダでは），個人的な MC が媒介要因になる．

7.6.3 方法

合計1,525人の大学生が研究に参加したが，そのうち，293人は対象国で生まれていないため除外され，1,232人が最終的に残った．内訳は219人のドイツ人学生，336人のイギリス人学生，408人のアメリカ人学生，269人の英語を話すカナダ人学生であった．

質問紙は，英語を話す3カ国では英語で作成され，ドイツ人参加者向けには，バイリンガルの2名の社会心理学者によるバック・トランスレーションを経たドイツ語版が用いられた．

質問紙でASとMCに関する「個人的態度」と「知覚された規範」が測定された．前者は先行研究で使われたものが用いられた．後者は今回新たに開発されたもので，先行研究の個人的態度を測定するための項目に「ほとんどの[ドイツ人/カナダ人]は……と信じている」という語句を加えることで，そうした社会規範が存在するかどうかを尋ねる項目に変更された．また，リード文で，自分の国でその見方が一般的に抱かれているかどうかを答えるようにと，具体的な指示が付け加えられた．

著者らはASとMCに関する「個人的態度」3項目ずつと「知覚された規範」5項目ずつのそれぞれについて，参加者に7点尺度で評定させた（1「まったく思わない」〜7「強くそう思う」）．尺度の信頼性係数を調査対象4カ国ごとに算出し（MCの個人的態度3項目はα係数が.54〜.66と低いが他は良好），また国ごとおよび全体のデータについて確証的因子分析を実施し，適合度などが許容範囲だとして，これらの項目合計を尺度として使うことの妥当性を主張している．

社会的支配性志向は先行研究 (Sidanius and Pratto, 1999) の10項目が用いられた．そのうち5項目は集団を基準とした支配性を測定し，残りの5項目は平等性に反対する度合いを測定するものである．主要な従属変数として，多くの先行研究に基づき，イスラム教徒への偏見が次のように測定された．アラブ人，パキスタン人，トルコ人，イスラム教徒の4グループそれぞれに対して一般的態度を7点尺度（1「全く非好意的」〜7「とても好意的」）で尋ね，高得点が偏見の強さを表すよう変換して平均得点を算出した．

参加者は，国民統合に関する規範の顕著条件と非顕著条件のいずれかにラン

ダムに割り当てられた．顕著条件では調査票の最初の部分で規範測定がなされた．回答者は，それぞれの意見内容が自分の国で共有されている度合いについて答えるよう指示された．まず回答者の国で支配的な規範（ドイツでは AS, カナダでは MC）についての 5 項目が示され，その後残りの 5 項目が示された．中程度の国のアメリカではドイツと同じ順番で，イギリスではカナダと同じ順番で提示された．このように規範の顕著条件では，最初にそれぞれの国で広く受け入れられていると思われる見方について考えさせることで国民統合の規範を顕著にし，その後，個人的態度が測定された．非顕著条件ではその逆に，最初に個人的態度を，その後に規範に関する測定を行った．どちらの条件でもそれに続いて，社会的支配性志向およびイスラム教徒への偏見が測定された．

7.6.4 結果

仮説 1 に関して，イスラム教徒への偏見が国によって異なるのか，また，実験条件によって変化するものかどうかを検討するために，偏見を従属変数，国（4 水準）と実験条件（規範の顕著, 非顕著）を独立変数, 年齢と性別を共変量とする分散分析を行った．その結果, 国の主効果のみが有意であったが ($F(3, 1209) = 8.29$, $p = .001$, $\eta_p^2 = .02$)，予想どおり, カナダにおいて偏見は最も弱く ($M = 3.16$, $SD = 1.49$)，ドイツで最も強く ($M = 3.63$, $SD = 1.27$)，両者の平均値の差は有意だった ($p < .001$)．イギリスの平均値 ($M = 3.62$, $SD = 1.28$) はドイツと変わらなかったが，アメリカはこれよりやや弱かった ($M = 3.34$, $SD = 1.35$, $p = .052$)．要約すると, カナダとアメリカは相対的により寛容で, ドイツとイギリスは相対的に非寛容であった．なお, 対象国生まれでないことから除外された回答者の間には国別の効果が見られなかったことから ($F < 1$), この効果が, 単にどの国での調査に回答したかという形式的な違いによって生じたものではないことがわかる.

仮説 2 で予想した知覚された規範に対する国の影響を検討するにあたって，信念の種類（知覚された規範 vs. 個人的態度）と争点（AS vs. MC）を要因に組み込んだ分散分析が行われた．これはブランビッラら (2013) の研究で使われた混合型の分析デザインと同じで（7.5.3 節 (2) 参照），ここでは国（4 水準）× 実験条件（規範の顕著 vs. 非顕著）× 信念の種類（知覚された規範 vs. 個人的

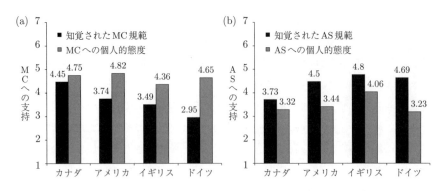

図 **7.6** 知覚された規範と個人的態度
(a) 国と多文化主義について信念の種類（知覚された規範 vs. 個人的態度）の交互作用が有意．数値は大きいほど支持度が大きいことを示す．(b) 国と同化主義についての信念の種類について交互作用が有意．

態度）× 争点 (AS vs. MC) の要因配置が使われた．これらのうち前二者は参加者間要因，後二者は参加者内要因である．

図 7.6a に示されているように，知覚された MC 規範についての結果は，完全に多様性政策に関する国の分類どおりであり，カナダ（多様性政策の程度が高い）が最も強く，次が多様性政策の度合いが中程度の国々（アメリカとイギリス）で，ドイツ（多様性政策の程度が低い）が最も弱かった．しかし個人的態度は別で，カナダ人はドイツ人と比べ，ほんの少し個人的態度が肯定的なだけであった．

この効果は実験条件とかかわる 3 次の交互作用（国 × 争点 (AS vs. MC) × 信念の種類（知覚された規範 vs. 個人的態度））の影響を受けていた（$F(3, 1233) = 4.71, p = .003, \eta_p^2 = .01$）．カナダでは規範の顕著条件（$M = 4.60$）で非顕著条件（$M = 4.32$）よりも MC 規範が有意に強く知覚された一方で（$F(1, 265) = 4.48, p = .035, \eta_p^2 = .02$），イギリスでは逆のパターンになり，規範の顕著条件（$M = 3.34$）で非顕著条件（$M = 3.64$）よりも MC 規範が有意に弱く知覚された．

AS については，国 × 信念の種類の交互作用効果が有意だった（$F(3, 1233) = 23.08, p = .001, \eta_p^2 = .054$）．図 7.6b に示されるように，AS 規範知覚はドイツ（$M = 4.69$），イギリス（$M = 4.80$），アメリカ（$M = 4.50$）で比較的強く，カナ

ダ ($M = 3.73$) ではそれほど強くなかった．一方，AS への個人的態度はドイツ ($M = 3.23$)，アメリカ ($M = 3.44$)，カナダ ($M = 3.32$) でそれほど強くなく，イギリス ($M = 4.06$) では強かった．AS では実験条件 × 信念の種類の交互作用効果も有意であるが ($F(3, 1233) = 27.56$, $p = .001$, $\eta_p^2 = .022$)，これは，AS への個人的態度が実験条件で変化しないものの，AS 規範知覚は規範顕著条件 ($M = 4.22$) で非顕著条件 ($M = 4.65$) でよりも，相対的に弱く知覚されたことを示すものであった．

図 7.5 に示した本研究の理論モデルを検証するため，構造方程式モデリングを用いた．特に仮説 3 が予測するように，規範の顕著条件で非顕著条件よりもモデルの適合度が向上するかどうかを検討した．国ごとの多様性政策の度合いは，ドイツが 1（多様性政策の程度が低い），イギリスとアメリカが 2（中程度），カナダ（多様性政策の程度が高い）が 3 とコード化され，分析に投入された[9]．その結果，予想どおり，規範の顕著条件で ($\chi^2 = 34.05$, $df = 4$, RMSEA $= .079$)，非顕著条件 ($\chi^2 = 101.86$, $df = 4$, RMSEA $= .142$) よりも適合度が向上した．図 7.7 に規範の顕著条件の結果の詳細を示す．有意なパスを見てみると，予想どおり，知覚された MC と AS の規範の大きさは国により説明された．知覚された MC 規範は MC への個人的支持の大きさを説明し，知覚された AS 規範は AS への個人的支持の大きさを説明していた．MC と AS への個人的支持はそれぞれ偏見の大きさを説明していた．具体的には，MC 支持は偏見を減少させ，AS 支持は偏見を増加させた．偏見に対し，社会的支配性は直接効果とともに，MC と AS への個人的支持を経由した間接効果も持った．

最後に著者たちは，仮説 4 を検証するために，国別に社会的支配性が偏見に与える影響を調べている．図 7.8 は顕著条件におけるドイツの分析結果だが，偏見を社会的支配性が直接説明する一方で[10]，AS への個人的支持がその効果の一部を媒介していた．MC への個人的支持はこれらに無関連だった．一方，図 7.9 に示されているカナダの分析結果では，社会的支配性の偏見への効果は MC

---

[9] 多集団制約付き分析 (multigroup constraint analysis) を使った．規範の顕著条件と非顕著条件で図 7.5 の同じモデルを使い，かつ両条件の対応するパスが同じ値を持つという制約を設定した．制約付きモデルと制約なしモデルの適合度を比較すると，前者で有意な適合度の減少が認められた．

[10] 元図では破線だが，文章内容とパス係数からパスを実線で表記．

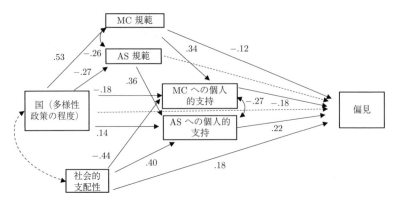

図 7.7 規範の顕著条件の理論モデルを検証する媒介モデル
ドイツを 1（多様性政策の程度が低い），イギリスとアメリカを 2（中程度），カナダを 3（多様性政策の程度が高い）とコード化．$\chi^2 = 34.05$, $p = .00$, $df = 4$, RMSEA $= .079$, CFI $= .99$, GFI $= .99$. パスは非標準化係数．破線は有意でないパス．MC は多文化主義，AS は同化主義．

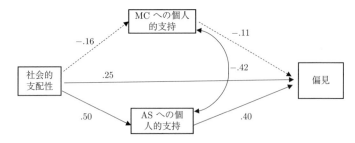

図 7.8 ドイツの規範の顕著条件で社会的支配性が多文化主義 (MC) と同化主義 (AS) への個人的支持を通して偏見を説明する媒介モデル
パスは非標準偏回帰係数．破線は有意でないパス．

への個人的支持によって一部媒介されたが，AS への個人的支持は無関係だった．これらの結果は仮説 4 の予測を支持するものであった．

7.6.5 考察

先行研究と同様に，カナダでは民族的・宗教的外集団に対する偏見が最も小さく，ドイツではそれが最も大きく，アメリカとイギリスはその中間であるこ

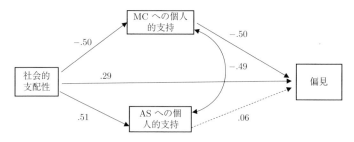

図 7.9 カナダの規範の顕著条件で社会的支配性が多文化主義 (MC) と同化主義 (AS) への個人的支持を通して偏見を説明する媒介モデル
パスは非標準偏回帰係数．破線は有意でないパス．

とが見出された．しかし本研究では，加えてなぜそうなるのかを説明する心理過程モデルを検討した最初の研究でもあった．国ごとのこうした違いは，MC への個人的支持がカナダで強いというだけでなく，カナダでの社会文化的文脈が文化的多様性を重んじる強力な社会規範によって特徴づけられるからだと説明できよう．

　高い適合性が認められた規範顕著条件での構造方程式モデリングの結果は，(a) 多様性政策が，知覚された MC 規範と AS 規範の大きさに直接効果を持ち，(b) MC を重んじる規範の認識と，（社会的平等性支持を意味する）社会的支配性の低さが MC への個人的支持をもたらし，それが一層の寛容さとイスラム教徒への偏見低減をもたらしていた．一方，(c) AS を重んじる規範の認識と（社会的不平等性支持と集団を基準とした支配性を意味する）社会的支配性の高さが AS への個人的支持をもたらし，それが民族的・宗教的外集団に対する非好意的な態度をもたらしていた．これらの予測が規範の顕著条件で明確に支持された一方で，非顕著条件でその度合いが低かったことは，人々の規範の認識がこのモデルの重要な要素であることを示している．そしてこのことは，社会心理学における偏見と集団間関係の理論は，文化を超えた普遍的要因とともに，特定の社会に固有の要因にも敏感であるべきことを意味する．

　以上のような成果を得た一方で，次のような問題点も残る．すなわち，構造方程式モデリングはモデルの実証データへの適合度を検証することはできても実験研究のように因果関係を示すことはできない．また，学生のサンプルを使っ

たため，それぞれの国の代表性を持つ結果であるかどうかの確認も必要である．特に個人的態度には世代差・学歴差のあることがフランスで別に行われた研究で示されているからである．さらに，それぞれの国内で，文化的サブグループごとの違いもあるはずである．最後に，それぞれの国で認められる規範の違いが，いかに，そしてなぜ生じているのかを示すことはできなかった．これらは今後の研究が待たれるところである．

本研究は，イギリス，ドイツ，アメリカ，カナダでのイスラム教徒への偏見に対する，国策としての文化的多様性政策の度合いの影響と，社会的支配性の影響を，別の2つの心理変数を組み込んだ因果モデルを立てて検証した研究である．ここでは多様性政策を多文化主義–同化主義の軸で評価しているが，著者のギモンドらはこれとは別にフランスの人種無視 (colour-blind) の規範[11]（の認識）についての研究も実施している．それにも当てはまることだが，国を単位とし，その政策の違いを1つの定量的変数として捉えるのには，方法論的な難しさがあることは著者らも認めるとおりである．理論的にも，国の違いを政策評価という変数だけに押し込められるかどうかには疑問が残る．各国で偏見の対象となっている集団は異なり，それらの集団が置かれている条件や多数派集団との関係も各国で大きく異なるのではないかと思われる．また，MC の個人的態度3項目の α 係数が各国とも.54〜.66と低いことは，この指標を使った統計分析の前提条件が脆弱であることを意味する．しかし，そうした弱点にもかかわらず，各国の政策と規範を，個人的態度などの心理変数と一体化させて説明しようという試みは，大変意欲的なもので今後の展開が期待される．

7.7 結語

国連による「持続可能な開発目標のための 2030 アジェンダ」で掲げられた持続可能な開発目標 (SDGs) では，貧困撲滅や気候変動対策などとともに，平和で公正かつ包摂的な社会の維持・構築への取組みが重要課題とされている．それなしに持続可能な開発が望めないからである (United Nations Sustainable Development, 2018)．本章で取り上げた民族紛争の解決は，そうした取り組みと深

---

[11] 人種無視 (color-blind) の規範とは，所属する人種・民族の違いをないものとして，個々人について判断すべきという考え方を指す．人種差別・民族差別を克服するための発想の1つ．

くかかわり，人類が抱える地球規模の課題の1つといえる．

　本章で紹介した社会心理学の4研究例は，民族紛争の解決という難問に対して，どのように応えているであろうか．冒頭で述べた諸要素から見たときに，何がいえるだろうか．最初に結論の概略を述べると，各研究例は，民族紛争の特定の側面について，いくつかの条件の下で解決が可能であることを期待させるものであった．正確にいうと，（条件付きの）解決に向かわせる要因が何かについて，実証的な証拠を提供したということができる．

　このように，やや歯切れの悪い結論となるのには理由がある．まず，民族紛争の解決に影響する要因が極めて多様で複雑であるという事情がある．そこには歴史的経緯，経済的利害，国内の社会・政治状況，国際関係なども含まれる．次に，民族紛争の真の解決に至るためには，紛争の物理的停止・紛争沈静化・究極的な和解という複数のステップを経る必要がある．言い換えると，解決すべき目標自体に異なる深さが設定されるという複雑さがある．このことは，民族紛争をどのような水準で捉えるかという認識の問題とも一部連動する．オルポート (Allport, 1954) は敵対的行為をかなり異なる5水準に分けたし，社会心理学には，具体的に表出された行動だけでなく，認知としてのステレオタイプ，行動の前段階の態度としての偏見などの複数の心理変数も民族紛争の諸側面として捉える伝統があり，妥当なことながらやや複雑である．

　取り上げた4つの研究例に共通しているのは，多様な要因が影響しうる民族紛争という複雑な事象を，限られた変数からなる一定のモデルに基づいて捉え，注目する特定の変数が民族紛争の解決にいかに役立つかを実証するという「分析的」方針を採用していることである（ここで「分析的」というのは分析する要素を限定し，その中だけで詳しく検討するという意味である）．具体的には，研究例1では道徳性の評価，研究例2と3では異民族の友人（を持つ友人）を持つこと，研究例4では国民統合に関する政策，文化的規範の認知，その規範への個人的支持，社会的支配性の低さが検討された．その結果，それぞれ紛争解決に効果があることが実証され，接触に伴う脅威や不安などの媒介変数が介在することも明らかになった．一方で，歴史的経緯，経済的利害，国際関係などは直接的な分析対象とせず，研究の背景という扱いに留め置かれている．

　紛争解決の目標の深さという点では，従属変数として設定された要素が各研

究例の具体的目標の表れであると解釈することができよう．それぞれ，国内に住む少数派の異民族成員との友好的接触意図（研究例1），友人としての接触の質と量（研究例2），いくつかの尺度で測定された反異民族的態度（偏見）など（研究例2, 3, 4）が扱われたことからすると，紛争の物理的停止や沈静化の段階が取り上げられてはいないことがわかる．さらに，それぞれの実験・調査が行われた対象国は，データ収集の時点である程度の移民問題，国際テロ組織による脅威を抱えていたと思われるが，相対的に国内の政治的安定を維持していた．対象とされた異民族はすべて国内に住む移民とその子孫であり，国際テロ組織は対象とされていない．以上のことから，各研究例はどちらかというと国内での移民問題の究極の和解段階の解決を扱っていると見なすこともできる．このこともあり，各研究例が扱う民族紛争は敵対的行為の度合いが研究実施時点で穏やか，あるいは中程度のものに限られるということができる．これらの条件を前提としたうえでだが，これらの研究では，民族紛争の特定の側面について，解決へのプロセスを駆動させる変数がある程度実証的に明らかにされたと評価できる．

　民族紛争にかかわる要素のうち，国家の統合政策や文化的規範を実証的に取り上げた研究例が現れたことは，大きな進展と見なすことができる．しかし，各研究ともに歴史的経緯，経済的利害，国際関係などの変数を実証レベルで扱うには至っていない．こうした変数を社会心理学が実証的に扱えるようになるには，さらに大きな方法論的飛躍が求められるであろう．

　さらに，激烈なレベルで対立の渦中にある国際テロ組織との紛争，政治的安定が危うい国・地域での紛争などはどの研究例でも扱えていない．そうした研究は実施そのものが困難であり，様々な方法論的・倫理的な制約も受けるであろう．本稿で取り上げた研究例の結論が，こうした文字どおり解決困難な紛争にもそのまま適用できるかどうかも，現時点では不明というしかない．

引用文献

[1] Allport, G. W.: *The Nature of Prejudice*. Addison-Wesley Publishing Company. (1954). 555p.（原谷達夫・野村 昭 訳：偏見の心理．培風館 (1961)）
[2] Amir, Y.: Contact hypothesis in ethnic relations. *Psychological Bulletin*, **71**, pp.

319–342 (1969).
[3] Banting, K., Kymlicka, W.: Are multiculturalism policies bad for the welfare state? *Dissent* (Fall), pp. 59–66 (2003).
[4] Bar-Tal, D. (Ed.): *Intergroup Conflicts and Their Resolution: Social Psychological Perspective*. Psychology Press (2011). 371p. （熊谷智博・大渕憲一 監訳：紛争と平和構築の社会心理学—集団間の葛藤とその解決—. 北大路書房 (2012). 375p）
[5] Becker, M., Vignoles, V. L., Owe, E. et al.: Culture and the distinctiveness motive: Constructing identity in individualistic and collectivistic contexts. *Journal of Personality and Social Psychology*, **102**, pp. 833–855 (2012).
[6] Berry, J. W.: Mutual attitudes among immigrants and ethnocultural groups in Canada. *International Journal of Intercultural Relations*, **30**, pp. 719–734 (2006).
[7] Binder, J., Zagefka, H., Brown, R. et al.: Does contact reduce prejudice or does prejudice reduce contact? A longitudinal test of the contact hypothesis among majority and minority groups in three European countries, *Journal of Personality and Social Psychology*, **96**, pp. 843–856 (2009).
[8] Brambilla, M., Rusconi, P., Sacchi, S., Cherubini, P.: Looking for honesty: The primary role of morality (vs. sociability and competence) in information gathering. *European Journal of Social Psychology*, **41**, pp. 135–143 (2011).
[9] Brambilla, M., Sacchi, S., Rusconi, P. et al.: You want to give a good impression? Be honest! Moral traits dominate group impression formation. *British Journal of Social Psychology*, **51**, pp. 149–166 (2012).
[10] Brambilla, M., Sacchi, S., Pagliaro, S., Ellemers, N.: Morality and intergroup relations: Threats to safety and group image predict the desire to interact with outgroup and ingroup members. *Journal of Experimental Social Psychology*, **49**, pp. 811–821 (2013).
[11] Brown, R., Hewstone, M.: An integrative theory of intergroup contact. *Advances in Experimental Social Psychology*, **37**, pp. 255–343 (2005).
[12] Campbell, D. T.: Ethnocentric and other altruistic motives. In: *Nebraska Symposium on Motivation, Volume 13* (ed. Levine, D.). University of Nebraska Press, pp. 283–311 (1965).
[13] Chiu, C.-Y., Hong, Y.-Y.: *Social Psychology of Culture*. Psychology Press (2006). 400p.
[14] Coleman, P. T.: Intractable conflict. In: *The Handbook of Conflict Resolution: Theory and Practice*. (eds. Deutsch, M., Coleman, P, T.) Jossey-Bass Publishers, pp. 428–450 (2000). 649p.
[15] Cottrell, C. A., Neuberg, S. L.: Different emotional reactions to different groups: A sociofunctional threat-based approach to "prejudice". *Journal of Personality and Social Psychology*, **88**, pp. 770–789 (2005).
[16] Cuddy, A. J. C., Fiske, S. T., Glick, P.: Warmth and competence as universal dimensions of social perception: The stereotype content model and the BIAS Map. In: *Advances in Experimental Social Psychology* (ed. Zanna, M. P.). Academic Press, pp. 61–149 (2008).

[17] Guimond, S., Crisp,S., De Oliveira, P. et al.: Diversity policy, social dominance, and intergroup relations: Predicting prejudice in changing social and political contexts. *Journal of Personality & Social Psychology*, **104**, pp. 941–958 (2013).
[18] Haidt, J.: Morality. *Perspectives on Psychological Sciences*, **3**, pp. 65–72 (2008).
[19] Hayes, A. F.: *Introduction to mediation, moderation, and conditional process analysis: A regression-based approach*. Guilford Press (2013). 507p.
[20] Hewstone, M., Brown, R.: Contact is not enough: An intergroup perspective on the "contact hypothesis." In: *Contact and Conflict in Intergroup Encounters* (eds. Hewstone, M., Brown, R.). Blackwell, pp. 1–44 (1986). 240p.
[21] Hogg, M. A., Abrams, D.: *Social Identifications: A Social Psychology of Intergroup Relations and Group Processes*. Routledge (1988). 268p.
[22] Judd, C. M., James-Hawkins, L., Yzerbyt, V., Kashima, Y.: Fundamental dimensions of social judgment: Understanding the relations between judgments of competence and warmth. *Journal of Personality and Social Psychology*, **89**, pp. 899–913 (2005).
[23] Kohlberg, L.: Stage and sequence: The cognitive-developmental approach to socialization. In: *Handbook of Socialization: Theory and Research* (ed. Goslin, D. A.). Rand Mcnally, pp. 347–380 (1969). 1182p.
[24] 熊谷智博：第 15 章 集団間紛争とその解決および和解（大渕憲一 監修：紛争・暴力・公正の心理学）．北大路書房, pp. 192–203 (2016). 356p.
[25] Leach, C. W., Ellemers, N., Barreto, M.: Group virtue: The importance of morality (vs. competence and sociability) in the positive evaluation of ingroup.*Journal of Personality and Social Psychology*, **93**, pp. 234–249 (2007).
[26] Pettigrew, T. F.: Intergroup contact theory. *Annual Review of Psychology*, **49**, pp. 65–85 (1998).
[27] Pettigrew, T. F., Tropp, L. R.: A meta-analytic test of intergroup contact theory.*Journal of Personality and Social Psychology*, **90**, pp. 751–783 (2006).
[28] Pettigrew, T. F., Christ, O., Wagner, U., Stellmacher, J.: Direct and indirect intergroup contact effects on prejudice: A normative interpretation, *International Journal of Intercultural Relations*, **31**, pp. 411–425 (2007).
[29] Piaget, J.: *The moral judgment of the child*. Free Press (1968). 410p.
[30] Pratto, F., Liu, J. H., Levin, S. et al.: Social dominance orientation and the legitimization of inequality across cultures.*Journal of Cross-Cultural Psychology*, **31**, pp. 369–409 (2000).
[31] Preacher, K. J., Hayes, A. F.: Asymptotic and resampling strategies for assessing and comparing indirect effects in multiple mediator models. *Behavior Research Methods*, **40**, pp. 879–891 (2008).
[32] Ryan, C. S., Hunt, J. S., Weibe, J. A. et al.: Multicultural and colorblind ideology, stereotypes, and ethnocentrism among Black and White Americans. *Group Processes & Intergroup Relations*, **10**, pp. 617–637 (2007).
[33] Sherif, M., Harvey, O. J., White, B. J. et al.: *Intergroup Conflict and Cooperation: The Robbers Cave Experiment (Vol. 10)*. Norman, OK: University Book Exchange

(1961).
[34] Sidanius, J., Pratto, F.: *Social Dominance: An Intergroup Theory of Social Hierarchy and Oppression.* Cambridge University Press (1999). 412p.
[35] Stephan, W. G., Boniecki, K. A. *et al.*: The role of threats in the racial attitudes of Blacks and Whites. *Personality and Social Psychology Bulletin*, **28**, pp. 1242–1254 (2002).
[36] Tajfel, H., Turner, J. C.: An integrative theory of intergroup conflict, In: *The Social Psychology of Intergroup Relations* (eds. Austin, W. G., Worchel, S). Brooks Cole (1979). 376p.
[37] Turner, J. C., Hogg, M. A., Oakes, P. J. *et al.*: *Rediscovering the Social Group: A Self Categorization Theory.* Basil Blackwell (1987). 249p.
[38] United Nations Sustainable Development.: *Peace, Justice and Strong Institutions - United Nations Sustainable Development.* [online] Available at: https://www.un.org/sustainabledevelopment/peace-justice/ (2018). [Accessed 16 Sep. 2018].
[39] Wright, S. C., Aron, A., McLaughlin-Volpe, T., Ropp, S. A.: The extended contact effect. *Journal of Personality and Social Psychology*, **73**, pp. 73–90 (1997).

索　引

■ 数字・欧文

1 標本 t 検定　82
5 因子モデル　37, 38, 54
ACE モデル　119
ADE モデル　119
HCR-20　166
RNR モデル　165
SAPROF　166
SVR-20　166
t 検定　81, 105
z 検定　101

■ あ

愛　69
安全面への脅威　181

閾下プライミング　83
一卵性双生児　117
遺伝　vi, 38
遺伝・環境交互作用　140
遺伝・環境相関　124
遺伝相関　135
遺伝的共有関係　122
遺伝的共有度　117
移民　201
異民族　179
因果関係　viii, 186
因果性の方向　187
因果性の免除　97

因子分析　14
飲酒行動　145
印象　180
インセンティブ　54, 59, 60

ウェルビーイング　2
氏か育ちか　148
失われた遺伝率　149

エラー・マネジメント理論　72

横断的研究　xi, 6
オッズ　101
親の養育態度　144
オン・ザ・ジョブ・トレーニング　44

■ か

回帰分析　x, 7, 84
解決困難な紛争　177
外向性　37, 38, 57, 60
外集団　180
外集団に対する恐れ　194
階層性拡大型正当化神話　202
階層性緩和型正当化神話　203
カイ二乗検定　71
開放性　37, 38, 45, 46, 60
確証的因子分析　197
拡大双生児家族法　149
拡張接触　194
家系研究　117

218　索　引

カプラン・マイヤー推定　163
環境相関　135
関係維持戦略　76
関係満足度　83
感情性報酬　65
間接効果　184
間接的攻撃　77
間接的接触　179, 194
観測期間　159

疑似相関　xi, 6
喫煙行動　144
級内相関　119
脅威　180
狭義の遺伝率　118
強制性交等　154
強制わいせつ　154
協調性　37, 38, 46, 47, 51, 52, 57, 60
共通経路モデル　140
共分散　123
共有環境効果　118
共有的関係　68
勤勉性　38

グルコース　89
クロンバックのα係数　41, 56, 182

健康　v
現実的葛藤理論　178
言説　v

行為者性　97
強姦　154
交換的関係　68
広義の遺伝率　118
攻撃　77
交互作用　x, 7, 50
交互作用効果　47, 51, 52, 75, 183

交差時間差効果　188
構造方程式モデリング (SEM)　22, 196
行動遺伝学　116
行動意図　180
公平　66
衡平　66
国民統合　200
個人間の異質性　40, 46
個人差　117
個人的恐れ　196
個人的態度　202
コスト　66
コックスの比例ハザード・モデル　159
コホート研究　144
コレスキー分解　132
混合型の分析デザイン　205
混合効果モデル　147

■さ

最後通牒ゲーム　126
再テスト信頼性　189
再犯防止プログラム　153
再犯率　152
先延ばし傾向　137
サンク・コスト（埋没費用）　74

時系列研究　187
時系列効果　190
刺激性報酬　64
自己制御　88
自己統制　2
仕事のパフォーマンス　47
持続可能な開発目標 (SDGs)　210
実験デザイン　186
実験法　ix, x
自民族中心主義　201
社会規範　179

社会的アイデンティティ　178
社会的距離尺度　190
社会的交換理論　64
社会的資源　37, 53, 60
社会的支配性志向　201
社会的成功　vi
社会的地位　181
社会的判断　180
社会的報酬　64
社会的役割　37
社交性　181
自由意志　vi
自由意志-決定論尺度　107
重回帰分析　x, 190
従属変数　ix, 7, 181
集団イメージへの脅威　181
集団間規範　195
集団間の接触　187
集合的恐れ　196
縦断的研究　xi, 6
縦断的調査　41
主効果　x, 75, 183
主体性感覚　103
順位相関　127
少数派　187
情緒安定性　37, 38, 55, 57, 60
焦点アプローチ　201
衝動性　137
情報量基準　125
職務経験　44
職務成果　46, 47
自律性　54, 55, 57
進化心理学　69
神経症傾向　37, 38, 44–46
身体化認知　88
人的資本　53, 56, 59, 61
信頼区間　127
信頼ゲーム　128

信頼性　xiii, 182, 189
心理経済ゲーム　126
心理的資本　59
心理的特性　36, 60

睡眠　89
ステレオタイプ　179

成員　178
制御資源　88
政策　179
誠実性　37, 38, 45–48, 51, 57, 60
生存関数　161
生存分析　19, 43
性的魅力　79
静的リスク要因　155
正当化神話　202
性犯罪　vii, 153, 154
性犯罪再犯防止指導　169
生物生態学的モデル　141
セックス　73
接触回避　180
接触仮説　179
接触効果　187
潜在的態度　84
選択バイアス　157
選抜　39

素因ストレス・モデル　141
相加的遺伝効果　118
相関因子モデル　135
操作　186
双生児　116
双生児法　117
ソーベル検定　192
測定誤差　118
ソシオセクシャリティ　79

■た

大規模パネル　193
対象特異性　65
対人コミュニケーション　47, 49
対人能力　48
代替説明　xi
多遺伝子性　121
代理主体性　103
他行為可能性　97
他者性　36, 60
多数派　187
多胎出産　116
妥当性　xii
多文化主義　201
多変量遺伝分析　131
多母集団構造方程式モデリング　120
多面発現　121
多様性政策　201
単一遺伝疾患　122
単語弁別課題　83
単純主効果　76
男女　vi
単変量遺伝分析　122

調整効果　188
調整変数　143
調整要因　47
直接効果　184
直接的な攻撃　77
直交　185
賃金　53, 54, 57

デート・レイプ　82
敵意　77
適合度指標　125, 197
典型性　188

同化主義　201
等環境仮説　124
動機づけられた認知　86
統制　7, 186
動的リスク要因　155
道徳性　179
同類婚　124
特性論　38
特別改善指導　171
独立経路モデル　140
独立変数　ix, x, 7, 181
ドロップアウト・バイアス　158

■な

内集団　180
内的整合性　41, 182, 189

二卵性双生児　117
人間行動遺伝学　116

■は

パーソナリティ　36, 37, 39, 40, 46, 54, 60
媒介　21
媒介効果　192
媒介分析　111
媒介変数　ix, 184
ハザード関数　159
ハザード比　43
バック・トランスレーション　204
犯因論的リスク要因　155
般化　187
非共有環境効果　118
非神経症傾向　60
非相加的遺伝効果　118
ビッグ・ファイブ　37

表現型　118
表現型相関　135
表象　83

不安　187
ブートストラップ法　184
フェニルケトン尿症　122
普遍性アプローチ　200
文化的規範　201
分散　117
分散分析　75, 183
分子遺伝学　149
分析的　211
紛争鎮静化　177

偏見　179
偏見効果　187
偏見低減　179
『偏見の心理』　178
返報理論　66

保護的因子　165
ポストディクティブ効果　99

■ま

マキャベリ的知性　55
マルチ・レベル分析　84

民族紛争　vii
民族紛争の解決　177

無作為化比較対象試験 (RCT)　157
無作為サンプル　194

メタ分析　120

■や

有意確率　8
有意性　183
有能さ　181

養子研究　117

■ら

ランダム・サンプリング　41

利益　66
利益コスト　68
離散変数　x
リスク回避　72
リスク管理モデル　165
リスク要因　155
留保賃金　40, 43, 61
量的遺伝学　117
量的形質　118
リラプス・プリベンション・モデル　165

類型論　38

連続変数　x

労働意欲　54
労働市場　36, 44, 45, 53, 58, 60
ロジスティック回帰分析　x, 101
ロジット　101

■わ

和解　177

Memorandum

Memorandum

Memorandum

[著者紹介]

編著者

大渕 憲一（おおぶち けんいち）
担当章 はじめに
1977 年 東北大学大学院文学研究科博士後期課程中退
現　在 放送大学宮城学習センター 所長・特任教授，博士（文学）
専　門 社会心理学
主　著 『紛争と葛藤の心理学』サイエンス社 (2015)

執筆者

川嶋 伸佳（かわしま のぶよし）
担当章 第 1 章
2012 年 東北大学大学院文学研究科博士課程後期修了
現　在 京都文教大学総合社会学部 特任講師，博士（文学）
専　門 社会心理学
主　著 『紛争・暴力・公正の心理学』北大路書房（分担執筆，2016）

塩谷 芳也（しおたに よしや）
担当章 第 2 章
2011 年 東北大学大学院文学研究科博士課程後期修了
現　在 京都産業大学現代社会学部 助教，博士（文学）
専　門 計量社会学，社会階層論

上原 俊介（うえはら しゅんすけ）
担当章 第 3 章
2012 年 東北大学大学院文学研究科博士課程後期修了
現　在 鈴鹿医療科学大学保健衛生学部 助教，博士（文学）
専　門 社会心理学
主　著 『絶対役立つ社会心理学』ミネルヴァ書房（分担執筆，2018），*Advances in Psychology Research: Vol 126.* Nova Science Publishers（分担執筆，2017）

福野 光輝（ふくの みつてる）
担当章 第 4 章
1998 年 東北大学大学院文学研究科博士課程後期単位取得退学
現　在 東北学院大学教養学部 教授，博士（文学）
専　門 社会心理学
主　著 『紛争・暴力・公正の心理学』北大路書房（分担執筆，2016）

高橋　雄介（たかはし　ゆうすけ）
担当章　第 5 章
2008 年　東京大学大学院総合文化研究科博士課程修了
現　在　京都大学白眉センター・大学院教育学研究科 特定准教授，博士（学術）
専　門　教育心理学，発達心理学，行動遺伝学

森　丈弓（もり　たけみ）
担当章　第 6 章
2014 年　東北大学大学院文学研究科博士課程後期退学
現　在　甲南女子大学人間科学部 教授，博士（文学）
専　門　犯罪心理学，臨床心理学
主　著　『犯罪心理学』ナカニシヤ出版 (2017)

柿本　敏克（かきもと　としかつ）
担当章　第 7 章
1994 年　大阪大学大学院人間科学研究科博士後期課程単位取得満期退学
現　在　群馬大学学術研究院（社会情報学部主担当）　教授・社会情報学部長，博士（人間科学）・PhD in Psychology
専　門　社会心理学
主　著　『クローズアップ「メディア」』福村出版（分担執筆，2015），『暮らしの中の社会心理学』ナカニシヤ出版（分担執筆，2012）

クロスセクショナル統計シリーズ 9 **こころを科学する** 心理学と統計学のコラボレーション *Series on Cross-disciplinary Statistics: Vol.9* *Explorations of Mind: Collaborations of Psychology and Statistics* 2019 年 3 月 15 日　初版 1 刷発行 検印廃止 NDC 140.7, 417 ISBN 978-4-320-11125-7	編著者　大渕憲一　ⓒ 2019 発行者　南條光章 発行所　**共立出版株式会社** 〒112-0006 東京都文京区小日向4丁目6番19号 電話（03）3947-2511（代表） 振替口座 00110-2-57035 URL www.kyoritsu-pub.co.jp 印　刷　藤原印刷 製　本 　一般社団法人 　　　　自然科学書協会 　　　　会員 Printed in Japan

---

JCOPY ＜出版者著作権管理機構委託出版物＞
本書の無断複製は著作権法上での例外を除き禁じられています．複製される場合は，そのつど事前に，出版者著作権管理機構（ＴＥＬ：03-5244-5088，ＦＡＸ：03-5244-5089，e-mail：info@jcopy.or.jp）の許諾を得てください．

MIT 認知科学大事典

THE MIT ENCYCLOPEDIA OF THE COGNITIVE SCIENCES

MITECS

EDITED BY
ROBERT A. WILSON
AND
FRANK C. KEIL

中島秀之 監訳

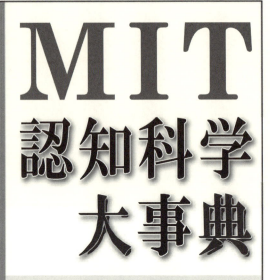

MITが編纂した認知科学の事典の日本語訳をお届けする。辞典ではなく，独立した読み物集である。原書は1999年の出版であるが，この手の著作は前にも後にも存在しないのでいまだに貴重な一冊である。認知科学の全分野にわたり，それぞれの方法論および理論を網羅した世界に類のない事典である。認知科学を構成している六つの主要分野：
「哲学」，「心理学」，「神経科学」，「計算論的知能」
「言語学」，「文化・認知・進化」
の中から約470項目を厳選し，それぞれに対して第一級の研究者が執筆にあたっている。

B5判・1,632頁・上製函入
定価（本体38,000円＋税）
ISBN978-4-320-09447-5

https://www.kyoritsu-pub.co.jp/

本書「MITECS」の詳細情報は，弊社のホームページをご覧ください。
■原著序文
■監訳者序文
■目 次
■掲載項目目次
■レイアウト見本
などをアップしております。

〒112-0006 東京都文京区小日向4丁目6-19
代表☎ 03-3947-2511／FAX. 03-3947-2539

共立出版

 公式 Facebook
https://www.facebook.com/kyoritsu.pub